叶轮机械

杨自春　陈　俊　陈国兵
贺　星　夏潇潇　编著

国防工业出版社
·北京·

内 容 简 介

叶轮机械在国民经济、国防科技领域均有广泛的应用。本书系统介绍了叶轮机械的结构组成、工作原理及变工况工作特性，内容上力求将船用不同类型叶轮机械的共同基础理论融合在一起。全书共10章，主要包括轴流涡轮、向心涡轮、轴流式压气机以及离心式压气机的气动热力学原理、设计工况和变工况特性分析等，并简要介绍了汽轮机和燃气轮机的结构组成。

本书可作为能源动力类专业本科叶轮机械课程的教材，亦可作为航空、航天、发电等领域相关工程技术人员的参考书。

图书在版编目（CIP）数据

叶轮机械 / 杨自春等编著. -- 北京 : 国防工业出版社, 2025. -- ISBN 978-7-118-13639-5

Ⅰ. TK05

中国国家版本馆 CIP 数据核字第 2025HR0897 号

※

国防工业出版社出版发行

（北京市海淀区紫竹院南路 23 号　邮政编码 100048）

北京凌奇印刷有限责任公司印刷

新华书店经售

*

开本 787×1092　1/16　**印张** 15¾　**字数** 356 千字

2025 年 6 月第 1 版第 1 次印刷　**印数** 1—1000 册　**定价** 88.00 元

（本书如有印装错误，我社负责调换）

国防书店：(010)88540777　　书店传真：(010)88540776

发行业务：(010)88540717　　发行传真：(010)88540762

前　言

汽轮机与燃气轮机等叶轮机械以其特殊的优势在国防科技及航空航天、发电、石油化工等领域有广泛的应用，其研制和应用标志着一个国家的整体重工业水平。

本书以船用动力装置中涉及的汽轮机、燃气轮机为主要研究对象，系统论述了叶轮机械的通流部分结构组成、工作原理和变工况工作特性。编写过程中，力求将船用不同类型叶轮机械的共同基础和内容融合在一起，避免简单地拼凑。这不仅能缩短学时、加强知识的系统性，还符合学习的规律性，有利于培养读者举一反三、融会贯通的能力。

全书共 10 章：第一章从更宽广的视角对叶轮机械进行了定义、分类和分析，总结、归纳了后面章节需要的流体力学、热力学基本知识和方程；第二章～第四章讨论了轴流涡轮机级与多级在设计工况和变工况下的工作原理；第五章着重分析了向心涡轮的工作原理、结构组成及性能特点；第六章～第九章主要讨论了轴流压气机基元级、单级和多级的能量转换过程、设计工况和变工况下的性能变化规律、非稳定工作及改进措施等；第十章主要针对离心式压气机的工作原理、结构组成、性能特点及应用进行了分析。

参加本书编写的老师：杨自春（第一章、第二章），陈俊（第五章、第十章），陈国兵（第三章、第四章、第九章），贺星（第六章、第七章、第八章），全书由杨自春统稿，陈俊、夏潇潇核对，江盟老师也对部分章节进行了校对，部分章节引用了叶轮机械方面的相关论著和教材，对付出大量精力和心血的老师们表示衷心的感谢。

本书希望对读者掌握专业、拓宽基础、开阔视野、增强适应能力有所帮助。尽管我们做了很大的努力，不妥之处和错误仍在所难免，恳请读者批评指正。

编　者

2024 年 10 月

前　言

[illegible]机与燃气轮机是叶轮机械[illegible]的[illegible]，[illegible]工业[illegible]的应用，其研制和应用标志着一个国家的整体工业水平。

本书以[illegible]动力装置中[illegible]为研究对象，[illegible]

全书共10章[illegible]

[illegible]第十章[illegible]

[illegible]本书[illegible]第三章[illegible]第四章[illegible]第九章）[illegible]第六章、第七章、第八章[illegible]全书由[illegible]统稿。[illegible]

由于[illegible]，恳请读者批评指正。

编　者

2024年10月

目　录

第一章　绪　　论

叶轮机械是一种实现能量转换的机械，无论在国民经济还是国防领域都有着广泛的应用。本章主要介绍叶轮机械的基本概念、分类和特点，叶轮机械的典型结构组成以及学习其工作原理需具备的部分专业基础理论知识。

第一节　叶轮机械的基本概念、分类和特点

叶轮机械是指在连续流动的工作介质与旋转的叶轮之间进行能量转换的回转式机械，其广泛应用于航空、发电、石油化工、交通运输等国民经济各部门和船舶动力等国防建设领域，如旋转的风车、水车、电风扇、鼓风机、汽轮机、水轮机、水泵、螺旋桨、航空发动机中的风扇、压气机、燃气涡轮等。各式各样的叶轮机械存在一个共同的特点——叶片围绕旋转轴旋转，在叶片的旋转过程中完成了叶片与工质之间的能量交换。

一、叶轮机械分类

叶轮机械根据不同的分类标准，可分为不同的类型，如图 1-1 所示。

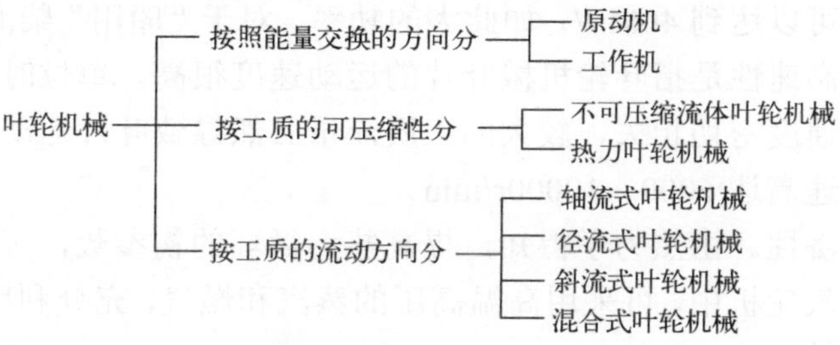

图 1-1　叶轮机械分类

1．按照能量交换的方向

根据叶轮机与流体之间能量交换的方向，叶轮机分为原动机和工作机。

（1）叶轮原动机。该类型叶轮机械的能量交换方向是将流体的机械能和热能转换为对外界输出的机械功，如汽轮机、燃气涡轮、水轮机等。

（2）叶轮工作机。该类型叶轮机械的能量交换方向是将外界输入的机械功转换为流体的机械能（动能和压力势能）和热能，如压气机、鼓风机、水泵、螺旋桨、风扇等。

2．按工质的可压缩性质

根据工质的可压缩性质可分为流体涡轮机械和热力涡轮机械。

（1）不可压缩流体叶轮机械。其工质为不可压缩流体，如螺旋桨、离心泵、涡轮泵、通风机、水轮机、风力机。

（2）热力叶轮机械。其工质为可压缩流体，如压气机、涡轮机、燃气轮机、航空发动机、蒸汽轮机、压缩机。

3．按照工质流动的方向

根据工质在叶轮机械通流部分中的流动方向，可分为轴流式、径流式、斜流式以及混流式叶轮机械。

（1）轴流式。工质在叶轮机械通流部分中的主要运动方向与旋转轴平行，即沿着叶轮机械的轴线方向运动，如轴流式蒸汽轮机、燃气涡轮，轴流式压气机等。

（2）径流式。工质在叶轮机械通流部分中的主要运动方向与旋转轴垂直，即沿着旋转轴的直径方向运动，如离心泵、离心式压气机、向心涡轮等。

（3）斜流式。工质在叶轮机械通流部分中的主要运动方向与旋转轴成某一锐角，如斜流式涡轮、斜流式压缩机等。

（4）混流式。轴流式、径流式和斜流式中任意两种的组合称为混流式（混合式）叶轮机械。

二、叶轮机械的特点

本书主要介绍船舶动力装置中涉及的汽轮机、燃气轮机等大型叶轮机械，其特点如下。

（1）大功率。叶轮机械属于连续回转式机械，工质连续流动，与往复式机械（如柴油机）相比，可以大大地提高进入其中的工质流量，从而提高其功率。以舰船汽轮机和燃气轮机为例，目前制造的“船用”汽轮机单机功率最大可以达到 51.45MW，“船用”燃气轮机功率最大可以达到 40MW，如此大的功率，对于“船用”柴油机是不可想象的。

（2）高速性。高速性是指叶轮机械叶片的运动速度很高。单位时间内流入叶轮机械中的工质流量与其速度密切相关，较大的工质流量必然导致叶片运动速度的提高。以舰船汽轮机为例，转速高达 6000～10000r/min。

（3）较高的经济性。由热力学得知，提高热力循环的初参数，可以提高热效率。在舰船蒸汽轮机和燃气轮机中，可采用高温高压的蒸汽和燃气，充分利用工质的做功能力，从而提高工作经济性。

（4）较高的可靠性。回转式机械相比往复式机械的一个显著特点就是具有较高的可靠性。

另外，在结构尺寸、单位功率重量等许多方面，也具有一定优势。因此，无论在民用还是在军用领域，大功率叶轮机械应用广泛。高性能大功率叶轮机械与新技术、新材料、新工艺的发展密切相关，其研制和应用标志着一个国家的整体重工业水平，在努力建设节约型社会的今天，由于其与能源的消耗和利用密切相关，因此地位十分重要。汽轮机和燃气轮机制造技术已被定为国家发展战略，尤其是燃气轮机被誉为“制造业皇冠上的明珠”。

三、舰船叶轮机械的发展

汽轮机、燃气涡轮的雏形在很早以前就已产生，如古代的风车和我国的走马灯（图 1-2）等。风车、水车、水磨等，利用自然界中存在的流动工质，冲击叶轮旋转做功，是冲动式轮机的原型。走马灯上有平放的叶轮，下有燃烛或灯，被灯火加热而上升的气流，冲击叶轮旋转做功，带动灯筒旋转，是现代燃气涡轮工作原理的原始应用。

2000 多年前，古希腊数学家希罗发明制造的汽转球（图 1-3）和我国烟火中的火轮是反动式汽轮机的原始形式。汽转球下部容器内的水受热后产生水蒸气，水蒸气经导管引入球内，由圆球外缘开出的两个弯曲小管喷出，圆球受到水蒸气的反作用力推动而旋转。火轮则是火药燃烧产生的气体沿轮盘的切向喷出，其反作用力推动轮盘高速旋转。受当时的经济条件和技术发展条件的限制，这几种形式的汽轮机或燃气涡轮都没能发展成为工业上的发动机，长期停留在原始状态的动力机械原型。

图 1-2　走马灯

图 1-3　汽转球

1—金属锅；2—导管；3—圆球；4、5—排汽管。

西方工业革命后，资本主义国家出现了许多大型工厂和作坊，迫切需要强大的动力源，工业技术的发展为新型发动机的制造提供了技术条件。

1．汽轮机的发展

（1）国外汽轮机的发展。1883 年，瑞典工程师拉法尔制造了一台单级冲动式汽轮机，如图 1-4 所示，转速高达 25000r/min，虽然功率只有 3.8kW，却是制造现代大功率工业汽轮机的开始。

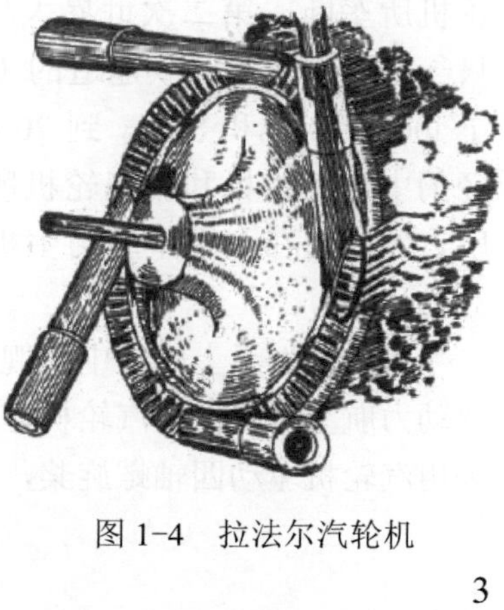

图 1-4　拉法尔汽轮机

1884 年，英国工程师帕森斯制造了一台多级反动式汽轮机，转数为 17000r/min，功率为 7.5kW。1896 年，美国工程师冠蒂斯制造速度级汽轮机；1902 年，法国拉托教授制造出多级冲动式汽轮机。这些以不同理论制造的各种形式原型汽轮机，建立了汽轮机发展的基础。在后续的几十年中，汽轮机在原理、结构、工艺等各方面都得到了迅速发展。20 世纪 30 年代，汽轮机作为主机已在动力工业和舰船上得到广泛应用。第二次世界大战后，空气动力学理论的发展成果应用于汽轮机设计，提高了汽轮机的工作效率。新的结构、材料及强度理论等现代科学的发展成就，促进了汽轮机制造工业的飞速发展。高参数高效率的大功率机组陆续投入运行，满足了各个领域对动力的需求，特别是促进了电力工业的飞速发展，也为社会经济的进一步发展提供了强大的动力。与此同时，汽轮机的原理、结构日臻成熟。

现代汽轮机的发展主要体现在：完善汽轮机的气动设计、发展大功率发电机组、提高效率以降低发电成本等方面，因而，在汽轮机结构、材料、工艺及自动控制方面均不断取得新成绩。进入 20 世纪 40 年代，汽轮机的发展非常迅速，蒸汽参数进一步提高，结构日趋完善，单机功率连续攀升。到 60 年代后期，先进的工业国家制造了超临界（23.52MPa/565℃）、单机功率为 400～600MW 的汽轮发电机组。继而，在 70 年代又制造出了 1200MW 的汽轮发电机组。目前，汽轮机的单机最大容量已达 1500MW。

工业汽轮机出现后，便迅速成为推动舰船前进的主机应用，以满足航海事业的发展需求，提高海军舰艇的战斗力。

（2）国内汽轮机的发展。我国从 20 世纪 50 年代开始建立汽轮机制造业，其中，哈尔滨汽轮机厂、上海汽轮机厂、东方汽轮机厂及北京重型机器厂等，都是生产大功率电站用汽轮机、工业用汽轮机和运输用汽轮机的大型工厂，另外还有十几家中小规模的汽轮机厂生产中、小型汽轮机组。自 1956 年制造出第一台 6000kW 发电汽轮机组以来，我国汽轮机的设计制造水平发展很快，60 年代，我国已经能制造 200MW、300MW 的发电设备，目前已成功地设计制造 1000MW 的汽轮发电机组，使我国汽轮机制造工业迅速跨过历史造成的差距，接近世界先进水平，并具备较完整的科研生产体系。

（3）船用汽轮机的发展。汽轮机在船舶上用作推进机械开始于 19 世纪末。最初，汽轮机作为舰船主机是直接与螺旋桨连接传动的。由于螺旋桨的工作转速不高，导致汽轮机的效率较低。当级数增多到几百级时，汽轮机十分笨重而难以得到应用。从 1910 年开始使用齿轮减速器传动装置和电力传动装置，汽轮机才作为强有力的舰船动力装置而得到广泛应用。在 20 世纪 30 年代到 60 年代初，大中型的舰船动力装置几乎为汽轮机所垄断。第二次世界大战后，汽轮机推进系统曾在主要海军大国大、中型水面舰只一统天下。在苏联建造的（221 艘）航空母舰、巡洋舰与驱逐舰中，蒸汽动力分别占了 100%、85%和 85%。到 70 年代舰船动力有了新的变化：护卫舰的动力装置被重量较轻的中速柴油机和燃气轮机所代替。商船中 735～14700kW 的动力装置被低速柴油机所占领。但在大中型舰用主机和 14700kW 以上的大功率船用主机中，汽轮机仍占有绝对的优势。

目前，世界上的大中型舰船只有蒸汽动力驱逐舰、蒸汽动力航空母舰与核动力潜艇、核动力航空母舰采用汽轮机作为主机。以美国福特级航空母舰为例，其第三艘“企业”号采用汽轮机驱动四轴螺旋桨，推进功率将达 280000hp。

2．燃气轮机的发展

（1）国外燃气轮机的发展。1906 年，第一台效率为 3%的燃气轮机问世。20 世纪 40 年代起，燃气轮机开始进入工业各个领域并得到了较为迅速的发展。例如，1939 年诞生于瑞士 BBC 公司的燃气轮机，功率达 1.5MW，初温达 550℃，效率达 17.3%。进入 20 世纪 80 年代后，燃气轮机单机容量有很大程度的提高，特别是燃气-蒸汽联合循环技术日渐成熟。随着世界范围内天然气资源的大力开发，燃气轮机及其联合循环在世界电力系统中的地位发生了明显的变化，不仅可以作为紧急备用电源和调峰机组使用，而且还能用于带基本负荷机组。

随着最新的研究成果不断应用，燃气轮机技术水平逐渐提高。目前，正在研究的重型燃气轮机，其最大功率达 460MW，燃气初温达 1600℃，压气机压缩比约 40，单循环效率为 43%～44%，其联合循环效率将高达 65%；同时，也在着手研究更加先进的燃气轮机，燃气初温的目标是 1700℃。

（2）我国燃气轮机工业的发展。我国燃气轮机工业是从生产航空发动机开始的。1956 年，我国的第一台国产涡轮喷气发动机在沈阳黎明发动机公司试制成功，标志着我国有了自己的燃气轮机制造工业。与此同时，也开始了地面燃气轮机的研制工作。

1964 年，南京汽轮电机厂制成了第一台发电用燃气轮机，功率 1.5MW。1969 年，哈尔滨汽轮机厂制成了第一台机车用燃气轮机，功率 2.205MW，这是我国首台自行设计制成的燃气轮机，标志着我国具备了独立研制燃气轮机的条件和能力。在这以后，我国还先后自行研制成了 0.2MW、1MW、3MW、6MW 等发电用燃气轮机，4.41MW 和 8.82MW 等船用燃气轮机，以及 3.375MW 机车用燃气轮机，后续还生产了 20MW 发电用燃气轮机。

从 1974 年起，我国开始了国产航机改型为陆用的工作。1975 年，中国南方航空动力机械公司将单转子涡桨发动机 WJ6 改型为 WJ6G1 单轴燃气轮机，功率为 2.13MW，同年装在电站中发电，是国产燃气轮机中生产批量最多的机组。

随后，哈尔滨东安发动机制造公司、沈阳黎明航空发动机制造公司、中国西安航空发动机公司、无锡第二机械研究所和常州兰翔机械总厂等先后开展了航机改型的工作，制成的机型计有 WZ6G、WZ5G、WJ5G1、WP6G1、WS9G1A 和 410A 等，功率从 0.75MW 至 9.56MW。

从 20 世纪 80 年代中期起，我国开始与国外燃气轮机制造厂合作，利用国外先进技术合作生产燃气轮机或研制新燃气轮机。例如，FT-8 燃气轮机，机组功率为 24.8MW，效率为 38.7%，属当时世界先进水平。

尽管国内燃机水平有一定的发展，但是由于国外的快速发展，国内燃气轮机整体水平与国际先进水平相差很大，尚未具备先进燃气轮机自主开发和制造的能力。我国重型燃气轮机与国外相比，主要差距是没有掌握核心设计技术、热端部件制造维修技术和控制技术。从核心技术自主研发综合能力角度看，全行业整体仍落后于国际先进水平。

（3）船用燃气轮机的发展。20 世纪 40 年代，国外开始进行舰用燃气轮机的研制，起步阶段同时采用独立研发和航机改装两种技术路线。自 1947 年英国茄特里克将（G1）

燃气轮机装备 MGB2009 高速炮艇以来，舰用燃气轮机已成为各海军大国的主要发动机种之一，并得到广泛的应用。世界各国海军在役的舰船普遍采用了全燃动力或柴燃联合动力装置，装舰范围包括航空母舰、巡洋舰、护卫舰、导弹快艇、猎潜艇、鱼雷快艇、登陆艇、潜艇支援船、破冰船和测量船等。发达国家舰船燃气轮机研制生产已经系列化，在航空母舰、巡洋舰、驱逐舰以及护卫舰中约有 3/4 的舰船采用了燃气轮机。目前，舰用燃气轮机的机型主要有美国 GE 公司的 LM2500 系列、英国 RR 公司 MT30 以及乌克兰的 UGT25000 系列。

燃气轮机的主要优势是功率密度大、机动性好、自动化程度高、安装维修方便。在大型舰船中主要用于轻型航空母舰，如英国的“天敌”号和印度的“维克兰特”号。唯一例外的是英国“伊丽莎白女王”级中型航空母舰采用 2 台单机功率为 36MW 的 MT30 燃气轮机和 2 台 11.6MW 的柴油发动机。印度的“维克兰特”号航空母舰也是燃气动力，使用 4 台 GE 公司的 LM2500 燃气轮机作为发动机。

第二节 叶轮机械典型结构组成

一、典型汽轮机结构组成

典型汽轮机结构组成如图 1-5 所示。典型的结构组成包括以下几部分。

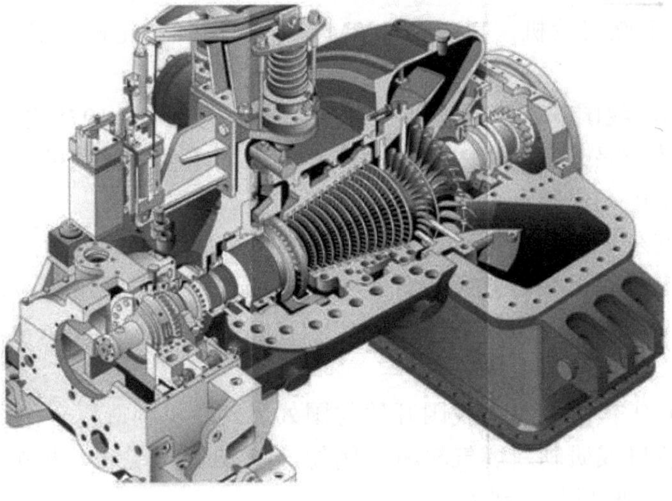

图 1-5 某型汽轮机结构示意图

1．通流部分

通流部分是蒸汽在其中流过并实现能量转换部分的统称，是汽轮机结构的核心部分，对于汽轮机的经济性、机动性、可靠性、尺寸重量和制造成本等有较大影响，主要包括进气机构和喷嘴（静叶）、动叶。

（1）进气机构。利用阀门的开度控制蒸汽的流量。

（2）喷嘴（静叶）。作用是把蒸汽的热能转变成动能，使蒸汽膨胀降压增加流速，按一定的方向喷射出去，进入动叶栅中做功。喷嘴直接安装在喷嘴室上，静叶安装在隔板或汽缸上。

（3）动叶。动叶又称为工作叶片，安装在转子叶轮或者轮毂上，是实现动能向机械能转换的关键部件。图 1-6 为汽轮机叶片。

2．静止部分

汽轮机在工作时，所有静止不动的部分统称为静止部分（或静子）。主要包括汽缸、喷嘴箱、隔板、喷嘴（静叶）、支持轴承和推力轴承等。

汽缸的作用是形成一个使通流部分和大气隔绝的密闭空间，以保证蒸汽对通流部分实现能量的转换。汽缸是固定和支持静止零件（如隔板、汽封等）的基础，如果轴承座和汽缸为一体，则汽缸还要承受转子的重量，并保持转子有正确的径向及轴向位置。汽缸形状呈圆柱形或者圆锥形，一般具有水平中分面，分为上汽缸和下汽缸，在上、下汽缸的法兰处用螺栓紧固。图 1-7 为某型汽轮机汽缸。

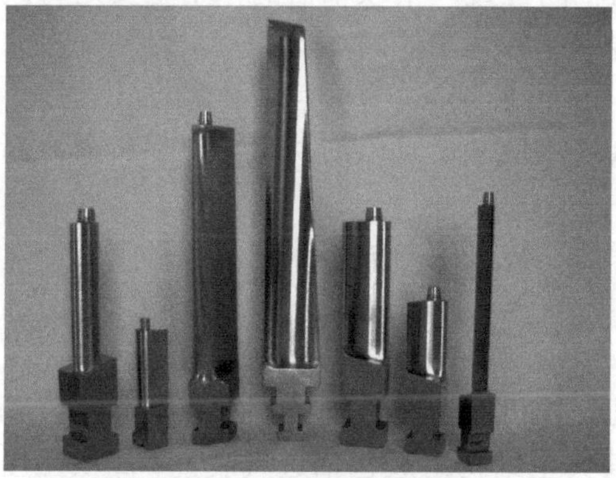

图1 6　汽轮机叶片

图 1-7　某型汽轮机汽缸

在汽轮机的调节级中，喷嘴叶栅一般不是直接安装在汽缸上，而是装在一个与汽缸分开制造的弧形喷嘴箱上，喷嘴箱安置在汽缸上的专用口中。采用单独的喷嘴箱可以使高压高温新蒸汽先进入喷嘴箱的汽室，而不与汽缸直接接触，经第一级喷嘴膨胀后，使蒸汽压力和温度降低进入汽缸，可减小汽缸所受的热应力，减薄汽缸厚度或降低汽缸的使用材料性能要求，减少汽缸高压端的漏气。

隔板的作用是把汽缸所围成的封闭空间，沿主轴方向分成若干个相互串联、不同压力的汽室。通常隔板本身由隔板体、静叶栅、隔板外环和隔板汽封组成。隔板也分为上隔板和下隔板，上隔板安装在上汽缸上，下隔板安装在下汽缸上。图 1-8 为某型汽轮机隔板。

3．转动部分（也称转子）

所有旋转部分的统称，包括含旋转轴、叶轮（轮盘）、动叶片、推力环、联轴节等与主轴相连接的零部件，是汽轮机最重要的部件之一，担负着能量转换及传递扭矩的重任。图 1-9 为某型汽轮机转子模型示意图。

图 1-8　某型汽轮机隔板

图 1-9　某型汽轮机转子模型示意图

4．两端部分

两端部分主要是支持轴承和推力轴承，以及半联轴器。其中，支持轴承用来承受转子的重量和部分进气时作用在转子的附加力，以保持转子和静子之间的相对位置；推力轴承用来承受汽轮机的轴向载荷，以保持转子的轴向位置；半联轴器的作用主要是将汽轮机转子与减速器的转子相连接以实现扭矩的传递和减速功能。

5．调节装置及保安装置

（1）调节装置。通过感知转速的变化改变蒸汽流量，使发出的功率与外界负荷重新平衡，并使转速保持在规定的范围。

（2）保安装置。用于超转速保护、低油压保护、转子轴向位移保护及低真空保护。

二、典型燃气轮机结构组成

燃气轮机是以空气为介质，靠高温燃气推动涡轮机械连续做功的大功率、高性能动力机械。图 1-10 为某型燃气轮机结构示意图，其典型结构组成包括进气装置、高低压压气机、燃烧室、高低压涡轮、动力涡轮、排气机构、联轴器、各轴承以及其他保证燃气轮机正常运行的零部件组成。其中，压气机、燃烧室和增压涡轮称为燃气发生器。

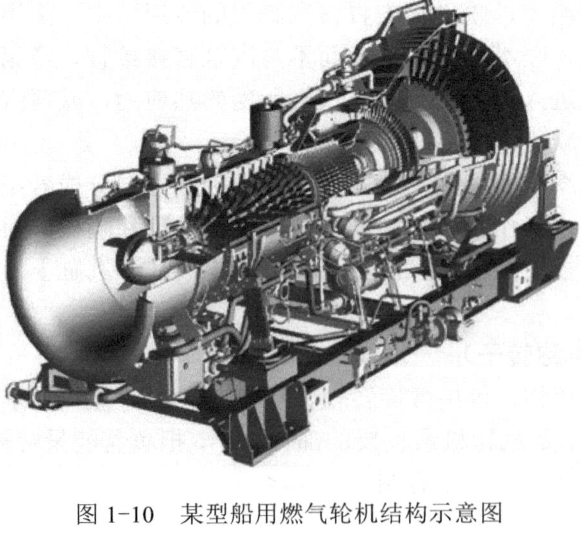

图 1-10　某型船用燃气轮机结构示意图

叶轮机械结构复杂，其内部能量转换过程也十分复杂。在研究叶轮机械工作原理时，必然会涉及热力学、流体力学及气动力学的基本知识，下面对本书中经常用到的基本假定、方程进行论述。

第三节　基础理论

一、气动热力学基本概念

1．理想气体

温度、压力和比容是描述气体工质状态的3个基本参数，当系统处于平衡状态时，这些参数满足一定的函数关系，称为状态方程。在叶轮机械工作过程中，气体的热力状态不断发生变化，表示气体状态的参数也随之发生变化。在了解和计算各热力过程中，常常需要知道这3个基本状态参数的变化规律和相互之间的关系。为了方便分析和简化计算，在工程上常常把满足一定条件的气体看作理想气体。

当气体满足其分子为不占体积的弹性质点，除碰撞外分子间无作用等条件时，可以视为理想气体。燃气轮机中的工质——空气和燃气由于在温度不太低、压强低于临界压强的条件下工作，其属性很接近理想气体时，可视为理想气体。

理想气体状态方程为

$$\frac{p}{\rho}=RT \text{ 或 } p\upsilon=RT \tag{1-1}$$

式中：p为绝对压力，Pa；ρ为密度，$\mathrm{kg/m^3}$；υ为比容，$\mathrm{m^3/kg}$；R为气体常数，对于空气，$R=287\mathrm{J/(kg\cdot K)}$，对于过热蒸汽，$R=461.76\mathrm{J/(kg\cdot K)}$；$T$为热力学温度，K。

当工质等熵膨胀时，等熵流动的绝热过程方程为

$$p\upsilon^k=\text{常数} \tag{1-2}$$

式中：k为绝热指数，对于过热蒸汽，$k=1.3$，对于空气，$k=1.4$。

2．焓值的概念

在流动过程中，与功和热相关联的能量项是焓。

焓是状态参数，其物理意义是引进或排出工质而输入或排出系统的总能量。当工质为理想气体、定压比热为常数时，气体比焓只与温度相关，即

$$h=c_pT \tag{1-3}$$

式中：c_p为等压比热，$\mathrm{J/(kg\cdot K)}$。

气体等容比热c_υ与等压比热c_p有下列关系：

$$c_p-c_\upsilon=R \tag{1-4}$$

并且绝热指数为

$$k=\frac{c_p}{c_\upsilon} \tag{1-5}$$

于是，有

$$c_p = \frac{k}{k-1}R \tag{1-6}$$

$$h = \frac{k}{k-1}RT = \frac{k}{k-1}\frac{P}{\rho} \tag{1-7}$$

对于水蒸气，则以查水蒸气的焓熵图（莫里尔图）或水和水蒸气性质表为准。

3．功和功率

（1）功。功的大小，等于力与物体沿力的方向所移动的距离的乘积。功是标量，没有方向。在国际单位制中，功的单位是 J。1J 即 1N 的力使物体在力的方向上发生 1m 的位移所做的功。

在蒸汽涡轮和燃气涡轮中，工质膨胀对外做的功，称为膨胀功。工质被压缩时接受的功，称为压缩功。

（2）功率。功率表示做功的快慢。功和完成这些功所用时间的比值为功率。

在国际单位制中，功率的单位是 W。1W=1J/s。在工程上常用 kW 和 hp（马力）作为功率的单位，1kW=1000W，1hp=0.735kW。

4．滞止参数

滞止参数是指假设在某一断面的工质流速以无摩擦的绝热过程（等熵过程）降低为零时，该断面上其他参数所能达到的数值。

为计算方便，可以将焓与动能两项作为单一的量来使用，即滞止焓，表示定常流动中，气体的焓值和速度被等熵地滞止后（速度为零）所达到的焓值。与滞止焓概念类似，还有滞止温度、滞止压强、滞止密度等。滞止参数的特点在于不包含速度项，可以用单一量来计算。

5．声速与马赫数

（1）声速。声速即声音传播的速度，即微弱扰动在弹性介质中的传播速度。声速大小只与介质物理属性、状态及波传播过程的热力学性质有关，而与产生扰动的具体原因无关。

在不可压流中，微弱扰动传播速度是无限大，扰动瞬间将传遍全部流场。在可压流中，由于气体是弹性介质，扰动的传播速度并非无限大。

声速的基本公式为压强与密度的函数，微弱扰动在空气中的传播可看作等熵过程，将等熵关系代入声速公式，可得

$$a = \sqrt{kRT} \tag{1-8}$$

（2）马赫数。马赫数的定义是气体在某点的流速与当地声速之比，用 M_a 表示，即

$$M_a = \frac{c}{a} \tag{1-9}$$

马赫数是一个非常重要的无量纲参数，反映气体压缩性影响的大小。引入马赫数可简化有关计算。流动分为亚声速流动和超声速流动：$M_a < 1$，为亚声速流动；$M_a > 1$，为超声速流动。二者有本质的区别。

二、简化的一元流动模型

实际上，工质在通流部分中的流动属于黏性可压缩流体在弯曲通道内的三元不稳定流动，流动情况非常复杂。为了突出主要矛盾，揭示流动的内在规律，通常作如下几点假设。

（1）流动是稳定的。即在所考虑的时间内通过叶栅任一截面的流量和工质参数均不随时间变化。当涡轮机功率和工质初参数基本不变时，可以近似地认为是稳定流动。

（2）流动是绝热的。即在叶栅中工质与外界没有热交换。由于工质通过叶栅的时间极短，且叶栅一般成组布置，相邻叶片的情况相同，彼此之间没有热交换，工质向外界的散热量与总热量相比很小，故可以视为绝热过程。

（3）流动是一元的。认为叶栅中气流参数只沿流动方向变化，而在与流动方向相垂直的截面上气流参数不变。

（4）流动是等熵的。不考虑气流的黏性影响，认为流动过程中没有能量损失，即可应用理想气体方程。实际气流的黏性作用集中表现于附面层内，核心气流可以看作等熵流动。忽略附面层的影响，将整个气流看作等熵流动。

可见，简化的流动模型是一元稳定等熵流动的模型。

实践证明，利用这种一元流动简化模型，不但可以阐明涡轮机的通流特性、能量转换和变工况特性本质，而且对于叶栅相对高度较小的级的设计亦可获得满意的效果。但对叶栅高度相对较大的级需要应用二元或三元流动模型来分析。

三、基本方程式

1. 连续方程

连续方程是质量守恒定律的数学表达式。图 1-11 表示气体的流管，它由通过某一截面（如 1—1 截面）边界的流线面所围成，气体在其中流过时与外界不发生质量交换。沿着管中心线取坐标系，在线的截面 1—1 和 2—2 上，其气流参数分别加下标“1”和“2”表示，如质量流量 G_1 和 G_2、密度 ρ_1 和 ρ_2、速度 c_1 和 c_2 以及截面积 A_1 和 A_2。

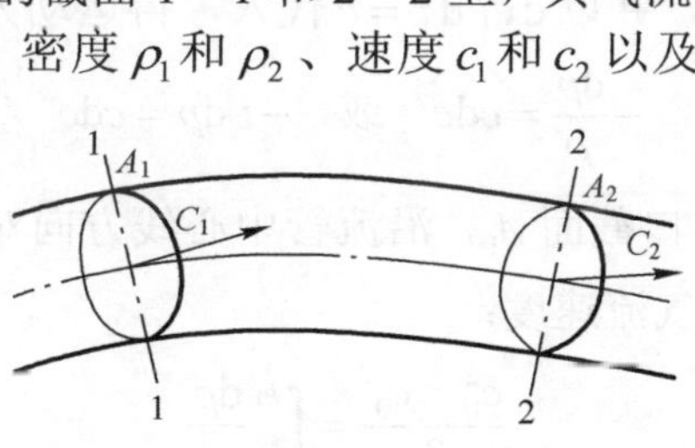

图 1-11　连续流动的流管

可以写出，流过两截面的气体质量流量分别为

$$G_1 = \rho_1 c_1 A_1 \tag{1-10}$$

$$G_2 = \rho_2 c_2 A_2 \tag{1-11}$$

根据质量守恒定律，两者应保持不变，于是，得到连续方程为

$$G = \rho c A = 常数 \tag{1-12}$$

取对数微分，得

$$\frac{\mathrm{d}\rho}{\rho}+\frac{\mathrm{d}c}{c}+\frac{\mathrm{d}A}{A}=0 \tag{1-13}$$

式（1-12）和式（1-13）是一元流动下的连续方程。用气体的比容 υ 取代密度 ρ，以 $\rho=\frac{1}{\upsilon}$ 代入上述两式，得连续方程为

$$G=\frac{cA}{\upsilon}=\text{常数} \tag{1-14}$$

利用水蒸气焓熵图作蒸汽透平热力计算时，常用此式。其微分形式为

$$\frac{\mathrm{d}c}{c}+\frac{\mathrm{d}A}{A}-\frac{\mathrm{d}\upsilon}{\upsilon}=0 \tag{1-15}$$

2．运动方程

运动方程是牛顿第二定律的数学表达式。利用动量定律考虑流管中气体微团的运动与它所受外力作用的关系。图 1-12 表示气体流管中微元距离 dx 间的气体微团，近似地认为，其前后两截面上的横截面积相等，即 $A_0=A_1=A_2$。微团气体的平均密度为 ρ，则微团质量 $m=\rho A\mathrm{d}x$。A_0 面上的气体压强为 p_0，A_1 面上的气体压强为 $p_1=p_0+\mathrm{d}p$。微团周围管壁的流动阻力为 $\mathrm{d}F$，可以求得微团所受外力。在 $\mathrm{d}\tau$ 时间内微团气体流过 dx 距离，其速度由 c_0 变到 $c_1=c_0+\mathrm{d}c$。由动量定律，有

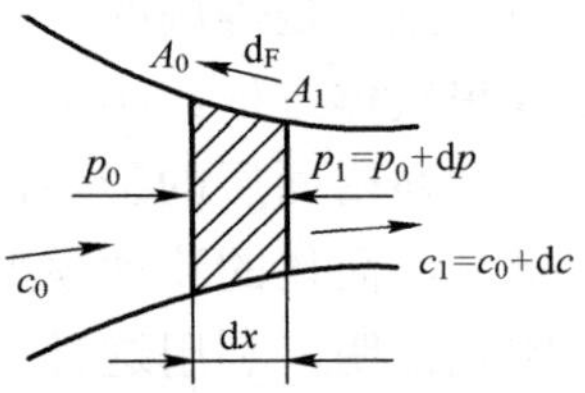

图 1-12　流管中气体微团的动量变化

$$[p_0A-(p_0+\mathrm{d}p)A-\mathrm{d}F]\mathrm{d}\tau=\rho A(c_0+\mathrm{d}c-c_0)\mathrm{d}x \tag{1-16}$$

即

$$-A\mathrm{d}p-\mathrm{d}F=\rho A\frac{\mathrm{d}x}{\mathrm{d}\tau}\mathrm{d}c$$

无黏性条件下，$\mathrm{d}F=0$，并以 $\mathrm{d}x/\mathrm{d}\tau=c$ 代入，得运动方程：

$$-\frac{\mathrm{d}p}{\rho}=c\mathrm{d}c \quad \text{或} \quad -\upsilon\mathrm{d}p=c\mathrm{d}c \tag{1-17}$$

从流管入口截面 A_0 到出口截面 A_1，沿流管中心线方向对式（1-17）进行积分，可以得到在理想条件下流管出口气流速度：

$$\frac{c_{1t}^2-c_0^2}{2}=\int_{p_0}^{p_1}\frac{\mathrm{d}p}{\rho} \tag{1-18}$$

这时，气体在流管中流动既无对外的热交换，也无克服摩擦阻力的损失，属于等熵流动。速度 c_{1t} 表示等熵流动的气流速度，是理想流动可能达到的最大速度。以绝热方程式（1-2）代入式（1-18）右边积分，得

$$\frac{c_{1t}^2-c_0^2}{2}=\frac{k}{k-1}\frac{p_0}{\rho_0}\left[1-\left(\frac{p_1}{p_0}\right)^{\frac{k-1}{k}}\right] \tag{1-19}$$

以理想气体方程式（1-1）代入，得流管出口理想气流速度：

$$c_{1t}=\sqrt{\frac{2k}{k-1}RT_0\left[1-\left(\frac{p_1}{p_0}\right)^{\frac{k-1}{k}}\right]+c_0^2} \tag{1-20}$$

该式也可以用来描述流管中任意截面上的气流速度，以该截面上的压力 p 作为 p_1 代入，可得到气流速度随截面上气体压力的变化。

3．能量方程

根据能量守恒定律，流管入口截面气体的总能量，与从入口截面到出口截面之间输入、输出能量之和，即得出口截面气体总能量。如图 1-13 所示，入口截面气体的总能量 E_0，表现为气体所具有的内能（以焓 h_0 表示）和它的动能（以速度 c_0 表示）。出口截面气体的总能量 E_1 则表示为 h_1 和 c_1 的关系。气体流过该流管时自外界获得热量 q，并对外做功 W，则

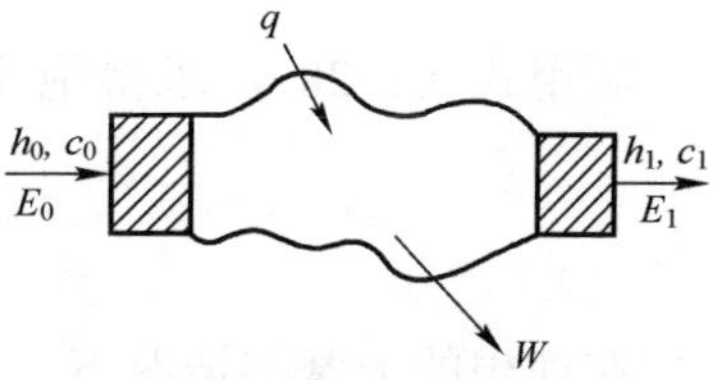

图 1-13　能量守恒体系

$$E_0+q-W=E_1 \tag{1-21}$$

从热力学可知，气体的总能量包括它的内能 $c_v T$、动能 $c^2/2$、压力势能 p/ρ 和位能 H，即

$$E=c_v T+\frac{p}{\rho}+\frac{c^2}{2}+H \tag{1-22}$$

透平气道中，任意两截面间位能之差相对很小，可以忽略不计。内能与压力势能之和为

$$c_v T+\frac{p}{\rho}=c_v T+RT=c_p T=h \tag{1-23}$$

于是，由能量守恒定律，有

$$h_0+\frac{c_0^2}{2}+q=h_1+\frac{c_1^2}{2}+W \tag{1-24}$$

写成滞止参数形式为

$$h_0^*+q=h_1^*+W \tag{1-25}$$

黏性气体流动时输出端应加上克服流动阻力所做的功，输入端应加上这部分功转化成的热量。两者相等可以互相抵消，上式依然成立。

忽略流道中气体与外界的热交换，即为绝热流动，$q=0$，则

$$h_0=h_1+W \tag{1-26}$$

此式表明，气体流动中若对外输出功，则其绝对滞止焓必下降。或者说，气体流动过程中对外的输出功来自其绝对滞止焓的降低。对于无摩擦的流动是这样，对于有摩擦的流动也是这样。

在此基础上，进一步考虑流动过程不对外做功，输出功为零，则

$$h^* = h_0 + \frac{c_0^2}{2} = h_1 + \frac{c_1^2}{2} = 常数 \tag{1-27}$$

流道中各截面上气体的绝对滞止焓保持为常数。

气体的焓由式（1-7）计算，代入式（1-27）并考虑$c=0$时的绝对滞止参数h、p^*和ρ^*，得到绝能流动的一般关系式：

$$\frac{k}{k-1}\frac{p^*}{\rho^*} = \frac{k}{k-1}\frac{p_1}{\rho_1} + \frac{c_1^2}{2} = 常数 \tag{1-28}$$

利用式（1-28），求得绝能流动条件下流管出口的气流速度：

$$c_1 = \sqrt{\frac{2k}{k-1}\left(\frac{p_0}{\rho_0} - \frac{p_1}{\rho_1}\right) + c_0^2} \tag{1-29}$$

在理想的无摩擦情况下，以式（1-1）及式（1-2）代入，得到等熵流动的流道出口理想气流速度：

$$c_{1s} = \sqrt{\frac{2k}{k-1}RT_0\left[1-\left(\frac{p_1}{p_0}\right)^{\frac{k-1}{k}}\right] + c_0^2} \tag{1-30}$$

它与由运动方程导出的式（1-20）完全相同。下标“s”表示等熵流动，“t”表示理论流动，两者是一致的。

以$c_0 = 0$时的滞止初参数T_0^*、P_0^*代入，得

$$c_{1s} = \sqrt{\frac{2k}{k-1}RT_0^*\left[1-\left(\frac{p_1}{p_0^*}\right)^{\frac{k-1}{k}}\right]} \tag{1-31}$$

4．流道横截面积变化规律

利用以上基本方程，可以研究涡轮流道中气体参数与流道横截面积的变化规律。

由式（1-13）可见，沿流线方向流道横截面积的变化，与气体密度的变化及速度的变化互相联系。为了便于讨论，考虑理想的绝热等熵过程，化成面积变化率与速度变化率之间的单一关系。由声速公式

$$a = \sqrt{\frac{\mathrm{d}p}{\mathrm{d}\rho}} \tag{1-32}$$

得密度变化率为

$$\frac{\mathrm{d}\rho}{\rho} = \frac{\mathrm{d}\rho}{\mathrm{d}p}\frac{\mathrm{d}p}{\rho} = \frac{1}{a^2}\frac{\mathrm{d}p}{\rho} \tag{1-33}$$

以式（1-17）的运动方程代入，得

$$\frac{\mathrm{d}\rho}{\rho} = -M_a^2\frac{\mathrm{d}c}{c} \tag{1-34}$$

式中：$M_a = \frac{c}{a}$，称为马赫数。将式（1-34）代入连续方程式（1-13），得

$$\frac{\mathrm{d}A}{A} = (M_a^2 - 1)\frac{\mathrm{d}c}{c} \tag{1-35}$$

该式表示流道横截面积随气流速度变化的关系，如在流道中气流速度总是逐渐增大的，则 $\mathrm{d}c/c$ 取正号。流道横截面积的变化率取决于 (M_a^2-1) 的符号。

当 $M_a<1$ 时，即在亚声速条件下，$(M_a^2-1)<0$，故流道面积变化率应取负号，即逐渐收缩的，称为渐缩式喷嘴，如图 1-14（a）所示。

当 $M_a>1$ 时，$(M_a^2-1)>0$，流道横截面积应逐渐扩大，称为渐扩式喷嘴，如图 1-14（b）所示。

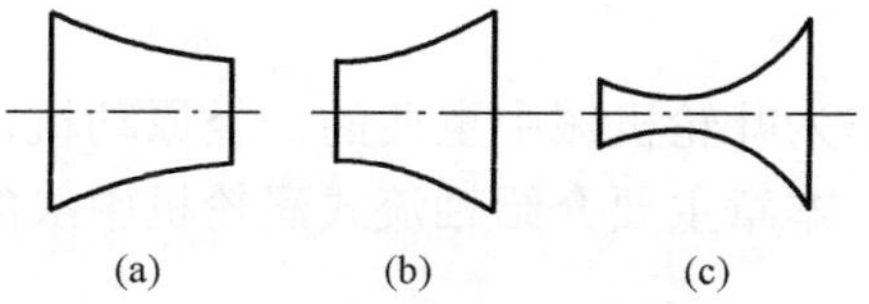

图 1-14　喷嘴横截面积的变化

（a）渐缩式；（b）渐扩式；（c）缩放式。

当流道中气流速度由亚声速逐渐增大，越过声速到达超声速时，流道面积先是渐缩，到达声速时即到达最小截面积，称为临界截面，或称喷嘴喉部。由此，气流速度在超声速下继续增长，流道截面积又复扩大，即成缩放式喷嘴，如图 1-14（c）所示。

上述是我们在学习叶轮机械原理过程中经常要用到的一些基本理论，更详细和更进一步的理论请参考相关的工程热力学、流体力学、气动力学等专业基础教材。

习　题

1．简述叶轮机械的定义和分类。
2．简述叶轮机械的典型结构组成。
3．简述叶轮机械的特点。
4．简述流道中截面积的变化规律。
5．由运动方程推导流管出口理想气体速度。

第二章　轴流涡轮机级的工作原理

涡轮，又称为透平，作为叶轮机械中重要的一类原动机，广泛地应用于国民经济各部门及国防、军事等领域。本章主要介绍轴流式涡轮机中级的基本工作原理。

第一节　概　　述

涡轮机中最基本的工作单元是级。在结构上，级由静叶栅（喷嘴栅）和对应的动叶栅组成。从能量观点看，它是将做功介质（蒸汽、燃气）的热能转变为涡轮机械能的一个能量转换过程。工质的热能在静叶栅中（也可以有部分在动叶栅中）首先转变为工质的动能，然后在动叶栅中这部分动能再转变为机械能。因为涡轮机的热功转换是在各个级内进行的，级的工作过程在一定程度上反映了整个涡轮机的工作过程，所以对涡轮机工作原理的讨论一般总是从“级”开始，这有助于理解和掌握全机的内在规律。

一、级的工作过程

图 2-1 为某型轴流涡轮机级的示意图。喷嘴叶栅安装在隔板体上，动叶片安装在叶轮的外缘上。喷嘴前截面用 0—0 表示，喷嘴叶栅和动叶栅之间的截面用 1—1 表示，动叶后截面用 2—2 表示。这 3 个截面通常称为级的特征截面或计算截面。各截面上的工质气流参数分别注以下标 0、1 和 2，如 p_0、 p_1 和 p_2 分别表示喷嘴前、喷嘴后和动叶后的工质压力。

在喷嘴通道内，工质由压力 p_0 膨胀到 p_1，温度由 T_0 下降到 T_1，气流速度相应地由 c_0 上升到 c_1。可见，工质从喷嘴的进口到出口实现了由热能向动能的转换。

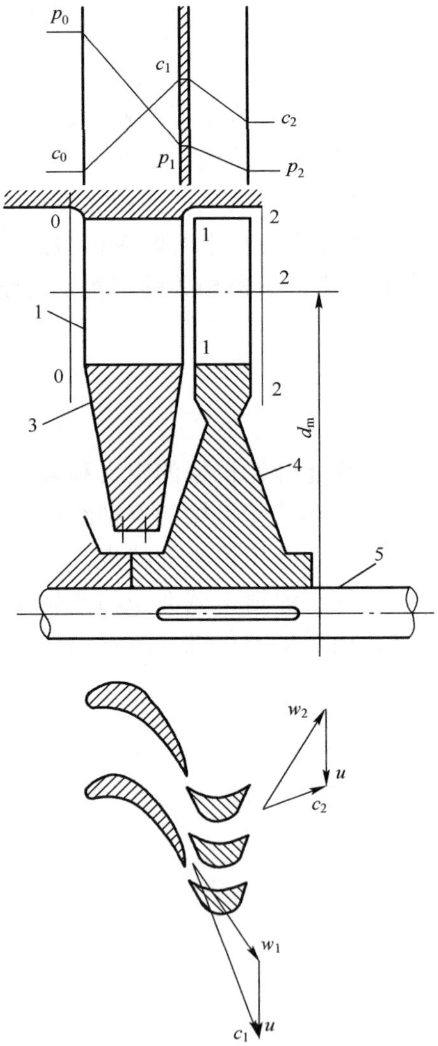

图 2-1　轴流涡轮机级的示意图

1—喷嘴；2—动叶；3—隔板；4—叶轮；5—轴。

高速流动的工质由喷嘴出口进入动叶时，给予动叶以冲动力 F_i 。通常气流在动叶中继续膨胀，并转变方向，当气流离开动叶槽道时，它给叶片以反动力 F_r（图 2-2），这两个力的合力，推动动叶带动叶轮和轴旋转，输出机械功。

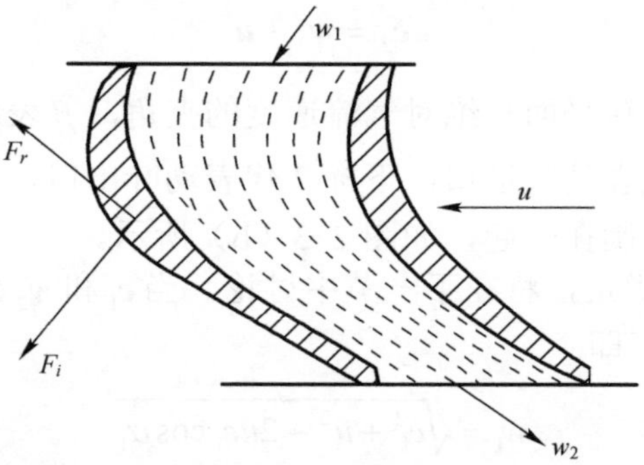

图 2-2　工质在动叶气道内膨胀时对动叶的作用力

动叶以转速 n 绕涡轮机轴旋转，用 $\boldsymbol{u}$ 表示动叶平均直径 d_m 处（即 $\frac{1}{2}$ 叶高处）的圆周速度，其大小为

$$u = \frac{\pi d_m n}{60} \tag{2-1}$$

$\boldsymbol{u}$ 的方向为动叶运动的圆周切线方向。由于动叶以圆周速度 $\boldsymbol{u}$ 运动，所以喷嘴出口工质气流的绝对速度 $\boldsymbol{c}_1$ 是以相对速度 $\boldsymbol{w}_1$ 进入动叶的。$\boldsymbol{c}_1$、$\boldsymbol{u}$ 与 $\boldsymbol{w}_1$ 构成了动叶进口速度三角形，如图 2-3（a）所示，即

$$\boldsymbol{w}_1 = \boldsymbol{c}_1 - \boldsymbol{u} \tag{2-2}$$

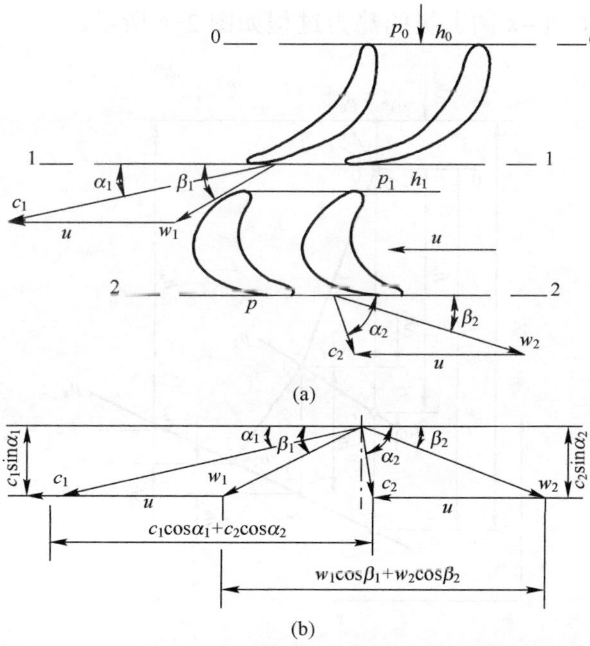

图 2-3　动叶栅进出口气流速度三角形

（a）动静叶栅气道示意图；（b）定点靠拢的速度三角形。

气流以相对速度 $\boldsymbol{w}_2$ 离开动叶，由于动叶以圆周速度 $\boldsymbol{u}$ 运动，所以动叶出口气流的绝对速度是 $\boldsymbol{c}_2$。$\boldsymbol{w}_2$、$\boldsymbol{u}$ 与 $\boldsymbol{c}_2$ 构成了动叶出口速度三角形，如图 2-3（a）所示，即

$$\boldsymbol{c}_2 = \boldsymbol{w}_2 + \boldsymbol{u} \tag{2-3}$$

图中，α 表示叶轮旋转平面与绝对气流速度的夹角，β 表示叶轮旋转平面与相对气流速度的夹角。下标 1 代表动叶进口，下标 2 代表动叶出口。为使用方便，常将动叶栅进出口气流速度三角形绘制在一起，如图 2-3（b）所示。

关于 $\boldsymbol{c}_1$ 和 $\boldsymbol{w}_2$ 的数值确定，将在下一节中讨论。当 $\boldsymbol{c}_1$ 和 $\boldsymbol{w}_2$ 确定后，就可通过速度三角形的关系求得 $\boldsymbol{w}_1$ 和 $\boldsymbol{c}_2$，即

$$w_1 = \sqrt{c_1^2 + u^2 - 2uc_1\cos\alpha_1} \tag{2-4}$$

$$\beta_1 = \arcsin\frac{c_1\sin\alpha_1}{w_1} = \arctan\frac{c_1\sin\alpha_1}{c_1\cos\alpha_1 - u} \tag{2-5}$$

$$c_2 = \sqrt{w_2^2 + u^2 - 2uw_2\cos\beta_2} \tag{2-6}$$

$$\alpha_2 = \arcsin\frac{w_2\sin\beta_2}{c_2} = \arctan\frac{w_2\sin\beta_2}{w_2\cos\beta_2 - u} \tag{2-7}$$

$\boldsymbol{w}_1$ 和 $\boldsymbol{c}_2$ 也可以通过按比例线段绘制速度三角形求得。

图 2-3（a）称为平均半径处的基元级。基元级是指在级的任意半径处取微元厚度，截得一环形流层，展开到平面上，得一微元厚度的平面级，称为基元级。

以上主要分析了工质在级内的流动过程。下面将从热力学的观点介绍工质在级内的热力膨胀过程。其中，$h-s$ 图上级的热力过程如图 2-4 所示。

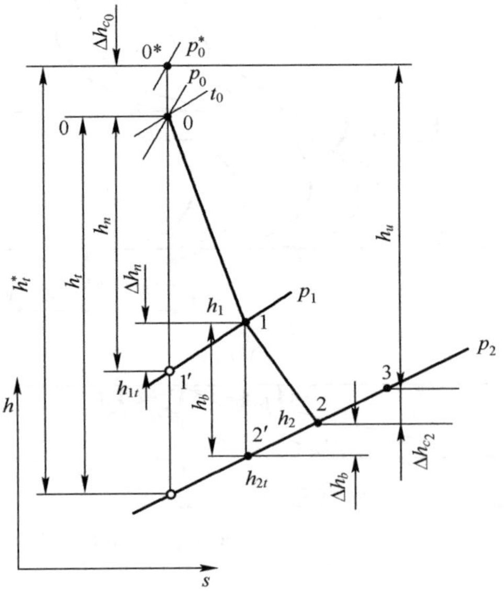

图 2-4　喷嘴及动叶的热力过程

图中点0表示气流在喷嘴前的状态，点0^*表示气流在喷嘴前的滞止状态，即假设喷嘴进口初速c_0滞止为零的状态，故点0^*与点0的焓差等于喷嘴前气流速度c_0所具有的动能，用Δh_{c_0}表示，则

$$\Delta h_{c_0} = \frac{c_0^2}{2} \tag{2-8}$$

图中点0^*的工质压力p_0^*表示喷嘴前的滞止压力，点0的工质压力p_0表示喷嘴前压力。如果气流在喷嘴内由p_0至p_1的膨胀过程是等熵的，则这个过程在图中用线段$01'$表示，喷嘴的等熵焓降用h_n表示。但实际上，具有黏性的工质在喷嘴内的膨胀过程中能量有损失，因此，在绝热条件下，工质在膨胀过程中熵将增加，此时，喷嘴出口的气流状态如点1所示，实际的热力过程用线段01表示，喷嘴出口气流的实际焓值h_1与理想焓值h_{1t}之差即喷嘴中的能量损失，用Δh_n表示。

在动叶通道内，工质从压力p_1膨胀到p_2。若是等熵过程，则用线段$12'$表示，动叶中的等熵焓降用h_b表示。动叶内的实际过程也是有损失的，熵是增加的，其过程如线段12所示。动叶出口实际焓值h_2与理想焓值h_{2t}之差即为动叶内的能量损失，用Δh_b表示。

气流离开动叶通道时具有一定的速度c_2，这个速度对应的动能在该级内已不能转换为机械功，因此，对该级来说是一种能量损失，称为余速损失，用Δh_{c_2}表示。余速损失可用下式表示：

$$\Delta h_{c_2} = \frac{c_2^2}{2} \tag{2-9}$$

若用h_t^*表示级的滞止理想焓降，则$h_t^* = h_t + \Delta h_{c_0}$。1kg工质在级的动叶栅上转换为机械功的有效焓降称为轮周有效焓降，以h_u表示，则

$$h_u = h_t^* - \Delta h_n - \Delta h_b - \Delta h_{c_2} \tag{2-10}$$

式中：喷嘴损失Δh_n、动叶损失Δh_b、余速损失Δh_{c_2}之和称为轮周损失。

应当指出，级中的流动过程和热力膨胀过程只是分析问题的角度不同，前者是用流体力学的观点，后者是用热力学的观点，通过分析，理解级的做功原理和能量损失的物理本质，并展示出能量转换的数量关系。在以后的学习中，将进一步了解到这两种过程是有机结合的。

二、级的反动度

级的反动度Ω是表示工质在动叶通道内膨胀程度大小的指标。级的平均直径处（即$\frac{1}{2}$叶高处）的反动度用Ω_m表示，其表达式为

$$\Omega_m = \frac{h_b}{h_t^*} \approx \frac{h_b}{h_n^* + h_b} \tag{2-11}$$

由于 $h-s$ 图上等压线沿熵增方向发散，故严格地说 $(h_n^*+h_b)>h_t^*$，但由于喷嘴损失 Δh_n 很小，在实用中常认为 $(h_n^*+h_b)=h_t^*$。显然，有

$$h_b=\Omega_m h_t^* \tag{2-12}$$

$$h_n^*=(1-\Omega_m)h_t^* \tag{2-13}$$

式中：h_n^* 为喷嘴的滞止理想焓降，$h_n^*=h_n+\Delta h_{c_0}$。

三、级的类型和特点

对轴流式涡轮机来说，所采用的轴流级按照级内工质能量转换的特点，可分为纯冲动级、反动级、冲动级和复速级几种。

1．纯冲动级

反动度 $\Omega_m=0$ 的级称为纯冲动级。纯冲动级由一列喷嘴叶栅与一列动叶栅构成。它的特点是工质只在喷嘴中膨胀，在动叶栅中不膨胀而只改变流动方向，故动叶栅中工质进出口压力相等，即 $p_1=p_2$，$h_b=0$，$h_n^*=h_t^*$。这种级的动叶上受到喷嘴出口高速气流的冲动力，但没有工质膨胀加速对动叶的反动力。由于这种级的动叶中流动效率低，损失大，故已不再采用。

2．反动级

反动度 $\Omega_m\approx0.5$ 的级称为反动级。反动级由一列静叶栅与一列动叶栅构成。

反动级中，工质在静叶和动叶中理想焓降相等，即 $h_n=h_b=0.5h_t^*$。由于蒸汽在动叶栅中的膨胀程度较大，故动叶栅内的流动效率比纯冲动级高，但动叶顶部漏气量也常比冲动级大。这种级的结构及其压力和速度的变化如图 2-5 所示，其动叶上既受到冲动力，又受到气流在动叶中膨胀加速及转向后流出时的反动力。

3．冲动级

冲动级介于纯冲动级和反动级之间，通常取 $\Omega_m=0.05\sim0.3$。显然，工质的膨胀大部分发生在喷嘴中，只有少部分发生在动叶中，$p_1>p_2$，$h_n>h_b$。这种级的结构及其压力和速度的变化如图 2-1 所示。由于它的能量转换既有冲动级的特点，又有反动级的因素，故称为带反动度的冲动级，习惯上称为冲动级，其动叶上的受力类型与反动级相同，但受力大小不同。

4．复速级

由固定的喷嘴叶栅、导向叶栅和安装在同一叶轮上的两列动叶栅所组成的级称为复速级，又称为双列速度级，其结构及其压力和速度变化如图 2-6 所示。复速级的喷嘴出口速度很高，高速气流流经第一列动叶做功后余速 c_2 很大，具有余速 c_2 的气流进入导向叶片后，其方向被改变成与第二列动叶进气方向一致，再流经第二列动叶做功，所以这种级实际上是单列冲动级的一种延伸。因为第二列动叶是利用第一列动叶排气余速 c_2 的动能继续做功的，因而也称为速度级。

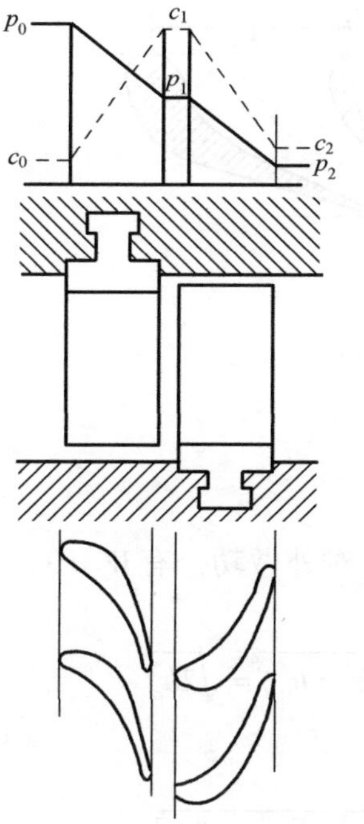

图 2-5　反动级示意图

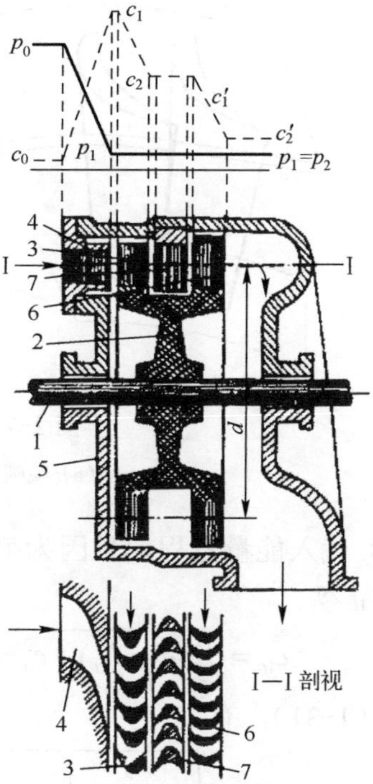

图 2-6　复速级汽轮机示意图

1—轴；2—叶轮；3—第一列动叶栅；4—喷嘴；5—汽缸；6—第二列动叶栅；7—导向叶栅。实线表示蒸汽压力；虚线表示蒸汽的绝对速度。

第二节　气体在喷嘴（静叶）和动叶通道中的流动

在第一节中介绍了级的工作过程，本节主要分析工质流经喷嘴（静叶）和动叶通道过程中，对级的工作特性有重要影响的通流特性和流动效率等问题。

一、工质在喷嘴（静叶）中的膨胀过程

喷嘴通道由相邻的两个静叶片及上、下环形端面构成，工质气体在其中实现热能变为动能的转换，并引导气流以一定角度流向动叶栅，如图 2-7（a）所示。沿平均半径取环形截面，展开在平面上如图 2-7（b）所示，得到由一列叶型组成的平面叶栅，称为喷嘴型栅。近似地认为在垂直于气道中心线的平面上各点气流参数相同，各参数只沿中心线方向变化，可按一元流动进行研究。

1. 喷嘴出口气流速度

工质在喷嘴通道中的理想膨胀过程如图 2-4 中的线段 01′ 所示。当喷嘴前的工质参数及初速 c_0 已知时，则

$$h_0^* = h_0 + \frac{c_0^2}{2} = h_0 + \Delta h_{c_0} \tag{2-14}$$

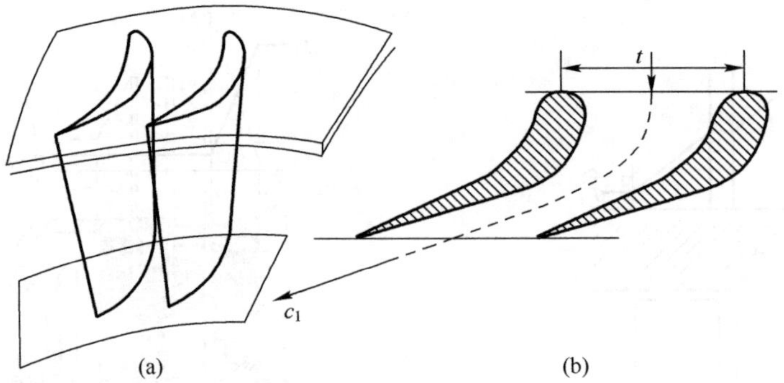

图 2-7　喷嘴结构示意图

（a）喷嘴通道；（b）喷嘴型栅。

将式（2-14）代入能量方程，且因为喷嘴是固定的，不对外做功，有 $W=0$，则喷嘴理论出口速度 c_{1t} 为

$$c_{1t}=\sqrt{2(h_0-h_{1t})+c_0^2}=\sqrt{2h_n+c_0^2}=\sqrt{2(h_0^*-h_{1t})}=\sqrt{2h_n^*} \tag{2-15}$$

根据式（1-31），有

$$c_{1t}=\sqrt{\frac{2k}{k-1}RT_0^*\left[1-\left(\frac{p_1}{p_0^*}\right)^{\frac{k-1}{k}}\right]}=\sqrt{\frac{2k}{k-1}RT_0^*\left[1-\pi_n^{\frac{k-1}{k}}\right]} \tag{2-16}$$

式中：$\pi_n=\dfrac{p_1}{p_0^*}$，称为喷嘴压比，即喷嘴后的压力与喷嘴前滞止压力之比。

式（2-15）是普适的，适用于所有喷嘴的理论出口速度的计算；式（2-16）由于考虑了理想气体的性质，而燃气的性质在一定程度上接近于理想气体，所以式（2-16）适用于燃气涡轮的喷嘴理论出口速度的计算。

在喷嘴的实际流动过程中，工质黏性所产生的摩擦等损失使气流出口速度由 c_{1t} 减小为 c_1，即

$$c_1=\varphi c_{1t}=\varphi\sqrt{2h_n^*} \tag{2-17}$$

式中：φ 称为喷嘴速度系数。由它可求得实际流动过程中的喷嘴动能损失，即喷嘴损失，其值为

$$\Delta h_n=\frac{c_{1t}^2}{2}-\frac{c_1^2}{2}=(1-\varphi^2)\frac{c_{1t}^2}{2}=(1-\varphi^2)h_n^* \tag{2-18}$$

影响喷嘴速度系数 φ 的因素多（如喷嘴高度、叶型、气道形状、压比、气流速度及表面粗糙度等）而复杂，很难用理论计算精确求得，一般由试验确定。φ 与叶片高度 l_n 关系密切，故实验数据常绘制为 φ 随 l_n 的变化曲线。图 2-8 为蒸汽涡轮中渐缩喷嘴速度系数随叶片高度 l_n 的变化关系曲线。

由图可见，当喷嘴高度 $l_n>100\text{mm}$ 时，φ 值基本上不再随 l_n 而变化；当 $l_n<15\text{mm}$ 时，φ 值剧烈下降。因此，在设计时，为了减少喷嘴损失，应尽量使 $l_n>15\text{mm}$。图中上面一条是喷嘴宽度 $B_n=55\text{mm}$ 的曲线，下面一条是喷嘴宽度 $B_n=80\text{mm}$ 的曲线，可见，在强

度允许的条件下应采用宽度较小的喷嘴。

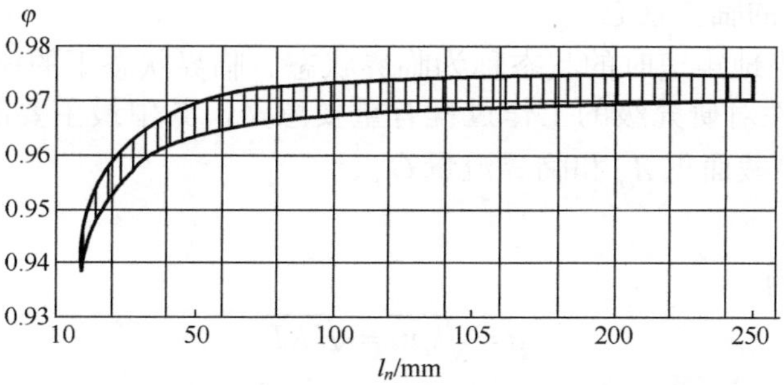

图 2-8　渐缩喷嘴速度系数 φ 随叶片高度 l_n 的变化曲线

式（2-18）中，$\varphi^2 h_n^* = \dfrac{c_1^2}{2}$ 是喷嘴实际出口动能，因此 φ^2 也称为喷嘴效率。

喷嘴速度系数 φ 值一般为 0.92～0.98。对于渐缩喷嘴，常把其中与叶片高度有关的损失抽出来采用经验公式计算，这时取 $\varphi = 0.97$。

2．喷嘴中工质参数、流速与等熵焓降之间的关系

当工质流量 G 不变时，在图 2-4 中的喷嘴等熵过程线段 $01'$ 上选取若干中间状态点，查得这些点的工质焓值 h、压力 p、比容 υ，按式（2-15）算出这些状态点的流速 c_1，按连续方程计算出这些状态点的通流面积 A，然后以等熵焓降 $h_x = h_0^* - h$ 为横坐标，画出工质参数、流速与等熵焓降之间的关系，如图 2-9 所示。

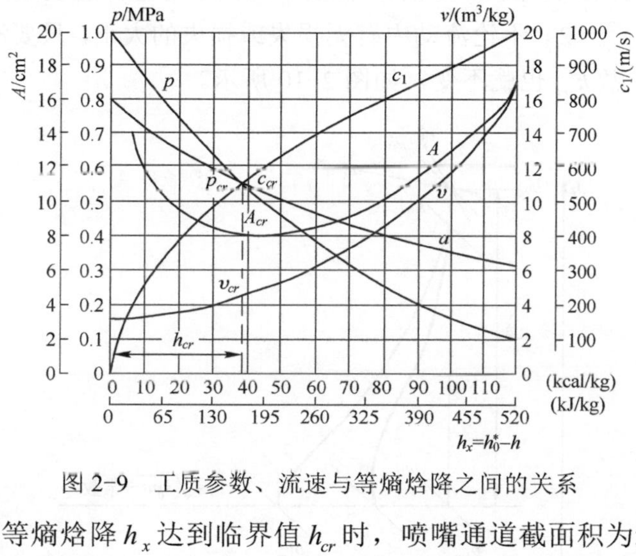

图 2-9　工质参数、流速与等熵焓降之间的关系

由图可见，当等熵焓降 h_x 达到临界值 h_{cr} 时，喷嘴通道截面积为最小，此处是临界截面，临界截面积以 A_{cr} 表示，此处的气流速度等于当地声速。由于喷嘴内沿气流方向的流通各截面处工质温度逐渐降低，故声速 $a = \sqrt{kRT}$ 也逐渐降低，如图中曲线 a 所示。根据上一节的内容可知，当 $h_x < h_{cr}$ 时，喷嘴通道截面是收缩的；当 $h_x > h_{cr}$ 时，喷嘴通道截面是渐扩的。喷嘴截面积的变化规律如曲线 A 所示。由图中还可以看出，工质压力 p 沿喷嘴流道是逐渐降低的，气流速度 c_1 是逐渐增大的，工质比容 υ 是逐渐增大的。在亚临界区域，即在喷嘴的渐缩段，c_1 的增大较 υ 的增大快得多；在超声速区域，即渐扩段，c_1

较 υ 增大得慢。

3．喷嘴中气流的临界状态

气流速度等于当地声速时的状态称为临界状态。临界状态下的所有参数称为临界参数。临界参数的特性对研究级的工作过程有重要意义，其中最主要的是临界速度 c_{1cr}、临界压比 π_{ncr}、临界截面积 A_{cr} 和临界流量 G_{cr}。

1）临界速度 c_{1cr}

声速计算公式为

$$a=\sqrt{kp\upsilon}=\sqrt{kRT} \tag{2-19}$$

对于任意截面，能量方程 $h_0^*=h+c^2/2$ 可写为

$$\frac{k}{k-1}p_0^*\upsilon_0^*=\frac{k}{k-1}p\upsilon+\frac{c^2}{2} \tag{2-20}$$

或

$$\frac{k}{k-1}p_0^*\upsilon_0^*=\frac{a^2}{k-1}+\frac{c^2}{2} \tag{2-21}$$

对于临界截面，$c_1=a=c_{1cr}$，则可求得临界速度：

$$c_{1cr}=\sqrt{\frac{2k}{k+1}p_0^*\upsilon_0^*} \tag{2-22}$$

由式（2-22）可知，在 k 值确定后，c_{1cr} 只与工质滞止参数有关，而与流动过程中有无损失以及损失大小无关。图 2-10 的 $h-s$ 图中画出了等临界速度线，也是等 $p\upsilon$ 线，或等焓线。由于 $h_{ncr}^*=c_{1cr}^2/2$，不论流动中有无损失或损失的大小，只要滞止初参数 p_0^*、v_0^* 不变，c_{1cr} 就不变，故 h_{ncr}^* 也就不变，如图 2-10 所示。

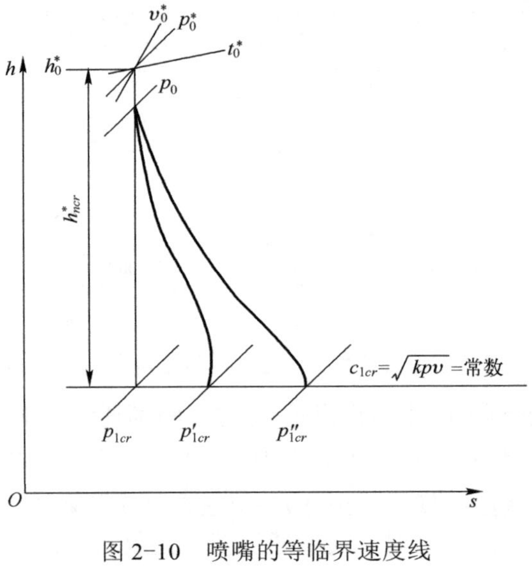

图 2-10　喷嘴的等临界速度线

2）临界压力 p_{1cr} 和临界压比 π_{ncr}

由式（2-21）和式（2-22）得

$$c_{1cr}=\sqrt{kp_{1cr}\upsilon_{1cr}}=\sqrt{\frac{2k}{k+1}p_0^*\upsilon_0^*} \tag{2-23}$$

将等熵过程方程 $p_0^*(\upsilon_0^*)^k=p_{1cr}\upsilon_{1cr}^k$ 代入上式，求解得

$$p_{1cr}=p_0^*\left(\frac{2}{k+1}\right)^{\frac{k}{k-1}} \tag{2-24}$$

则

$$\pi_{ncr}=\frac{p_{1cr}}{p_0^*}=\left(\frac{2}{k+1}\right)^{\frac{k}{k-1}} \tag{2-25}$$

由式（2-25）可知，等熵过程中，π_{ncr} 只与气体绝热指数 k 有关。例如，过热蒸汽 $k=1.3$，则 $\pi_{ncr}=0.546$；干饱和蒸汽 $k=1.135$，则 $\pi_{ncr}=0.577$。

4．喷嘴的通流能力

当喷嘴出口截面积为 A_n 时，通过喷嘴的理想流量为

$$G_{nt}=\frac{A_n c_{1t}}{\upsilon_{1t}} \tag{2-26}$$

代入 c_{1t} 和 υ_{1t} 的解析式，可得

$$G_{nt}=\frac{A_n}{\upsilon_{1t}}\sqrt{\frac{2k}{k-1}p_0^*\upsilon_0^*\left[1-\left(\frac{p_1}{p_0^*}\right)^{\frac{k-1}{k}}\right]} \tag{2-27}$$

或

$$G_{nt}=A_n\sqrt{\frac{2k}{k-1}\frac{p_0^*}{\upsilon_0^*}\left(\pi_n^{\frac{2}{k}}-\pi_n^{\frac{k+1}{k}}\right)} \tag{2-28}$$

式（2-27）表明，喷嘴的通流能力与工质滞止初参数、蒸汽性质、喷嘴出口面积和压比有关。在工质性质、滞止初参数和出口面积一定的情况下，喷嘴的通流能力只取决于喷嘴压比，即 $G_{nt}=f(\pi_n)$，如图 2-11 中曲线 OBC 所示。

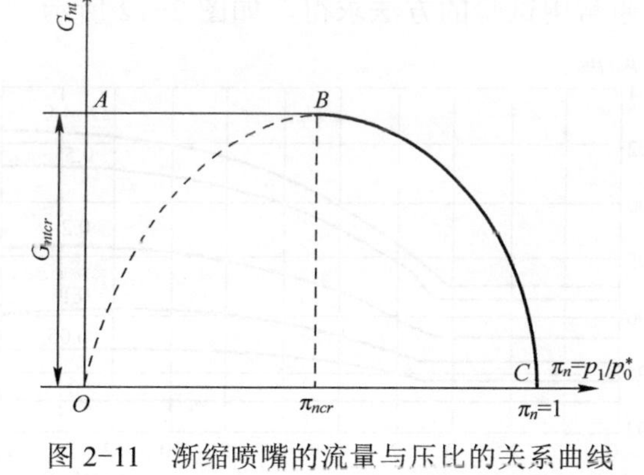

图 2-11　渐缩喷嘴的流量与压比的关系曲线

通过最大流量时的压比可以对式（2-28）求极值得到，即令 $\partial G_{nt}/\partial\pi_n=0$ 解得

$$\pi_n=\left(\frac{2}{k+1}\right)^{\frac{k}{k-1}}=\pi_{ncr} \tag{2-29}$$

可见，喷嘴通过最大流量时的压比就是临界压比 π_{ncr}。因此，最大流量就是临界流量。将式（2-29）代入式（2-28），即得喷嘴理想临界流量表达式：

$$G_{ntcr} = A_n\sqrt{k\left(\frac{2}{k+1}\right)^{\frac{k+1}{k-1}}\frac{p_0^*}{\upsilon_0^*}} \tag{2-30}$$

例如，做功介质为蒸汽，则将 $k=1.3$ 和 $k=1.135$ 分别代入上式，得

过热蒸汽：

$$G_{ntcr} = 0.6673A_n\sqrt{\frac{p_0^*}{\upsilon_0^*}} \tag{2-31}$$

干饱和蒸汽：

$$G_{ntcr} = 0.6356A_n\sqrt{\frac{p_0^*}{\upsilon_0^*}} \tag{2-32}$$

式中：p_0^* 的单位是 Pa；υ_0^* 的单位是 m^3/kg；A_n 的单位是 m^2；G_{ntcr} 的单位是 kg/s。

可见，喷嘴出口面积和工质性质确定后，临界流量只与滞止初参数有关。

图 2-11 为蒸汽流量随喷嘴压比变化的曲线关系。作图时令喷嘴出口面积及蒸汽初参数不变，压比的变化即表示出口压力变化。当喷嘴出口压力与初压相等，$\pi_n=1$ 时，蒸汽流量为零。随着压比减小，流量逐渐增大，$\pi_n=\pi_{ncr}$ 时达到最大值，即临界流量 G_{ncr}。压比进一步降低必须采用缩放喷嘴，在出口面积不变的条件下其喉部面积必减小。对于渐缩式喷嘴，当压比小于临界压力时，出口截面上仍保持为临界压力不变，按照公式 2-28，流量应按图中的 *OB* 段（虚线）所示，但试验证明，压比继续下降，蒸汽流量保持为临界流量不变，整个流量变化情况如图中曲线 *ABC* 所示。

由于工质流动过程有损失，故喷嘴的实际流量为

$$G_n = \frac{A_n c_1}{\upsilon_1} = \frac{A_n \varphi c_{1t}}{\upsilon_1} = \varphi\frac{\upsilon_{1t}}{\upsilon_1}G_{nt} = \mu_n G_{nt} \tag{2-33}$$

式中：$\mu_n=\varphi\dfrac{\upsilon_{1t}}{\upsilon_1}$ 称为喷嘴的流量系数，它是喷嘴的实际流量与理想流量之比。μ_n 很难用理论方法准确计算，通常用试验的方法求得，如图 2-12 所示。

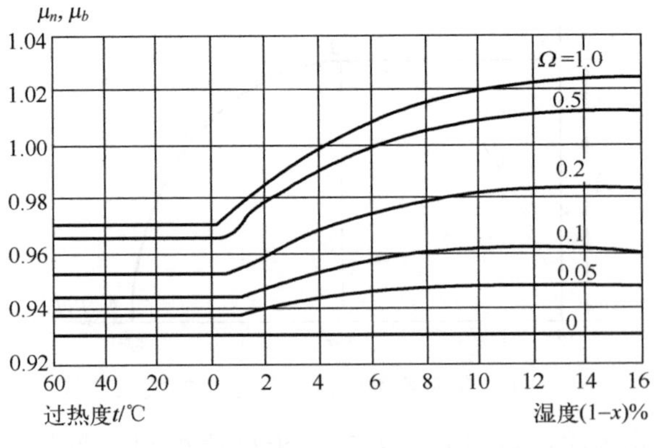

图 2-12　蒸汽透平喷嘴和动叶的流量系数

考虑流量系数之后，计算实际临界流量的公式为

$$G_{ncr} = \mu_n G_{ntcr}$$

过热蒸汽（$\mu_n = 0.97$）：　　$G_{ncr} = 0.6473 A_n \sqrt{\dfrac{p_0^*}{\upsilon_0^*}}$　　（2-34）

干饱和蒸汽（$\mu_n = 1.02$）：　　$G_{ncr} = 0.6483 A_n \sqrt{\dfrac{p_0^*}{\upsilon_0^*}}$　　（2-35）

实际上，无论是过热蒸汽还是饱和蒸汽，都可采用下式计算：

$$G_{ncr} = 0.648 A_n \sqrt{\frac{p_0^*}{\upsilon_0^*}} \tag{2-36}$$

式中：p_0^* 的单位是 Pa；υ_0^* 的单位是 m^3/kg；A_n 的单位是 m^2；G_{ncr} 的单位是 kg/s。

必须指出，用上述公式计算流量时，不论是渐缩喷嘴还是缩放喷嘴，都必须先判断喷嘴喉部是否在临界状态下工作，然后才能确定选用式（2-28）或式（2-36）。为了计算方便，引入流量比，即彭台门系数 β，其定义为通过喷嘴的任一理想流量与同一初始状态下临界流量的比值：

$$\beta = \frac{G_n}{G_{ncr}} = \frac{A_n \sqrt{\dfrac{2k}{k-1} \dfrac{p_0^*}{\upsilon_0^*} \left(\pi_n^{\frac{2}{k}} - \pi_n^{\frac{k+1}{k}}\right)}}{A_n \sqrt{k \left(\dfrac{2}{k+1}\right)^{\frac{k+1}{k-1}} \dfrac{p_0^*}{\upsilon_0^*}}} = \sqrt{\frac{\dfrac{2}{k-1}\left(\pi_n^{\frac{2}{k}} - \pi_n^{\frac{k+1}{k}}\right)}{\left(\dfrac{2}{k+1}\right)^{\frac{k+1}{k-1}}}} \tag{2-37}$$

可见，β 只与 π_n 和 k 有关。k 确定后，亚临界时 β 值只与 π_n 有关；临界状态时，$\beta = 1$，与 π_n 无关。

图 2-13 所示为蒸汽涡轮中渐缩喷嘴流过过热蒸汽时，β 与压比 π_n 的关系。

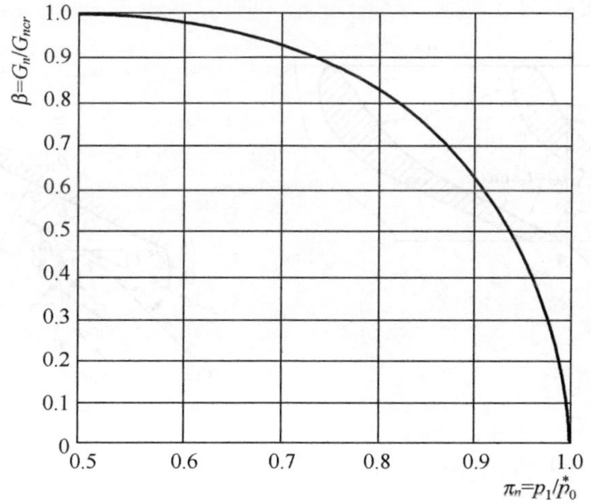

图 2-13　渐缩喷嘴的 β 曲线（$k = 1.3$）

实际计算时，根据 π_n 先在图中查出 β 值，然后利用下式计算 G_n，即

$$G_n = \beta G_{ncr} = 0.648\beta A_n \sqrt{\frac{p_0^*}{\upsilon_0^*}} \tag{2-38}$$

这样，计算喷嘴流量时，就不用事先判断流动状态了。

二、工质在喷嘴斜切部分内的膨胀

为了保证喷嘴出口气流进入动叶时有良好的方向，在喷嘴的出口处都制成一段斜切部分 ABC，如图 2-14 所示。

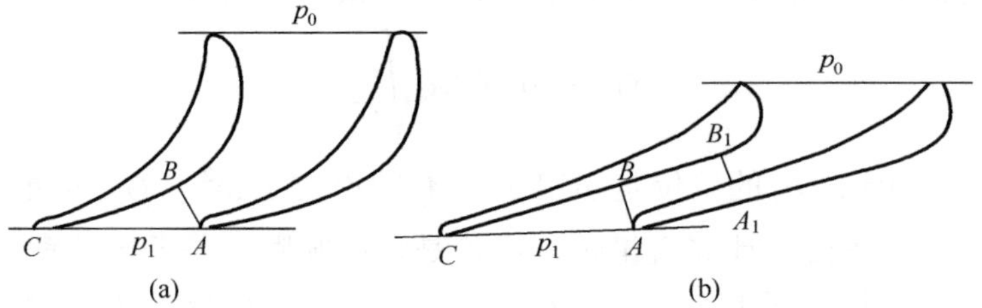

图 2-14　带有斜切部分的喷嘴

（a）渐缩喷嘴；（b）缩放喷嘴。

对于渐缩喷嘴，当背压 $p_1 \geqslant p_{1cr}$ 时，喷嘴出口截面 AC 上的气流速度和方向与喉部截面 AB 相同，斜切部分不发生膨胀，只起导向作用。

当 $p_{1d} < p_1 < p_{1cr}$（p_{1d} 为极限膨胀压力，下面将会讨论），气流膨胀至喉部截面 AB 时，其压力等于临界压力 p_{1cr}，速度为临界速度。由于叶栅后的压力 p_1 小于临界压力 p_{1cr}，大于极限膨胀压力 p_{1d}，故工质在斜切部分 ABC 的前面部分，如 ABD 区域中继续膨胀，压力降低，速度增加为 c_1'，超过临界速度，同时，气流的方向偏转一个角度 δ_1，如图 2-15（a）所示，δ_1 称为喷嘴气流偏转角。这时，斜切部分的 ADC 区域只起导向作用，不发生膨胀，气流速度和方向均不变。

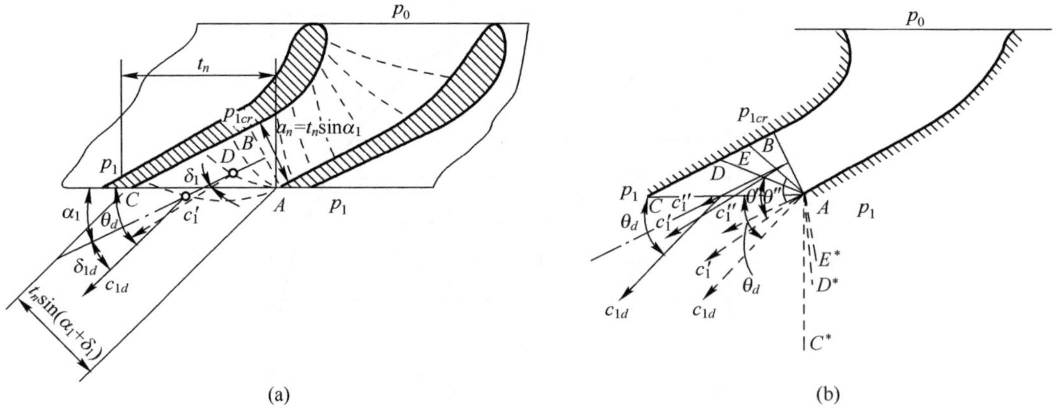

图 2-15　工质在斜切部分的膨胀与偏转

（a）工质在斜切部分的实际膨胀与偏转；（b）无摩擦、绝热、均匀流动时的马赫线和假想马赫锥。

气流方向偏转的根本原因是：AB 截面之后继续膨胀的气流是超声速气流，超声速气流膨胀时，比容的增大比流速的增大要快，必须在渐扩通道内才能膨胀（图 2-9），在喷嘴高度变化不大而另一侧又有壁面阻挡的情况下，气流只有偏向另一侧才能扩大通流面积。在这种情况下，可以把渐缩喷嘴看作一个不完整的缩放喷嘴，斜切部分相当于缩放喷嘴喉部之后的渐扩部分。

为了确定喷嘴出口气流的实际方向，斜切部分有膨胀时，需要确定偏转角 δ_1 的数值。根据连续方程，喷嘴在喉部截面 A_{ncr} 和出口截面 A_n 上有

$$G_{ncr} = \frac{A_{ncr}c_{1cr}}{\upsilon_{1cr}} = \frac{l_n \sin\alpha_1 t_n c_{1cr}}{\upsilon_{1cr}} \tag{2-39}$$

$$G_n = \frac{A_n c_1}{\upsilon_1} = \frac{l_n' \sin(\alpha_1+\delta_1) t_n c_1}{\upsilon_1} \tag{2-40}$$

式中：c_{1cr}、υ_{1cr} 和 c_1、υ_1 分别为喉部截面和出口截面的气流速度与比容；t_n 为叶栅节距，如图 2-15（a）所示。喷嘴喉部截面高度 l_n 与出口截面高度 l_n' 可近似认为相等，即 $l_n \approx l_n'$，由于以上两式中 $G_{ncr} = G_n$，故可得

$$\sin(\alpha_1+\delta_1) \approx \frac{\upsilon_1 c_{1cr}}{\upsilon_{1cr} c_1}\sin\alpha_1 \tag{2-41}$$

式（2-41）即为贝尔公式，常用来计算偏转角 δ_1 的数值。

对于缩放喷嘴，其现象也相似。当喷嘴背压低于出口截面 AB 的设计压力 p_1 时，工质在斜切部分 ABC 内就要发生膨胀和偏转。利用贝尔公式计算偏转角时，c_{1cr} 和 υ_{1cr} 应以缩放喷嘴设计工况下出口截面的速度和比容代入，而 c_1 和 υ_1 应以偏转后出口处的速度和比容代入。

假设斜切部分为等熵流动，根据基本方程式，有

$$\frac{\upsilon_1}{\upsilon_{1cr}} = \left(\frac{p_{1cr}}{p_1}\right)^{\frac{1}{k}} = \left(\frac{\pi_{ncr}}{\pi_n}\right)^{\frac{1}{k}} = \left(\frac{2}{k+1}\right)^{\frac{1}{k-1}} \pi_n^{-\frac{1}{k}} \tag{2-42}$$

$$\frac{c_{1cr}}{c_1} = \frac{\sqrt{\dfrac{2k}{k+1}p_0^*\upsilon_0^*}}{\sqrt{\dfrac{2k}{k-1}p_0^*\upsilon_0^*\left(1-\pi_n^{\frac{k-1}{k}}\right)}} = \sqrt{\frac{k-1}{(k+1)\left(1-\pi_n^{\frac{k-1}{k}}\right)}} \tag{2-43}$$

将式（2-42）和式（2-43）代入式（2-41），则得

$$\sin(\alpha_1+\delta_1) \approx \frac{\left(\dfrac{2}{k+1}\right)^{\frac{1}{k-1}}\sqrt{\dfrac{k-1}{k+1}}}{\pi_n^{\frac{1}{k}}\sqrt{1-\pi_n^{\frac{k-1}{k}}}}\sin\alpha_1 \tag{2-44}$$

由式（2-44）可见，若已知喷嘴压比 π_n、工质定熵指数 k 及喷嘴出口角 α_1，就可算出偏转角 δ_1。

根据一元等熵超声速气流流过直角壁的概念，因气流在点 A 的压力从 p_{1cr} 突然降到 p_1，故在点 A 产生了气流扰动，这个扰动在运动介质中以声速传播，并以扰动中心为原点引射出一束特征线，如图 2-15（a）中的虚线所示。气流通过这些特征线后压力降低，

速度增加，方向偏转。喷嘴背压越低，参加膨胀工作的斜切部分就越大，最后一根特征线就越接近出口边 AC。直到最后一根特征线与出口边 AC 重合时，斜切部分的膨胀能力就被利用完，即斜切部分达到极限膨胀，这时，喷嘴出口压力称为极限膨胀压力。若再降低喷嘴背压 p_1，就会引起斜切部分后的突然膨胀，即产生膨胀不足，使喷嘴损失增加。

斜切部分中的特征线也称为马赫线，图 2-15（a）所示为有摩擦的实际流动中的马赫线，是弯曲的。在无摩擦、绝热、均匀流动的情况下，斜切部分的每条马赫线都是直线，如图 2-15（b）所示。随着喷嘴背压 p_1 的不断降低，斜切部分的膨胀区域由 ABE 增至 ABD，最后增至 ABC；喷嘴出口速度由超声速的实线 c_1'' 增至 c_1'，最后增至 c_{1d}；气流的偏转角也不断增大，最后增至 θ_d。为了看清斜切部分内的以 A 为顶点的半边马赫锥的变化情况，在图 2-15（b）中把实线 c_1''、c_1' 和 c_{1d} 平移到点 A，画成虚线，则 c_1''、c_1' 和 c_{1d} 平分各自马赫锥的锥顶角，根据这一道理，再用虚线画出 AE^*、AD^* 和 AC^* 等实际上并不存在的喷嘴外的另外半边马赫锥的马赫线。这样可以清楚地看出各马赫锥的马赫角也由 θ'' 减为 θ'，最后减为 θ_d（AE^*、AD^*、AC^* 间距离分别比 AE、AD、AC 的短是因为 c_1 偏转越来越大）。

在极限膨胀下，出口边 AC 与最后一根特征线（即马赫线）重合，它与气流方向的夹角为马赫角 θ_d，即 $\theta_d = \alpha_1 + \delta_{1d}$。由马赫角 θ_d 与马赫数 M_a 的关系得

$$\sin(\alpha_1 + \delta_{1d}) = \sin\theta_d = \frac{1}{M_a} = \frac{a_{1d}}{c_{1d}} \tag{2-45}$$

将极限膨胀下的喷嘴出口参数 c_{1d}、υ_{1d} 代入式（2-41）得

$$\sin(\alpha_1 + \delta_{1d}) \approx \frac{\upsilon_{1d} c_{1cr}}{\upsilon_{1cr} c_{1d}} \sin\alpha_1 = \frac{a_{1d}}{c_{1d}} \tag{2-46}$$

即

$$\sin\alpha_1 \approx \frac{a_{1d}\upsilon_{1cr}}{c_{1cr}\upsilon_{1d}} \tag{2-47}$$

式中：a_{1d}、υ_{1d} 分别为工质在极限压力下的声速与比容。

由于

$$\frac{\upsilon_{1cr}}{\upsilon_{1d}} = \left(\frac{p_{1d}}{p_{1cr}}\right)^{\frac{1}{k}} = \pi_{nd}^{\frac{1}{k}} \pi_{ncr}^{-\frac{1}{k}} \tag{2-48}$$

$$\frac{a_{1d}}{c_{1cr}} = \frac{\sqrt{kp_{1d}\upsilon_{1d}}}{\sqrt{\dfrac{2k}{k+1} p_0^* \upsilon_0^*}} = \sqrt{\frac{k+1}{2} \pi_{nd}^{\frac{k-1}{k}}} \tag{2-49}$$

则

$$\sin\alpha_1 \approx \pi_{nd}^{\frac{1}{k}} \pi_{ncr}^{-\frac{1}{k}} \sqrt{\frac{k+1}{2} \pi_{nd}^{\frac{k-1}{k}}} \tag{2-50}$$

于是，有

$$\pi_{nd}=\frac{p_{1d}}{p_0^*}=\left(\frac{2}{k+1}\right)^{\frac{k}{k-1}}(\sin\alpha_1)^{\frac{2k}{k+1}}=\pi_{ncr}(\sin\alpha_1)^{\frac{2k}{k+1}} \tag{2-51}$$

$$p_{1d}=\pi_{ncr}(\sin\alpha_1)^{\frac{2k}{k+1}}p_0^* \tag{2-52}$$

由式（2-51）和式（2-52）就可算出极限压比和极限压力。以 π_{nd} 和 δ_{1d} 代替式（2-44）中的 π_n 和 δ_1，就可求得相应的最大偏转角 δ_{1d}。

工质在喷嘴斜切部分中膨胀时的偏转和极限压力等概念与公式，同样适用于动叶栅。

三、工质在动叶通道中的流动过程和通流能力

动叶通道的形状与喷嘴（静叶）相似。动叶与喷嘴的不同之处是动叶本身以圆周速度 u 运动。只要把喷嘴的工质参数转换为动叶栅的相对参数，有关喷嘴的结论就都可以用在动叶上。因此，这里只需要讨论工质在动叶通道中流动的特殊问题。

设工质在动叶通道内为等熵流动，把动叶的相对参数等代入式（2-15），得动叶栅出口气流的理想相对速度为

$$w_{2t}=\sqrt{2h_b+w_1^2}=\sqrt{2\Omega_m h_t^*+w_1^2}=\sqrt{2h_b^*} \tag{2-53}$$

式中：h_b 为动叶栅的理想焓降，$h_b=h_1-h_{2t}=\Omega_m h_t^*$，J/kg；$\frac{w_1^2}{2}$ 为动叶栅进口处工质相对进口速度的动能，J/kg；h_b^* 为动叶栅的滞止理想焓降，$h_b^*=h_b+\frac{w_1^2}{2}$，J/kg。

与喷嘴相似，用动叶速度系数 ψ 来计算动叶栅出口气流的实际相对速度：

$$w_2=\psi w_{2t}=\psi\sqrt{2h_b^*} \tag{2-54}$$

则动叶栅中的能量损失为

$$\Delta h_b=\frac{w_{2t}^2}{2}-\frac{w_2^2}{2}=(1-\psi^2)\frac{w_{2t}^2}{2}=(1-\psi^2)h_b^* \tag{2-55}$$

反动级动叶叶型与喷嘴叶型相同，因此，动叶损失和流动效率也与喷嘴基本相同，$\psi=\varphi$。对于冲动级，特别是反动度较小时，ψ 值显著低于 φ 值。与 φ 类似，ψ 也与许多因素有关，特别是叶高 l_b、相对速度 w_{2t} 和反动度 Ω_m 对 ψ 的影响最大。

在冲动级中，与喷嘴气流相比，动叶气流的主要特点在于初速 w_1 虽然比喷嘴的初速 c_0 大许多，但它的膨胀程度比喷嘴小许多，因此，气流加速不多，即 w_2 比 w_1 增加程度较小。在反动级动叶中，$h_b=0.5h_t$，w_2 稍小于 $2w_1$。在纯冲动级中，因为 $h_b=0$，且 $\psi<1$，所以 $w_2<w_1$。因此，一般情况下动叶通道是不需要用缩放形的。

若动叶根部不吸气不漏气，且忽略动叶顶部漏气，则动叶栅的通流能力与喷嘴叶栅的通流能力相等，即

$$G_b=\frac{A_b\psi w_{2t}}{\upsilon_2}=G_n=\frac{A_n\varphi c_{1t}}{\upsilon_1} \tag{2-56}$$

对于冲动级，$\psi<\varphi$，$w_{2t}<c_{1t}$，$\upsilon_1<\upsilon_2$，所以式（2-56）表明 A_b 必须大于 A_n 才能通过同一流量。对于反动级，虽然 $\psi=\varphi$，$w_{2t}=c_{1t}$，但 $\upsilon_1<\upsilon_2$，所以 A_b 还是需要比 A_n 略

大一些。

严格来说，动叶流量应为喷嘴流量扣除动叶顶部的漏气量ΔG_t，由于ΔG_t相对G_b来说较小，故简化计算时可忽略不计。

由动叶实际流量计算动叶出口面积时，要用到动叶流量系数μ_b，即

$$A_b = \frac{\upsilon_2 G_b}{w_2} = \frac{\upsilon_{2t}\upsilon_2 G_b}{\upsilon_{2t}\psi w_{2t}} = \frac{\upsilon_{2t} G_b}{\dfrac{\upsilon_{2t}}{\upsilon_2}\psi w_{2t}} = \frac{G_b \upsilon_{2t}}{\mu_b w_{2t}} \tag{2-57}$$

式中：$\mu_b = \psi \dfrac{\upsilon_{2t}}{\upsilon_2}$，称为动叶流量系数。

第三节　轮周功率和轮周效率

级的轮周功虽然是由工质对动叶的冲动力和反动力做功得到的，但动叶栅进口的高速气流是通过流过喷嘴（静叶）中工质的热能转换得到的，所以，动叶栅发出的轮周功体现了全级的能量转换过程。衡量这个能量转换过程完善程度的指标是轮周效率。减少轮周损失、提高轮周效率，是提高级乃至涡轮整机效率的基础。

一、工质作用在动叶栅上的力和轮周功率

分析工质在动叶栅内转换的机械功，关键是求得工质作用在动叶栅上的力。

由图 2-16 可见，工质通过动叶通道时，气流相对速度圆周方向的分量由正方向的$w_1\cos\beta_1$变到反方向的$w_2\cos\beta_2$，也就是动叶通道内气流动量在圆周方向发生了变化。这种变化说明叶片对工质施加了作用力。动叶通道内气流动量的变化等于气道作用在该气流上的冲量。设该气流通过动叶通道的时间为$\mathrm{d}t$，质量为$\mathrm{d}m$，动叶作用在气流上的力的圆周分量为F_u'，则气流在圆周正方向的动量方程为

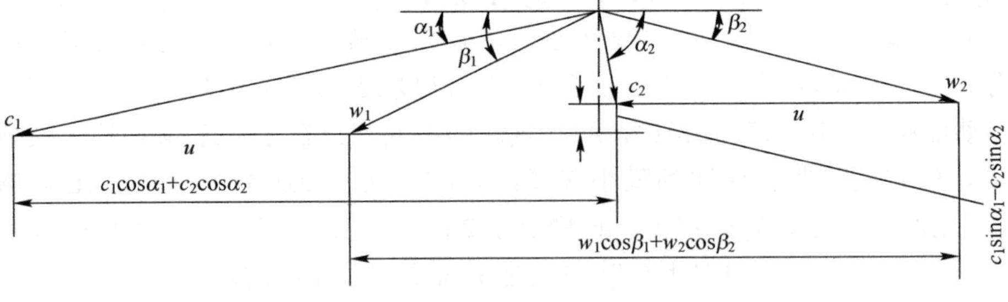

图 2-16　动叶栅中气流速度的变化

$$\mathrm{d}tF_u' = \mathrm{d}m(w_{2u} - w_{1u}) = \mathrm{d}m(-w_2\cos\beta_2 - w_1\cos\beta_1) \tag{2-58}$$

或

$$F_u' = \frac{\mathrm{d}m}{\mathrm{d}t}(-w_2\cos\beta_2 - w_1\cos\beta_1) \tag{2-59}$$

根据作用力与反作用力的关系，气流对动叶的作用力的圆周分量F_u为

$$F_u = -F_u' = \frac{\mathrm{d}m}{\mathrm{d}t}(w_1 \cos\beta_1 + w_2 \cos\beta_2) \tag{2-60}$$

令 G 为单位时间内通过动叶通道的工质质量，则 $G = \frac{\mathrm{d}m}{\mathrm{d}t}$。同时，由速度三角形可见，$w_1 \cos\beta_1 = c_1 \cos\alpha_1 - u$，$w_2 \cos\beta_2 = c_2 \cos\alpha_2 + u$，所以轮周力亦可用下式表示为

$$F_u = G(w_1 \cos\beta_1 + w_2 \cos\beta_2) \tag{2-61}$$

或

$$F_u = G(c_1 \cos\alpha_1 + c_2 \cos\alpha_2) \tag{2-62}$$

动叶前后的工质静压差 $(p_1 - p_2)$ 所形成的作用力 F_p，其方向与轴向平行，所以在圆周方向的分力为零。因此，使动叶旋转做功的力就是气流作用力在圆周方向的分量 F_u。

与此同时，气流在轴向的动量变化（图 2-16）也将对动叶产生一个轴向作用力 $F_a = G(c_1 \sin\alpha_1 - c_2 \sin\alpha_2)$。可见，工质对动叶的轴向作用力 F_z 是由气流作用力的轴向分量 F_a 和工质静压差作用力 F_p 两部分组成的。若以 A_z 表示全级动叶通道的轴向投影面积，则有

$$F_z = F_a + F_p = G(c_1 \sin\alpha_1 - c_2 \sin\alpha_2) + A_z(p_1 - p_2) \tag{2-63}$$

因此，工质对动叶的总作用力（图 2-17）为

$$F_b = \sqrt{F_u^2 + F_z^2} \tag{2-64}$$

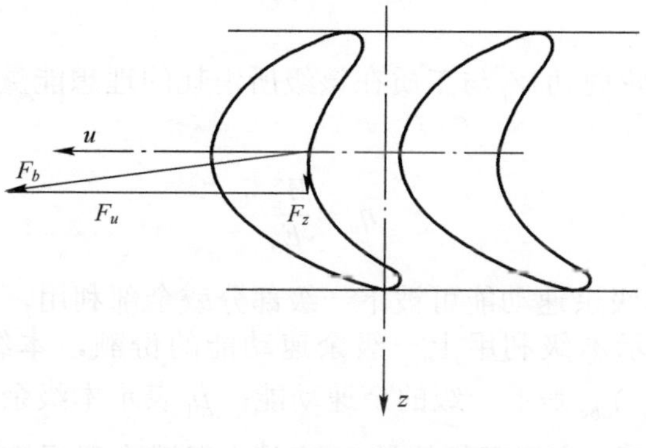

图 2-17　气流对动叶的作用力

单位时间内工质推动叶轮旋转做出的机械功称为轮周功率。当涡轮机处于稳定工况时，动叶作匀速圆周运动，气流作用力推动一列动叶栅匀速转动所做出的轮周功率为

$$N_u = F_u u = Gu(w_1 \cos\beta_1 + w_2 \cos\beta_2) = Gu(c_1 \cos\alpha_1 + c_2 \cos\alpha_2) \tag{2-65}$$

若将除式（2-65）除以 G，则得到1kg 工质所产生的轮周功 W_u：

$$W_u = \frac{N_u}{G} = u(w_1 \cos\beta_1 + w_2 \cos\beta_2) = u(c_1 \cos\alpha_1 + c_2 \cos\alpha_2) \tag{2-66}$$

式（2-66）表示，级的做功能力，即轮周功的大小与动叶的进出气流角 β_1 和 β_2 有关。一般来说，对于冲动级，由于叶片转折较大，所以 β_1 和 β_2 较小，做功能力较大；对于反动级，由于动叶转折比冲动级小，所以 β_1 和 β_2 较大，做功能力较小。

此外，我们也可以从能量方程的角度来分析轮周功。根据式（2-10）、式（2-18）、式（2-55），有

$$\begin{aligned} h_u &= h_t^* - \Delta h_n - \Delta h_b - \Delta h_{c_2} \\ &= h_n^* + h_b - \Delta h_n - \Delta h_b - \Delta h_{c_2} \\ &= \frac{c_{1t}^2}{2} + \left(\frac{w_{2t}^2}{2} - \frac{w_1^2}{2}\right) - \left(\frac{c_{1t}^2}{2} - \frac{c_1^2}{2}\right) - \left(\frac{w_{2t}^2}{2} - \frac{w_2^2}{2}\right) - \frac{c_2^2}{2} \\ &= \frac{c_1^2}{2} - \frac{w_1^2}{2} + \frac{w_2^2}{2} - \frac{c_2^2}{2} \end{aligned} \tag{2-67}$$

由速度三角形，根据余弦定理，有

$$w_1^2 = c_1^2 + u^2 - 2c_1 u\cos\alpha_1 \tag{2-68}$$

$$w_2^2 = c_2^2 + u^2 - 2c_2 u\cos(180° - \alpha_2) \tag{2-69}$$

将式（2-68）和式（2-69）代入式（2-67），得

$$h_u = u(c_1\cos\alpha_1 + c_2\cos\alpha_2) \tag{2-70}$$

与式（2-66）完全相同，故轮周功 W_u 等于级的轮周有效焓降 h_u，其能量表达形式为

$$W_u = \frac{c_1^2}{2} - \frac{w_1^2}{2} + \frac{w_2^2}{2} - \frac{c_2^2}{2} \tag{2-71}$$

二、轮周效率

1kg 工质所做出的轮周功 W_u 与工质在该级所消耗的理想能量 E_0 之比，称为级的轮周效率，以 η_u 表示，即

$$\eta_u = \frac{W_u}{E_0} \tag{2-72}$$

在多级涡轮中，本级余速动能可被下一级部分或全部利用，其利用程度用余速利用系数 μ 来表示，μ_0 表示本级利用上一级余速动能的份额，本级喷嘴进口的初速动能 $\Delta h_{c_0} = \mu_0(\Delta h_{c_2})_{abv}$，$(\Delta h_{c_2})_{abv}$ 是上一级的余速动能；μ_1 表示本级余速动能被下一级所利用的份额。考虑余速利用后，本级理想能量 E_0 应是本级滞止理想焓降 h_t^* 减去被下一级利用的余速动能 $\mu_1\Delta h_{c_2}$，因为 $\mu_1\Delta h_{c_2}$ 成了下一级喷嘴的进口初速动能，并没有在本级消耗掉。如果不减去 $\mu_1\Delta h_{c_2}$，那么 $\mu_1\Delta h_{c_2}$ 将既算在本级 E_0 内，又算在下级 E_0 内，这就重复了。因此，有

$$E_0 = \Delta h_{c_0} + h_t - \mu_1\Delta h_{c_2} = h_t^* - \mu_1\Delta h_{c_2} \tag{2-73}$$

当只考虑轮周损失，不考虑其他损失时，余速全被利用后的热力过程线如图 2-18 所示，其中点 2^* 表示下级工质气流进口的滞止状态。

若令 $c_a = \sqrt{2h_t^*}$（c_a 是假想 h_t^* 都在喷嘴中等熵膨胀的速度，称为级的假想速度），则 $h_t^* = c_a^2/2$，$E_0 = c_a^2/2 - \mu_1 c_2^2/2$，代入式（2-72），于是，轮周效率可用气流速度的形式表示为

$$\eta_u=\frac{u(c_1\cos\alpha_1+c_2\cos\alpha_2)}{(c_a^2-\mu_1c_2^2)/2}=\frac{2u(c_1\cos\alpha_1+c_2\cos\alpha_2)}{c_a^2-\mu_1c_2^2} \tag{2-74}$$

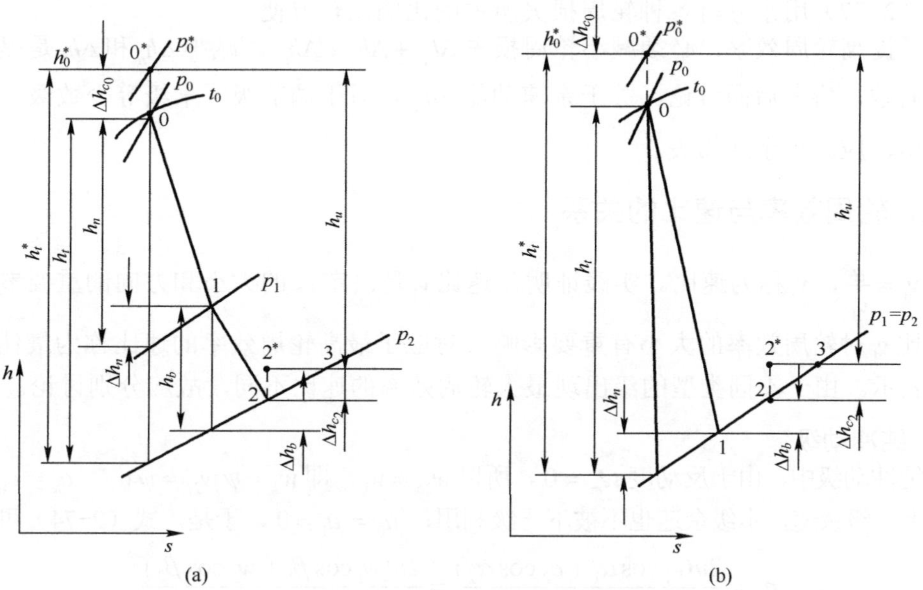

图 2-18　$h-s$ 涡轮机级的热力过程线

（a）冲动级；（b）纯冲动级。

对动叶进出口速度三角形用余弦定理，上式分子变为

$$\begin{aligned}
uc_1\cos\alpha_1+uc_2\cos\alpha_2&=\frac{1}{2}(c_1^2+u^2-w_1^2)+\frac{1}{2}(w_2^2-c_2^2-u^2)\\
&=\frac{c_1^2}{2}-\frac{w_1^2}{2}+\frac{w_2^2}{2}-\frac{c_2^2}{2}\\
&=\frac{c_{1t}^2}{2}+\left(\frac{w_{2t}^2}{2}-\frac{w_1^2}{2}\right)-\left(\frac{c_{1t}^2}{2}-\frac{c_1^2}{2}\right)-\left(\frac{w_{2t}^2}{2}-\frac{w_2^2}{2}\right)-\frac{c_2^2}{2}\\
&=h_n^*+h_b-\Delta h_n-\Delta h_b-\Delta h_{c_2}=h_t^*-\Delta h_n-\Delta h_b-\Delta h_{c_2}\\
&=h_t^*-\Delta h_n-\Delta h_b-\Delta h_{c_2}
\end{aligned} \tag{2-75}$$

代入式（2-74），可得出以能量平衡的方式表示的轮周效率：

$$\eta_u=\frac{h_u}{E_0}=\frac{h_t^*-\Delta h_n-\Delta h_b-\Delta h_{c_2}}{E_0} \tag{2-76}$$

或

$$\eta_u=\frac{E_0+\mu_1\Delta h_{c_2}-\Delta h_n-\Delta h_b-\Delta h_{c_2}}{E_0}=1-\zeta_n-\zeta_b-(1-\mu_1)\zeta_{c_2} \tag{2-77}$$

式中：$\zeta_n=\dfrac{\Delta h_n}{E_0}$，称为级的喷嘴损失系数；$\zeta_b=\dfrac{\Delta h_b}{E_0}$，称为级的动叶损失系数；$\zeta_{c_2}=\dfrac{\Delta h_{c_2}}{E_0}$，称为级的余速损失系数。

上面 4 个轮周效率表达式中，以速度形式表达的式（2-74），一般用来分析级的轮周效率和速比之间的关系。在级的热力计算中，几个式子都可以使用，也可以用来相互校核。式（2-77）用来分析各种轮周损失所占的比例比较方便。

为了提高轮周效率，必须减小轮周损失 $\Delta h_n + \Delta h_b + \Delta h_{c_2}$。减小 Δh_n 和 Δh_b 是提高流动效率的问题，将在后面讨论。关于余速动能 Δh_{c_2}，对于调节级、末级等少数级，余速不能被利用，应减少余速损失。

三、轮周效率与速比的关系

令 $v_1 = \dfrac{u}{c_1}$，v_1 称为速比。实践证明，速比 v_1 是决定 c_2 的大小和方向的重要参数，因而，速比 v_1 对轮周效率的大小有重要影响。对应于最高轮周效率的速比称为最佳速比，以 $v_{1\mathrm{opt}}$ 表示。由于不同类型的级出现最大轮周效率的速比不同，故应分别讨论。

1. 纯冲动级

在纯冲动级中，由于反动度 $\Omega_m = 0$，所以 $w_{2t} = w_1$，即 $w_2 = \psi w_{2t} = \psi w_1$，$c_a = c_{1t}$。假设不利用上一级余速，本级余速也不被下一级利用，$\mu_0 = \mu_1 = 0$，于是，式（2-74）可表示为

$$\begin{aligned}\eta_u &= \frac{2u(c_1\cos\alpha_1 + c_2\cos\alpha_2)}{c_{1t}^2} = \frac{2u(w_1\cos\beta_1 + w_2\cos\beta_2)}{c_{1t}^2} \\ &= \frac{2u}{c_{1t}^2} w_1\cos\beta_1\left(1+\psi\frac{\cos\beta_2}{\cos\beta_1}\right)\end{aligned} \tag{2-78}$$

由速度三角形可知，$w_1\cos\beta_1 = c_1\cos\alpha_1 - u$；另外，$c_1 = \varphi c_{1t}$，$v_1 = \dfrac{u}{c_1}$，将这些关系代入上式，整理后得

$$\eta_u = 2\varphi^2 v_1(\cos\alpha_1 - v_1)\left(1+\psi\frac{\cos\beta_2}{\cos\beta_1}\right) \tag{2-79}$$

由式（2-79）可知，速度系数 φ 和 ψ 越大，轮周效率也就越高，因此，应尽量改善叶栅的气动特性以提高速度系数 φ 和 ψ。适当减小 α_1 和 β_2 也可以提高轮周效率，但过分减小 α_1 和 β_2，由于气道的弯曲程度增大，流动恶化，φ 和 ψ 值便下降，反而使轮周效率降低。叶型已经选定，φ 和 ψ、α_1 和 β_2 的数值亦基本确定，这样，轮周效率只随速比 v_1 的变化而变化。所以最佳速比可以通过对函数式（2-79）求极值的方法得到，即

$$\frac{\partial\eta_u}{\partial v_1} = 2\varphi^2\left(1+\psi\frac{\cos\beta_2}{\cos\beta_1}\right)(\cos\alpha_1 - 2v_1) \tag{2-80}$$

由于 $2\varphi^2\left(1+\psi\dfrac{\cos\beta_2}{\cos\beta_1}\right) \neq 0$，所以只有 $(\cos\alpha_1 - 2v_1) = 0$，于是，有

$$v_{1\mathrm{opt}} = \frac{\cos\alpha_1}{2} \tag{2-81}$$

将式（2-79）中 η_u 与 v_1 的关系画在图 2-19 中，得 $\eta_u - v_1$ 曲线，称为轮周效率曲线。在其上方加画了轮周损失随 v_1 变化的曲线。由图可见，级的喷嘴损失系数 ζ_n 不随 v_1 变化，

级的动叶损失系数ζ_b随v_1增大而减小，余速损失系数ζ_{c_2}变化最大。

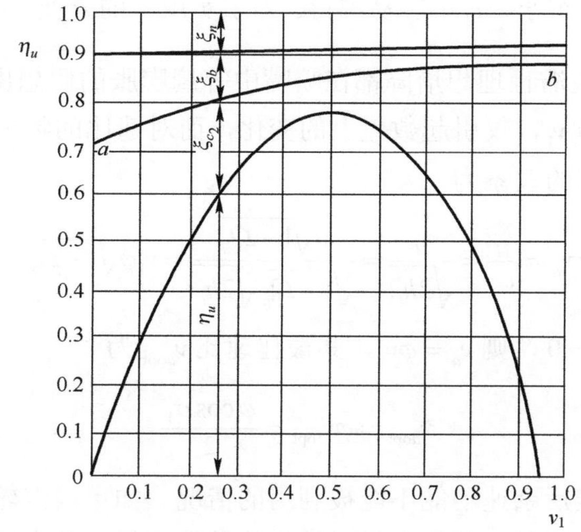

图 2-19　纯冲动级轮周效率曲线

假设φ、ψ都一定，若级的理想滞止焓降不变，对于纯冲动级来说，也就是喷嘴滞止理想焓降和c_1均不变，以改变圆周速度u达到改变速比v_1，则由式（2-18）可见，喷嘴损失Δh_n不变，于是，级的喷嘴损失系数ζ_n的分子、分母都不变，故ζ_n不变。纯冲动级的$w_{2t}=w_1$，u增大使v_1增大时，由图 2-20 可见，w_1减小，由式（2-55）可知，Δh_b减小，使级的动叶损失系数ζ_b随速比v_1增大而减小。

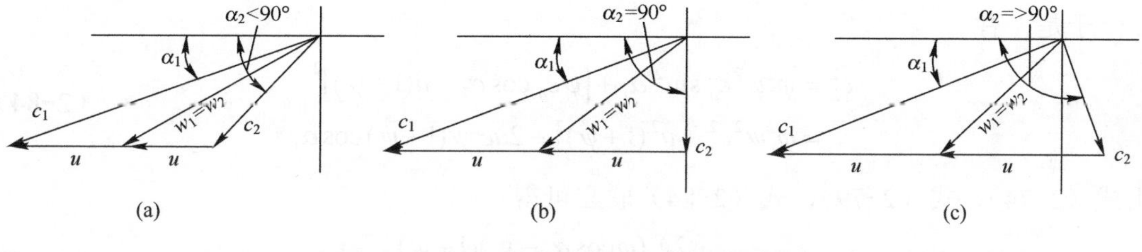

图 2-20　不同速比下纯冲动级的速度三角形

（a）$\alpha_2<90°$；（b）$\alpha_2=90°$；（c）$\alpha_2>90°$。

在余速不被利用，即$\mu_1=0$的前提下，由式（2-77）可知，图 2-19 中的曲线ab和η_u之间表示余速损失系数ζ_{c_2}，$\zeta_{c_2}=1-\eta_u-\zeta_n-\zeta_b$。由图 2-19 中可以看到，随$v_1$的变化，余速损失系数$\zeta_{c_2}$的变化最为剧烈，而且最大的轮周效率$\eta_u$是在余速损失最小时获得的。用速度三角形可以说明这点的物理意义。在纯冲动级中，$\beta_1=\beta_2$，设$\psi=1$，则$w_1=w_{2t}=w_2$，若c_1的大小和方向不变，改变速度三角形的圆周速度u，则可得到 3 种不同情况，如图 2-20 所示。显然，只有$\alpha_2=90°$，即轴向排气时，c_2最小，亦即余速损失达最小值。当$\alpha_2<90°$和$\alpha_2>90°$时，c_2均较大。这样，从图 2-20（b）中也可以求得，$c_1\cos\alpha_1=2u$，即$v_{1\text{opt}}=\dfrac{1}{2}\cos\alpha_1$。

用v_1表示速比，虽然物理意义比较明显，但在设计和实验研究中，c_1为未知量，且喷嘴与动叶之间的间隙很小，c_1不容易测得。为了实用上的方便，常用$v_a=\dfrac{u}{c_a}$来代替v_1，$c_a=\sqrt{2h_t^*}$，是假想全级滞止理想焓降都在喷嘴中等熵膨胀的假想出口速度，因此，v_a称为假想速比。用v_a代替v_1，仅引起数值上的变化，而对速比的物理意义并无本质上的影响。在数值上两者之间的关系为

$$v_a=\frac{u}{c_a}=\frac{u}{\sqrt{2h_t^*}}=\frac{u\sqrt{1-\Omega_m}}{\sqrt{1-\Omega_m}\sqrt{2h_t^*}}=v_1\varphi\sqrt{1-\Omega_m} \tag{2-82}$$

对于纯冲动级$\Omega_m=0$，则$v_a=\varphi v_1$，其最佳速比$v_{a\text{opt}}$为

$$v_{a\text{opt}}=\varphi v_{1\text{opt}}=\frac{\varphi\cos\alpha_1}{2} \tag{2-83}$$

以上讨论的都是级后余速动能不能被利用的情况。如单级汽轮机、多级涡轮机的末级和调节级均属于此，但是，对于多级涡轮机的其他各级，其余速动能全部或部分地被下一级利用，即$0<\mu_1\leqslant 1$。在这种情况下，轮周效率和速比之间的关系也将发生变化。现以纯冲动级为例，分析余速利用对轮周效率和最佳速比的影响。

在纯冲动级中，$\beta_2=\beta_1$，又$c_1=\varphi c_{1t}=\varphi c_a$，$w_2=\psi w_1$，根据速度三角形，有

$$c_2^2=c_{2z}^2+c_{2u}^2$$

$$c_{2z}=w_{2z}=\psi w_{1z}=\psi c_1\sin\alpha_1=\varphi\psi c_a\sin\alpha_1$$

$$c_{2u}=w_{2u}-u=\psi w_{1u}-u=\psi(\varphi c_a\cos\alpha_1-u)-u$$

于是，有

$$\begin{aligned}c_2^2&=\varphi^2\psi^2c_a^2\sin^2\alpha_1+\left[\psi c_a\cos\alpha_1-u(1+\psi)\right]^2\\&=\varphi^2\psi^2c_a^2+u^2(1+\psi)^2-2uc_a\psi(1+\psi)\cos\alpha_1\end{aligned} \tag{2-84}$$

由式（2-74）、式（2-79）、式（2-84）联立可得

$$\eta_u=\frac{2v_a(\varphi\cos\alpha_1-v_a)(1+\psi)}{1-\mu_1[\varphi^2\psi^2+v_a^2(1+\psi)^2-2v_a\varphi\psi(1+\psi)\cos\alpha_1]} \tag{2-85}$$

为了求出余速被下一级利用时的最佳速比$v_{a\text{opt}}$，将式（2-85）对v_a求一阶偏导数，并令其等于零，即$\dfrac{\partial\eta_u}{\partial v_a}=0$，略去繁琐的求偏导数的计算过程，经整理后得

$$v_{a\text{opt}}=K-\sqrt{K(K-\varphi\cos\alpha_1)} \tag{2-86}$$

其中

$$K=\frac{1-\mu_1\varphi^2\psi^2}{\mu_1\varphi(1-\psi^2)\cos\alpha_1}$$

取φ、ψ、α_1为常用数值，根据式（2-85）绘出$\mu_1=1$和$\mu_1=0$时的轮周效率与速比的曲线，如图2-21所示。由此图中的两条曲线，可以得出以下几条重要结论。

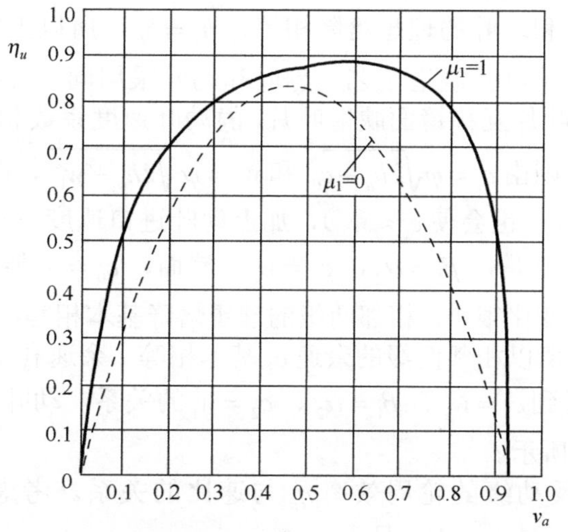

图 2-21　余速利用对轮周效率和最佳速比的影响

（1）利用余速可以提高级的轮周效率。在式（2-85）中，当φ、ψ、α_1、v_a取一般数值时，其分母小于 1，说明$\mu_1=1$比$\mu_1=0$时的轮周效率高。从轮周效率表达式（2-74）来看，在有效功h_u不变的情况下，余速利用使本级理想能量E_0减小了，所以轮周效率η_u提高了。基于这一点，在多级涡轮机设计时，总是尽量充分利用各级余速。

（2）余速利用使速比v_a在实用范围内对轮周效率的影响减弱了，即图 2-21 中的曲线顶部有一个较大的平坦区。这是因为v_a对η_u的影响主要是通过对Δh_{c_2}的影响表现出来的，v_a偏离最佳值后，余速损失增加，致使轮周效率下降。现在，既然余速被利用了，v_a对η_u的影响也就自然减弱了。所以可以利用余速时，不一定要求各级的α_2接近$90°$。当α_2偏向小于$90°$的方向时，可以增加级的有效功。

根据轮周效率曲线顶部比较平坦的特点，在涡轮机的设计中，稍微降低一点效率便可以较大地降低速比v_a，在级的直径（即u）一定时，降低v_a将使c_a和h_t^*增大，使级的做功能力增加。

（3）余速利用使v_{aopt}相对于余速不利用时增大了。计算表明，当$\varphi=0.96$、$\psi=0.90$及$\alpha_2=14°$时，对于$\mu_1=1$的纯冲动级，$v_{aopt}=0.585$；同样条件下，当$\mu_1=0$时，$v_{aopt}=0.466$。

（4）余速利用使轮周效率曲线失去了相对于最高效率点的基本对称性，η_u的最大值偏向于v_a大的一侧。这是因为三项轮周损失中，喷嘴损失不随v_a变化，余速又被利用，故这时的效率曲线主要取决于动叶损失随v_a的变化规律。

2．反动级

在反动级中，喷嘴和动叶中的理想焓降相等，即$h_n=h_b=0.5h_t$，所以，其反动度的实际数值为

$$\Omega_m=\frac{h_b}{h_t^*}=\frac{h_b}{h_t}\frac{h_t}{h_t^*}=0.5\frac{h_t}{h_t^*} \tag{2-87}$$

式中：h_t、h_t^*是级的理想焓降与滞止理想焓降。由于反动级的余速一般是被全部利用的，$\mu_0=\mu_1=1$，则$h_t^*>h_t$，所以反动级的反动度Ω_m通常略小于 0.5。

由于反动级中静叶和动叶的理想焓降相等，$h_n = h_b$，所以工质在静、动叶中的流动情况基本相同。为了简化叶片制造工艺，静叶和动叶采用同一叶型，如图 2-22（a）所示。这样的静叶片和动叶片互称镜面映射叶片，静动叶速度系数和气流角相同，即$\varphi = \psi$，$\alpha_1 = \beta_2$。如果$c_0 = w_1$，则由$c_1 = \varphi\sqrt{2h_n + c_0^2}$和$w_2 = \psi\sqrt{2h_b + w_1^2}$，得$c_1 = w_2$（由于$h_n = h_b$，即使$c_0$与$w_1$不完全相等，也会使$c_1 \approx w_2$），加上动叶进口速度三角形中的$u$相等，那么，两个速度三角形全等，于是，$\beta_1 = \alpha_2$，$c_2 = w_1$。然而，$c_0 = w_1$能否成立？因为相邻两级的平均直径和速比一般变化很小，相邻两级的理想焓降基本相等，且相邻两级的叶型一般变化不大或完全一样，所以相邻两级的余速c_2基本相等。余速利用系数$\mu_0 = \mu_1 = 1$基本上是能够成立的，从而得到$c_1 = w_2$、$\beta_1 = \alpha_2$、$c_2 = w_1$的关系，动叶进出口速度三角形完全对称，如图 2-22（b）所示。

现在用解析法求反动级的轮周效率η_u与速比的关系。考虑到反动级中$\alpha_1 = \beta_2$、$c_1 = w_2$、$\varphi = \psi$、$c_2 = w_1$，$\mu_1 = 1$，且

$$W_u = h_t^* - \Delta h_n - \Delta h_b - \Delta h_{c_2} = (h_n^* - \Delta h_n) + (h_b^* - \Delta h_b) - 2\Delta h_{c_2}$$

$$= \frac{c_1^2}{2} + \frac{w_2^2}{2} - c_2^2 = c_1^2 - c_2^2$$

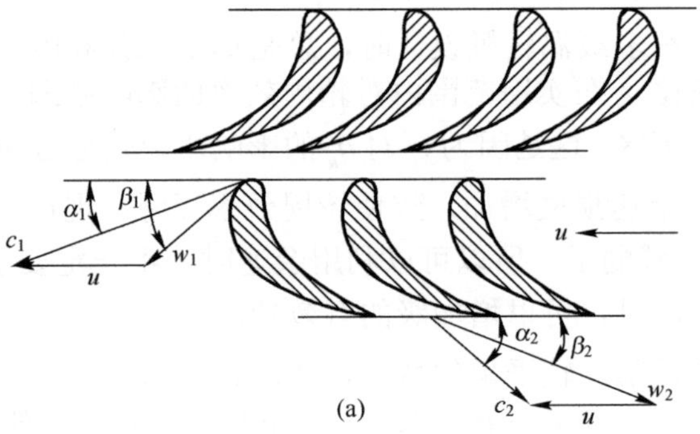

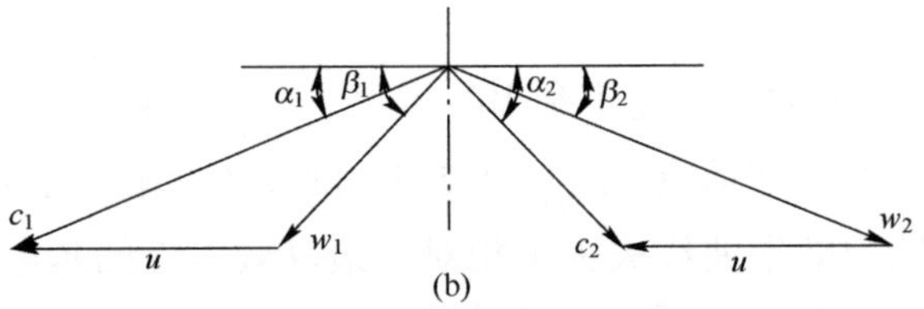

图 2-22　反动级的叶栅气道与速度三角形

（a）叶栅气道；（b）速度三角形。

则

$$\eta_u = \frac{W_u}{E_0} = \frac{c_1^2 - c_2^2}{(2h_{c_0} + h_n + h_b) - \left(\mu_1 \dfrac{c_2^2}{2} + \dfrac{c_0^2}{2}\right)} = \frac{c_1^2 - c_2^2}{2h_n^* - 2\dfrac{c_2^2}{2}}$$

$$= \frac{c_1^2 - w_1^2}{c_{1t}^2 - c_2^2} = \frac{c_1^2 - w_1^2}{c_{1t}^2 - c_1^2 + c_1^2 - w_1^2}$$

由速度三角形可知，$w_1^2 = c_1^2 + u^2 - 2c_1 u\cos\alpha_1$，于是，有

$$\eta_u = \frac{2c_1 u\cos\alpha_1 - u^2}{c_1^2\left(\dfrac{1}{\varphi^2}-1\right)+2c_1 u\cos\alpha_1 - u^2} = \frac{v_1(2\cos\alpha_1 - v_1)}{\left(\dfrac{1}{\varphi^2}-1\right)+v_1(2\cos\alpha_1 - v_1)}$$
$$= \frac{1}{1+\dfrac{1/\varphi^2-1}{v_1(2\cos\alpha_1 - v_1)}} \tag{2-88}$$

在速度系数 φ 不变的条件下，为了求出对应最高轮周效率的最佳速比，只需求出 $v_1(2\cos\alpha_1 - v_1)$ 的极大值，因此，令

$$y = v_1(2\cos\alpha_1 - v_1)$$

对速比求偏导数，并令其等于零，即

$$\frac{\partial y}{\partial v_1} = 2\cos\alpha_1 - 2v_1 = 0$$

从而求得余速全部利用时，与最高轮周效率相对应的反动级的最佳速比 $v_{1\text{opt}}$ 为

$$v_{1\text{opt}} = \cos\alpha_1 \tag{2-89}$$

对于反动级，因 $\dfrac{c_1^2}{\varphi^2} = c_{1t}^2 = 2h_n + c_0^2$，$\dfrac{w_2^2}{\psi^2} = 2h_b + w_1^2$，且 $h_n = h_b$，$c_0 = w_1$，所以，有

$$c_a^2 = 2h_t + c_0^2 = 2(h_n + h_b) + c_0^2 = \frac{c_1^2}{\varphi^2} + \frac{w_2^2}{\psi^2} - w_1^2 = \frac{2c_1^2}{\varphi^2} - w_1^2$$

即

$$c_a^2 = \frac{2c_1^2}{\varphi^2} - (c_1^2 + u^2 - 2c_1 u\cos\alpha_1) = c_1^2\left[v_1(2\cos\alpha_1 - v_1) + \frac{2}{\varphi^2} - 1\right] \tag{2-90}$$

这样就可建立反动级的假想速比 v_a 与速比 v_1 的关系：

$$v_a = \frac{v_1}{\sqrt{v_1(2\cos\alpha_1 - v_1) + \dfrac{2}{\varphi^2} - 1}} \tag{2-91}$$

将式（2-89）代入式（2-91），即得 $v_{a\text{opt}}$ 的表达式：

$$v_{a\text{opt}} = \frac{\cos\alpha_1}{\sqrt{\cos^2\alpha_1 + \dfrac{2}{\varphi^2} - 1}} \tag{2-92}$$

反动级的轮周效率与速比的关系表示在图 2-23 上。图中曲线 $\eta_u = f(v_1)$ 是根据式（2-88）绘制的，其中 $\alpha_1 = 20°$，$\varphi = \psi = 0.93$，依次求得 $v_{a\text{opt}} = 0.635$，$v_{1\text{opt}} = 0.94$。由图可知，反动级的轮周效率在最大值附近变化比较平稳，所以速比在一定范围内偏离最佳值，不会引起效率的明显下降，这是余速能够利用的级的共有特点。此外，反动级的最佳速比冲动级的要大，所以圆周速度相同时，反动级所能承担的焓降，亦即它的做功能力比冲动级小。因此，当圆周速度和初终参数相同时，反动式涡轮机（汽轮机）

的级数要比冲动式的多些。

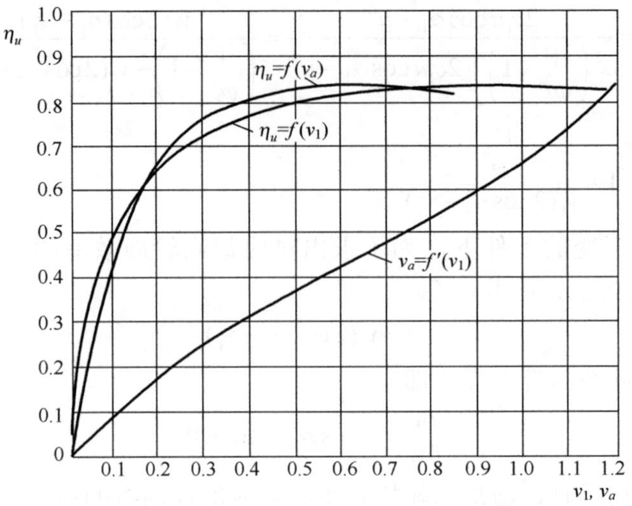

图 2-23　反动级轮周效率与速比 v_1 和 v_a 的关系

图 2-23 中的 $v_a = f'(v_1)$ 曲线是以式（2-91）的关系画出的，它的横坐标是 v_1。

3．冲动级

冲动级的反动度一般为 0.05～0.30，对于余速可被利用的冲动级，根据速度三角形和这种级的特点，由式（2-74）可推导出它的轮周效率的表达式：

$$\eta_u = \frac{2v_a(\varphi\sqrt{1-\Omega_m}\cos\alpha_1 + \psi\Phi\cos\beta_2 - v_a)}{1-\mu_1(\psi^2\Phi^2 - 2v_a\psi\Phi\cos\beta_2 + v_a^2)} \tag{2-93}$$

其中

$$\Phi = \frac{w_{2t}}{c_a} = \sqrt{\Omega_m + \varphi^2(1-\Omega_m) + v_a^2 - 2\varphi v_a\sqrt{1-\Omega_m}\cos\alpha_1}$$

由式（2-93）可见，如果 φ、ψ、α_1、β_2、μ_1 取为定值，则 η_u 是 v_a 和 Ω_m 的函数，给定一个 Ω_m 值就可画出一条 $\eta_u = f(v_a)$ 的曲线。由前面的讨论可以肯定，若这种冲动级的反动度由 0 变至接近 0.5，则最佳速比 v_{aopt} 只能在 0.585～0.635（v_{1opt} 在 0.61～0.94）的范围内变动。图 2-24 给出了一定的 φ、ψ 和 α_1 时的最佳速比 v_{1opt} 与反动度 Ω_m 和余速利用系数 μ_1 之间的关系曲线。当 φ、ψ 和 α_1 为其他数值时，其曲线规律仍不变。由图可见，冲动级的最佳速比和反动度同向变化，且与余速的利用程度有关，余速利用系数越小，最佳速比随反动度变化的程度越大。

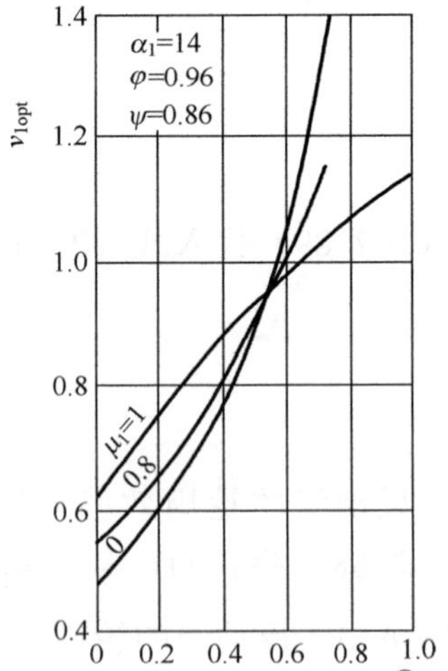

图 2-24　最佳速比与反动度和余速利用系数之间的关系

由式（2-93）难以解析地求出任意反动度的冲动级的最佳速比。利用前述当动叶轴向排气（$\alpha_2 = 90°$）时级的轮周效率近似为最高的条件，并且令进口和出口气流轴向分速度相等，用作速度三角形的方法，可以求得任意反动度的冲动级的最佳速比近似为

$$v_{1\text{opt}} = \frac{\cos\alpha_1}{2(1-\Omega_m)} \tag{2-94}$$

利用式（2-82）的关系，导出级的假想速比的最佳近似值为

$$v_{a\text{opt}} = v_{1\text{opt}}\sqrt{1-\Omega_m} = \frac{\cos\alpha_1}{2\sqrt{1-\Omega_m}} \tag{2-95}$$

对于余速不能被利用的冲动级，即 $\mu_1 = 0$，由式（2-93）可以方便地得出其轮周效率的表达式：

$$\eta_u = 2v_a(\varphi\sqrt{1-\Omega_m}\cos\alpha_1 + \psi\Phi\cos\beta_2 - v_a) \tag{2-96}$$

由图 2-24 可以看出，这时最佳速比随反动度的增加而增大的程度最剧烈。

四、影响轮周效率的其他因素

根据前面的讨论还可以知道，除了速比 v_1 外，尚有其他因素影响轮周效率，主要包括以下几方面。

（1）喷嘴出口气流方向角 α_1 值越小，$\cos\alpha_1$ 值越大，则轮周效率越大。这是因为 α_1 较小时，气流进入动叶的轮周方向分速增大，所做的功增加；同时，当 α_1 较小时，轴向分速减小，因而余速损失变小。但 α_1 值不能过小，否则将因喷嘴流动损失增大使轮周效率降低。特别在反动级中，因为 $\beta_2 = \alpha_1$，若 α_1 过小，将使 β_2 值也减小，则动叶出口边缘过薄，易损坏，故反动级的 α_1 多采用 $18°\sim20°$，比冲动级所取的数值（$11°\sim14°$）更大。另外，当 α_1 较小时，在一定流量条件下，由连续方程可知，将使叶高增大，有利于效率的提高。

（2）动叶出口气流方向角 β_2。减小 β_2 可使冲动级的轮周效率增大，这是因为 β_2 减小后，气流通过动叶所做的轮周功增大，但考虑到当叶片出口面积为定值时，过大地减小 β_2 值，将使动叶出口高度增加过大，而与动叶进口高度相差过多，以致气流在叶根和叶顶处发生脱离，增大损失。同时，当 β_2 过小时，气流在动叶会出现过大的转向，动叶损失也将增大。对冲动级，通常 $\beta_2 = \beta_1 -$（$3°\sim5°$）。从上述可知，冲动级有适当的反动度是有利的，既可以提高叶片的速度系数，又可使 w_2 增大，β_2 变小，从而提高效率。

（3）动叶进口气流方向角 β_1 的选定应争取使气流进入动叶时不发生碰撞，使叶片的速度系数提高。

（4）速度系数 φ 和 ψ。速度系数越高，轮周效率越高。实际上喷嘴（静叶）的速度系数决定于它的结构类型和加工情况，一般 $\varphi = 0.95\sim0.97$，变化范围不大。动叶速度系数随 $(\beta_1+\beta_2)$ 的值而变，是因变量，不能随意选取。

第四节 复速级涡轮

在上一节中我们讨论了涡轮机级的最佳速度比，冲动级约为 0.5，反动级接近为 1。为了使涡轮机级有最高效率，必须使级的轮周速度 u 与气流速度 c_1 成一定比例。在材料强度允许的轮周速度下，涡轮可利用焓降很小，其热效率很低。反之，利用焓降增大，轮周速度又超过材料强度的允许范围。为了解决这对矛盾，有两种可能的措施：一是采用多级涡轮，使每级的焓降减小；二是采用复速级，使级的最佳速度比减小，从而在一定的 c_1 下，使 u 减小。本节讨论复速级涡轮，多级涡轮将在下一章讨论。

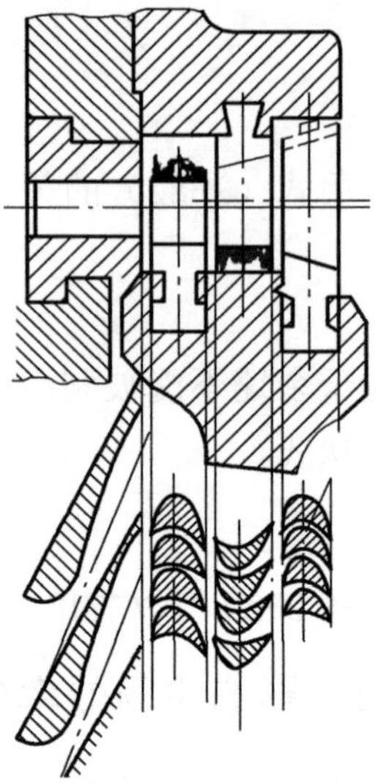

图 2-25 复速级通流部分结构示意图

一、复速级的轮周功、轮周效率和最佳速比

图 2-25 是复速级的通流部分结构示意图，复速级的速度三角形则如图 2-26 所示。

第一列动叶的速度三角形与单列级的表示方法一样；第二列动叶的速度三角形中各量均在相应的符号上加一上标“′”，以示区别；导叶以下标“ gb ”表示。

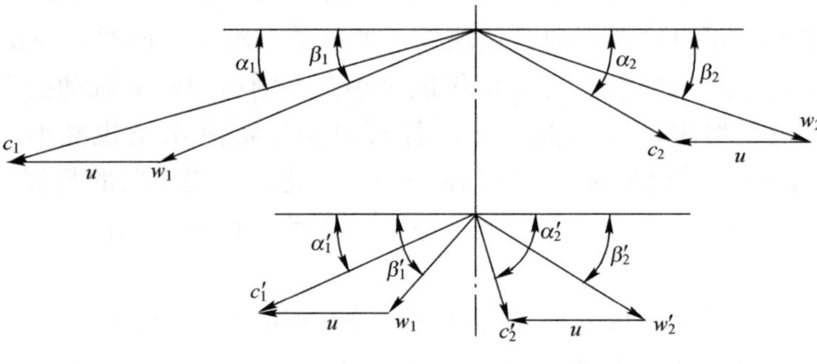

图 2-26 复速级的速度三角形

复速级的轮周功应等于两列动叶栅轮周功之和，即

$$W_u = W_u^{\mathrm{I}} + W_u^{\mathrm{II}} \tag{2-97}$$

为了分析复速级的最佳速比，特作如下简化：$\Omega_m = 0$，$\beta_1 = \beta_2$，$\alpha_2 = \alpha_1'$，$\beta_1' = \beta_2'$，$\psi = \psi_{gb} = \psi' = 1$。因为复速级常单独做成单级汽轮机或多级汽轮机的调节级，故余速利用系数 $\mu_1 = 0$。在这些简化条件下，图 2-26 中的速度三角形可以画成图 2-27 所示的形式。由图中可以看出

$$c_2 \cos\alpha_2 = c_1 \cos\alpha_1 - 2u$$

$$c_1' \cos\alpha_1' = c_1 \cos\alpha_1 - 2u$$

$$c_2' \cos\alpha_2' = c_1 \cos\alpha_1 - 4u$$

于是，有

$$W_u = 4u(c_1\cos\alpha_1 - 2u) \tag{2-98}$$

根据轮周效率的定义，得

$$\eta_u = \frac{W_u}{E_0} = \frac{8u(c_1\cos\alpha_1 - 2u)}{c_{1t}^2} = 8\varphi^2 v_1(\cos\alpha_1 - 2v_1) \tag{2-99}$$

或

$$\eta_u = 8v_a(\varphi\cos\alpha_1 - 2v_a) \tag{2-100}$$

对 v_1 求一阶偏导数，并令其等于零，则可得

$$\frac{\partial\eta_u}{\partial v_1} = 8\varphi^2(\cos\alpha_1 - 4v_1) = 0$$

或

$$v_{1\text{opt}} = \frac{\cos\alpha_1}{4} \tag{2-101}$$

同理

$$v_{a\text{opt}} = \frac{1}{4}\varphi\cos\alpha_1 \tag{2-102}$$

从图 2-27 中也可以看出，当 $v_{1\text{opt}} = \frac{\cos\alpha_1}{4}$，即 $c_1\cos\alpha_1 = 4u$ 时，第二列动叶排气速度 c_2' 的方向等于 90°，即轴向排气，此时复速级的余速损失最小。

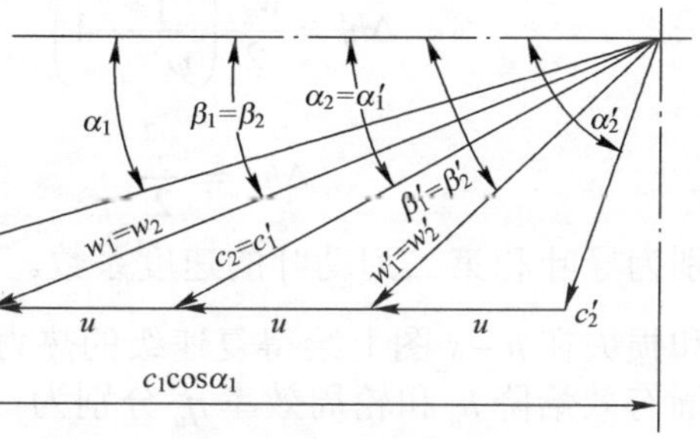

图 2-27　简化的复速级速度三角形

二、复速级的流动损失和轮周效率

以上分析了复速级的轮周功和最佳速比，下面着重讨论复速级的流动损失和轮周效率的计算。为了改善叶栅通道内的流动状况，在复速级的动叶和导叶中都采用了少量的反动度，以提高复速级的效率。但因复速级一般都处于部分进气状态，过大的反动度会明显地增加级的漏气损失，故反动度的选择必须适当。

根据选择的反动度，可求得各列叶栅内的理想焓降。

喷嘴理想焓降：

$$h_n = (1 - \Omega_m - \Omega_{gb} - \Omega_m')h_t \tag{2-103}$$

第一列动叶理想焓降： $$h_b = \Omega_m h_t \tag{2-104}$$

导叶理想焓降： $$h_{gb} = \Omega_{gb} h_t \tag{2-105}$$

第二列动叶理想焓降： $$h_b' = \Omega_m' h_t \tag{2-106}$$

从而可求得各列叶栅中的气流出口速度。

喷嘴出口气流绝对速度： $$c_1 = \varphi\sqrt{2h_n} \tag{2-107}$$

第一列动叶出口气流相对速度： $$w_2 = \psi\sqrt{2h_b + w_1^2} \tag{2-108}$$

导叶出口气流绝对速度： $$c_1' = \psi_{gb}\sqrt{2h_{gb} + c_2^2} \tag{2-109}$$

第二列动叶出口气流相对速度： $$w_2' = \psi'\sqrt{2h_b' + w_1'^2} \tag{2-110}$$

这样，即可画出复速级的速度三角形。根据速度三角形便可计算各列叶栅中的能量损失。

喷嘴损失： $$\Delta h_n = \frac{c_1^2}{2}\left(\frac{1}{\varphi^2} - 1\right) \tag{2-111}$$

第一列动叶损失： $$\Delta h_b = \frac{w_2^2}{2}\left(\frac{1}{\psi^2} - 1\right) \tag{2-112}$$

导叶损失： $$\Delta h_{gb} = \frac{c_1'^2}{2}\left(\frac{1}{\psi_{gb}^2} - 1\right) \tag{2-113}$$

第二列动叶损失： $$\Delta h_b' = \frac{w_2'^2}{2}\left(\frac{1}{\psi'^2} - 1\right) \tag{2-114}$$

余速损失： $$\Delta h_{c_2} = \frac{c_2'^2}{2} \tag{2-115}$$

式中：ψ_{gb} 与 ψ' 分别为导叶和第二列动叶的速度系数。

按照等熵焓降和损失在 $h-s$ 图上绘得复速级的热力过程线，如图 2-28 所示。由图可知，复速级的轮周有效焓降 h_u 和轮周效率 η_u 分别为

$$h_u = h_t - \Delta h_n - \Delta h_b - \Delta h_{gb} - \Delta h_b' - \Delta h_{c_2} \tag{2-116}$$

$$\eta_u = \frac{h_u}{h_t} \tag{2-117}$$

或

$$\eta_u = 1 - \zeta_n - \zeta_b - \zeta_{gb} - \zeta_b' - \zeta_{c_2} \tag{2-118}$$

式中：$\zeta_{gb} = \dfrac{\Delta h_{gb}}{h_t}$，称为导叶损失系数；$\zeta_b' = \dfrac{\Delta h_b'}{h_t}$，称为第二列动叶损失系数。

当考虑各列叶栅的能量损失后，纯冲动式复速级的轮周效率与速比的关系曲线如图 2-29 所示。

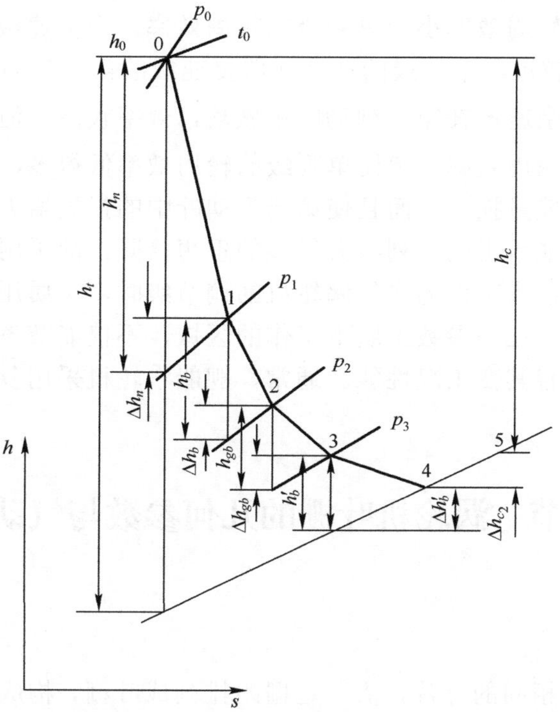

图 2-28　具有反动度的复速级的热力过程线

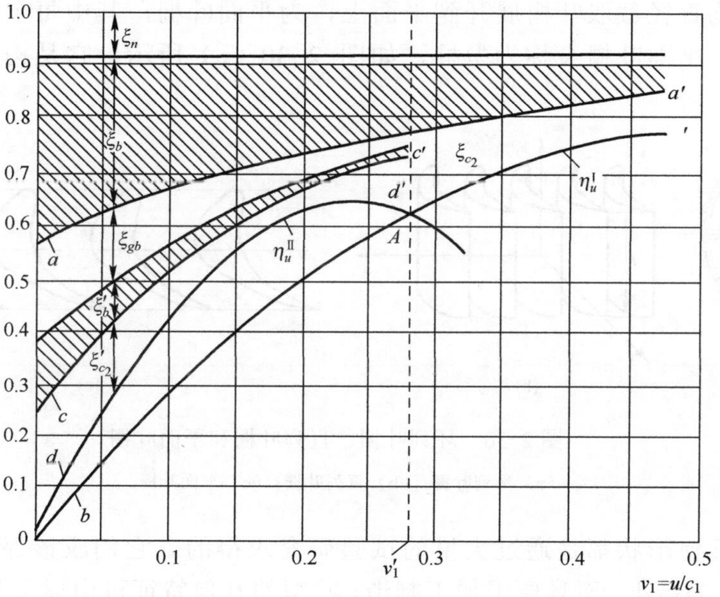

图 2-29　单列级与复速级的 $\eta_u - v_1$ 关系曲线

为了便于比较，图中也给出了单列纯冲动级轮周效率与速比的关系曲线 bb' 。从图中可以看出，当速比 v_1 小于 η_u^{I} 与 η_u^{II} 交点 A 的横坐标 v_1' 时，采用复速级才有可能提高效率。因为当复速级速比 v_1 大于 v_1' ，即偏离复速级的 $v_{1\mathrm{opt}}$ 较远时，复速级第二列动叶的余速损失较大，故复速级的轮周效率小于单列级的轮周效率。当复速级的速比 v_1 小于 v_1'，特别是在复速级的 v_{1opt} 较远、单列级的动叶（即复速级的第一列动叶）余速 c_2 较大时采用复速级，即让这个余速 c_2 在第二列动叶中做功，效率较高。但是，在各自的最佳速比下，复速级的最大轮周效率一定比单列级的轮周效率低得多，因为它不但增加了导叶和第二列动叶中的能量损失，而且使第一列动叶中的损失增大。复速级的优点是：在圆周速度相同时，能承担比单列级大得多的理想焓降，故采用复速级能使涡轮机的级数减少，结构紧凑；当它作为多级涡轮机的调节级时，工质压力、温度在这一级下降较多，缩小了涡轮机在高参数工质下工作的区域，不仅能节省高温材料、降低制造成本，而且有利于改善其变工况性能。通常，舰船汽轮机采用复速级作为调节级，以提高其机动性。

第五节　涡轮机叶栅的几何参数与气动参数

一、叶型参数

由一列截面型线相同的叶片，依一定栅距排列成叶栅，构成涡轮机的一排喷嘴或动、静叶，如图 2-30 所示。排列在一个圆周上的为环列叶栅，如图 2-30（a）所示。当平均直径 d 趋于无穷大，即将环列叶栅沿周向展开，得直列叶栅，如图 2-30（b）所示。沿平均直径截取叶栅展开到平面上，为平面叶栅，其中每个叶片的截面轮廓线称为叶型，平面叶栅又称为型栅，如图 2-30（c）所示，它是构成平面叶栅的基本要素。

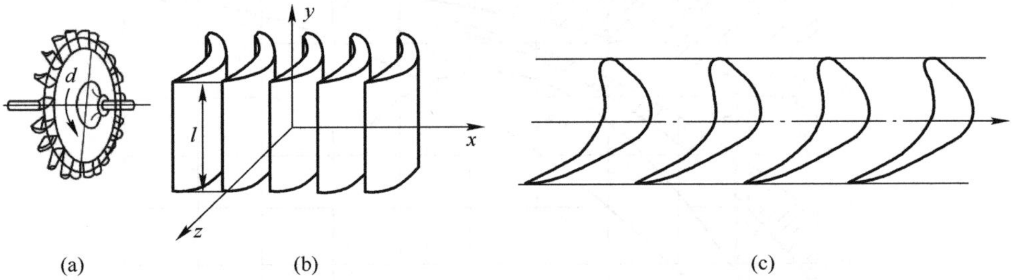

图 2-30　环列叶栅、直列叶栅和平面叶栅

（a）环列叶栅；（b）直列叶栅；（c）平面叶栅。

叶型的几何形状都是通过大量的试验研究求得的。它们应该保证气流流过叶型时，流阻损失为最小，而且便于加工制造。叶型的几何特征可由以下几何参数来表示，如图 2-31 所示。

（1）中弧线。叶型中所有内切圆圆心的连线，它可以是一个圆弧、抛物线或是某一种光滑的弧形曲线。

（2）弦线。叶型内弧侧进口边与出口边的公切线，又称为外弦。

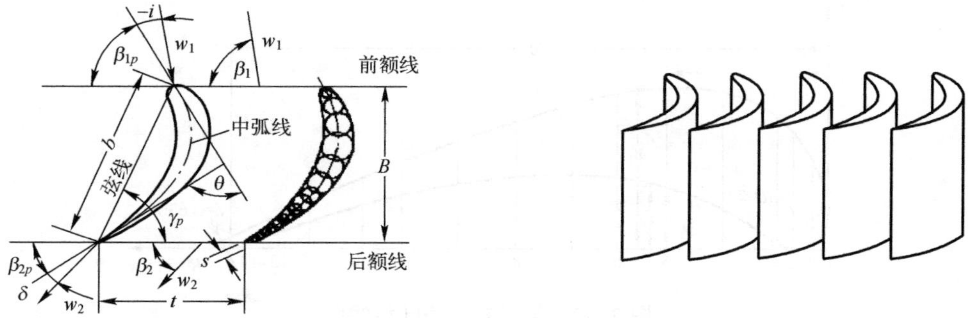

图 2-31　反动式涡轮机中动叶平面叶栅的几何参数

（3）叶型弯角（叶型折转角）θ。中弧线入口端的切线与出口端的切线之间的夹角。

（4）弦长b。叶片入口边到出口边之间沿弦线方向的距离，是表示叶型大小的特征尺寸。

（5）几何入口角β_{1p}和几何出口角β_{2p}。中弧线在叶型入口边与出口边的切线与前后额线之间的夹角（对于喷嘴而言则为α_{0p}和α_{1p}）。在平面叶栅中，各叶片入口边与出口边的公切线分别称为前额线与后额线，它们与圆周运动的方向相一致。

（6）出口边厚度s。一般出口边的型线是做成圆弧形的，其厚度就是出口边圆弧的直径。

（7）叶型剖面的几何形状。它是决定叶型形状的关键尺寸，又称为型线。通常，叶片的型线有两种表示方法。图 2-32 中给出了我国自行设计研究成功的“360”涡轮机动叶的型线，它是由一些半径不同的圆弧依次相切连接而成的。对于一定的$x-y$坐标系来说，假如给出了各圆弧的半径、圆心以及接点的坐标，型线也就完全确定了。

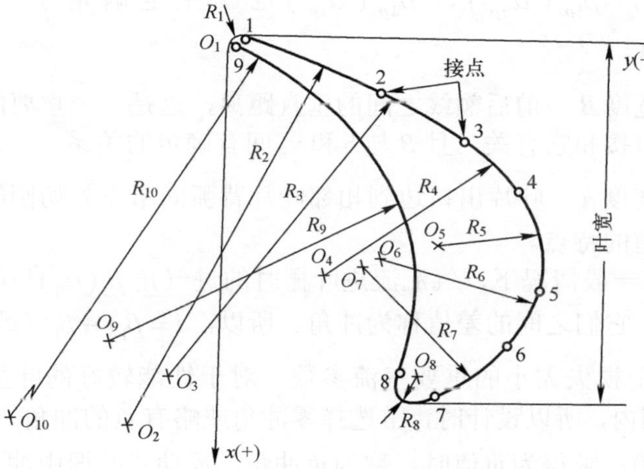

图 2-32　“360”涡轮机动叶叶型图

（8）截面的几何特性。它包括叶型的截面积、重心坐标、对惯性主轴的惯性矩和抗弯刚性等，这是设计中计算叶片的强度、振动性能所必需的条件。

图 2-33 中给出的某种涡轮机静叶的型线图则是不规则的，它在$x-y$坐标系中是通过分别给出背弧和内弧上各点坐标的方法来确定的。

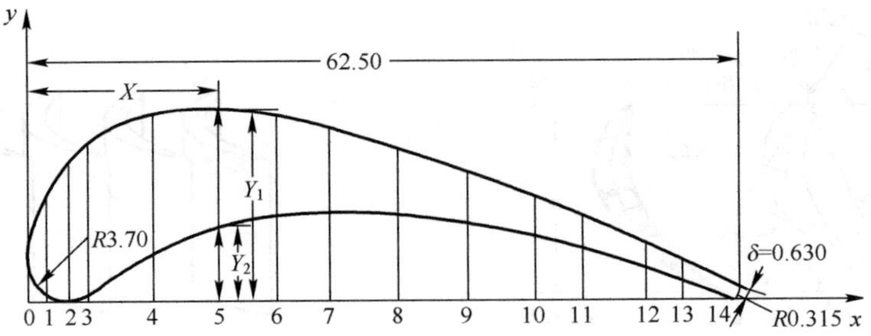

图 2-33　某涡轮机静叶型线图

通常，涡轮机的叶型都是做成中间厚、两头薄的那种形式。叶型的进口边呈较大的圆弧形，以此来适应工质气流来流方向的变化，不致造成过大的流动损失。其出口边则做得比较薄，这样可以减少气流流出叶片时的尾流损失。为了增强叶片的强度，避免应力集中，出口边也是做成圆弧形的。

二、叶栅参数和叶栅气动参数

叶型沿额线方向以同样的间隔和角度排列成叶栅，其几何特性及参数有以下几种。

（1）节距（栅距）t。在两个相邻的叶型上对应点之间沿额线方向的距离。

（2）相对节距（相对栅距）$\bar{t}=t/b$。为节距与弦长的比值，它表示叶栅中叶片排列的疏密程度，其倒数b/t为叶栅稠度（或称叶栅实度），这是对叶栅性能有重要影响的参数。

（3）安装角γ_p。叶型外弦与后额线间的夹角，分为静叶安装角与动叶安装角。当叶片安装角确定后，β_{1p}（α_{0p}）、β_{2p}（α_{1p}）也就完全确定了，而且叶型弯角$\theta=180^\circ-(\beta_{1p}+\beta_{2p})$。

（4）叶栅轴向宽度B。前后额线之间的垂直距离，这是一个重要的结构参数，轮盘或静叶环的宽度都直接和它有关，且B与b和γ_p间有确定的关系。

（5）出口截面宽度a。叶片出口边到相邻叶片背弧间所作外切圆的直径，说明了叶片间构成的气流通道的特点。

（6）冲角i。在一般情况下，气流流进叶栅时的进气角$\beta_1(\alpha_0)$与叶栅的几何进口角$\beta_{1p}(\alpha_{0p})$并不一致，它们之间的差值称为冲角。所以，$i=\beta_{1p}-\beta_1$（或$i=\alpha_{0p}-\alpha_0$）。

冲角是影响叶型损失大小的重要气流参数。对于性能较好的叶型，最佳冲角位于$i=0^\circ\sim-10^\circ$的范围内，所以设计时，常选择零冲角或略有负的冲角。按上式求得的i为正值时，称为正冲角；求得为负值时，称为负冲角。反动式叶栅中冲角对叶型损失的影响要比冲动式叶栅中的敏感性低，这是因为反动式叶栅叶型进口圆半径较大的缘故。

（7）偏转角δ。气流流出叶栅时的出气角与叶型的几何出口角不一致，因此定义偏转角$\delta=\beta_2-\beta_{2p}$（或$\delta=\alpha_1-\alpha_{1p}$）。目前还没有$\delta$的系统数据和理论计算方法，所以$\alpha_1$或$\beta_2$最好使用试验数据。

（8）径高比(d/l)。它是指叶片的平均直径与叶片高度之比，是影响环形叶栅损失大小的重要参数。当$(d/l)<10$时，必须采用扭转叶片；当$(d/l)>10$时，可以采用直叶片，也可以采用扭叶片。

（9）相对叶高$\overline{l}$。它是叶高l与叶型弦长b之比，即$\overline{l}=l/b$，是影响端部损失大小的重要参数之一。一般在设计中，收敛式叶栅$\overline{l}\geqslant1.0$，而冲动式叶栅$\overline{l}\geqslant1.5$。

（10）扩张角γ。它是叶片根部或顶部壁面与轴线的夹角，也是影响端部损失大小的重要参数之一。当扩张角大于10°时，会引起端部损失的增加。

上面我们说明了平面叶栅的叶型和叶栅参数的几何部分，在涡轮机级设计中，选用叶栅时，还需要考虑它的气动性能的好坏。叶栅的气动性能一般通过在风洞里对平面叶栅作吹风试验获得。

三、叶栅气动特性试验

叶栅中的能量损失、气流出口角和叶栅的通流能力之间的变化关系，合称为叶栅的气动特性，它们与叶栅参数及气流参数有关，通常由试验得出。叶栅气动特性试验在叶栅风洞中进行。叶栅风洞有直列叶栅风洞和环列叶栅风洞；为满足不同叶栅试验的需要，又有低声速风洞、近声速风洞和超声速风洞；根据工质不同，还有以空气为工质和以蒸汽为工质的风洞。

图2-34是一个直列叶栅低速风洞简图。由鼓风机1产生的高速气流，在扩压段2内将动能转换为压能，经稳定段3整流后，在收敛段4中加速，得到一定流速的均匀气流，进入试验叶栅6的通道。试验叶栅前后装有测风管，用以测出气流的静压、总压和方向。试验叶栅中间通道的壁面上开有一列测试孔，可测出沿叶型表面的静压分布。风洞头5的半圆盘与试验叶栅一直转动，从而改变了进入叶栅的气流入口角。

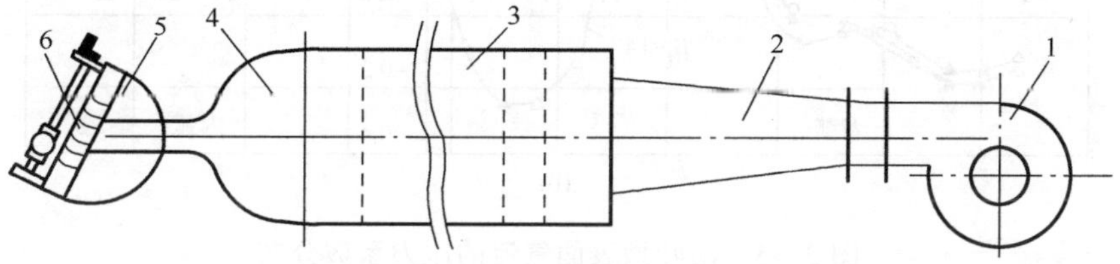

图2-34　平面叶栅风洞简图

1—鼓风机；2—扩压段；3—稳定段；4—收敛段；5—风洞头；6—实验叶片。

由试验测得叶栅出、入口参数，据以计算叶栅特性，如：

喷嘴损失系数：
$$\zeta_n=\frac{c_{1t}^2/2-c_1^2/2}{c_{1t}^2/2}=1-\varphi^2 \tag{2-119}$$

动叶损失系数：
$$\zeta_b=\frac{w_{2t}^2/2-w_2^2/2}{w_{2t}^2/2}=1-\psi^2 \tag{2-120}$$

式中：理想速度c_{1t}和w_{2t}根据叶栅前后气体状态参数算出，实际速度由试验测得。流量系数和出气角也由试验测得。

四、沿叶型表面的压力分布

由测试叶片上的一排测压孔测得沿叶型表面的压力分布，换算成压力系数，做出压力分布曲线，如图 2-35 所示。

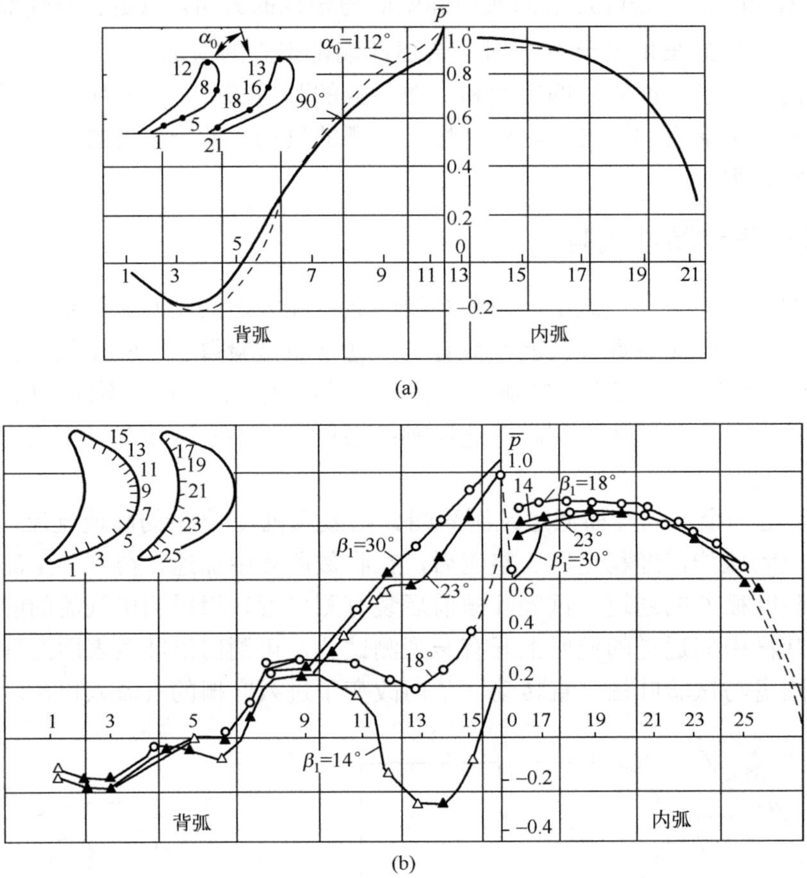

图 2-35　沿叶型表面气流的压力系数分布

（a）喷嘴和反动式叶栅；（b）冲动式叶栅。

由气动力学可知，叶栅通道中的流动损失集中地产生在附面层内，附面层内的流动情况又取决于层外气流的状况。一般说来，层外为加速流动时附面层厚度增长较慢，损失也较小。层外为扩压流动时则相反，损失较大。严重时可能出现附面层脱离，损失更大。层外出现局部超声时，在扩压流动中由超声速转变化为亚声速，同样会产生激波，带来额外损失。激波与附面层的相互作用，使损失增加。因此，由叶型表面的压力可以分析附面层的变化，并找出改善叶型的途径。

压力系数计算如下：

$$\overline{p_i} = \frac{p_i - p_1}{\rho_1 c_1^2 / 2} \tag{2-121}$$

式中，下标“1”表示叶栅后的参数；下标“i”表示第 i 个测点的参数。

图 2-35（a）所示的喷嘴和反动式叶栅压力曲线表明，在叶型的前缘点气流被滞止，压力系数为 1。随后，通道内压力逐渐下降，气流产生膨胀并且加速，沿叶型表面压力逐渐下降。由于通道弯曲，气流产生离心力，在垂直于通道中心线的同一横截面上，叶型凹面（内弧）上的压力高于凸面（背弧）上的压力，因此沿凹面压力系数下降较慢，而沿凸面压力系数下降较快。接近出口边凹面上压力系数迅速降至零，凸面上甚至降到负值。随后，再恢复到零，出现局部扩压区。入口气流角改变时压力系数曲线随之变化，局部扩压区可能扩展，还可能出现新的扩压区。

图 2-35（b）所示的冲动式叶栅通道中沿叶型表面的压力系数分布，与反动式叶栅的有些类似，但通道弯曲度更大。凹面与凸面的压力系数相差也更大。进气角改变时压力分布将发生变化，前缘点附近的凹面上可能出现局部扩压，凸面上还可能出现不止一个扩压区。

上述沿叶型表面压力分布情况，也可以由翼型绕流的升力理论来解释，并且是产生气流作用于叶片上作用力的来源，这里不再赘述。

五、出气角和流量系数

叶栅的出气角和流量系数也是它的重要气动特性，分别与叶型及其安装特性（安装角和栅距），以及气流特性有关。对于一定的叶栅，通过气动试验测得。

流量系数 μ 也由气动试验测得，图 2-12 的曲线可作为通用曲线，用于喷嘴和反动式涡轮叶栅计算。

第六节　涡轮长叶片级

一、长叶片级基本特点

前几节在一维流动假设下我们研究了涡轮喷嘴叶栅和基元级中的工作过程，认为气流仅沿中心流线方向一维流动，平均直径上的基元级可以代表不同高度上的微元级，垂直于流道中心线的任意截面上各点的气流参数相同。当叶高相对较小，即径高比 $\lambda = d/l$ 较大时，基本上与实际相符。

叶片较长，即径高比较小时（$\lambda \leqslant 10$），不同叶高的截面上气流情况有较大差异，一维假设与实际相差较大，主要原因有以下几种。

（1）气流沿切向运动将产生离心力，破坏了圆柱面运动的假设。

（2）不同叶高上叶片的圆周速度不同，速度三角形不同，气流角度也将不同。

（3）喷嘴及动叶叶栅的栅距沿叶高增大，叶栅出气角随之改变。

上述情况，在 λ 足够大时可以忽略，而对 $\lambda \leqslant 10$ 的长叶片必须考虑。考虑这些因素，涡轮叶片沿叶高方向其截面形状是不同的，相当于把直叶片扭转了一个角度，称为扭叶片。为了使叶片出、入口角适合于气流角度的变化，需建立三维空间坐标系的气动热力学诸方程求解它们，得到气流参数沿叶高的变化。

二、长叶片级基本方程

通常在圆柱坐标 (r,θ,z) 系中建立长叶片级的三维基本方程。在气动力学的基础上，列举如下。

1．连续方程

圆柱坐标 (r,θ,z) 系中的连续方程为

$$\frac{\partial\rho}{\partial\tau}+\frac{\partial(r\rho c_r)}{r\partial r}+\frac{\partial(\rho c_u)}{r\partial\theta}+\frac{\partial(\rho c_a)}{\partial z}=0 \tag{2-122}$$

式中：c_r、c_u、c_a 为径向、切向与轴向分速；ρ 为气体密度；τ 为时间。

对于定常流动，可以简化为

$$\frac{\partial(r\rho c_r)}{r\partial r}+\frac{\partial(\rho c_u)}{r\partial\theta}+\frac{\partial(\rho c_a)}{\partial z}=0 \tag{2-123}$$

2．运动方程

沿 3 个坐标方向的运动方程分方程为

$$\frac{\partial c_r}{\partial\tau}+c_r\frac{\partial c_r}{\partial r}+c_u\frac{\partial c_r}{r\partial\theta}+c_a\frac{\partial c_r}{\partial z}-\frac{c_u^2}{r}=R-\frac{1}{\rho}\frac{\partial p}{\partial r} \tag{2-124}$$

$$\frac{\partial c_u}{\partial\tau}+c_r\frac{\partial c_u}{\partial r}+c_u\frac{\partial c_u}{r\partial\theta}+c_a\frac{\partial c_u}{\partial z}+\frac{c_r c_u}{r}=U-\frac{1}{\rho}\frac{\partial p}{\partial\theta} \tag{2-125}$$

$$\frac{\partial c_a}{\partial\tau}+c_r\frac{\partial c_a}{\partial r}+c_u\frac{\partial c_a}{r\partial\theta}+c_a\frac{\partial c_a}{\partial z}=Z-\frac{1}{\rho}\frac{\partial p}{\partial z} \tag{2-126}$$

式中：R、U 和 Z 分别表示质量力在 3 个坐标方向的分力。通常，质量力可忽略不计。

3．能量方程

根据传递的热量、气体焓值的变化及所做的流动功三者守恒的关系，能量方程为

$$T\mathrm{d}s=\mathrm{d}h-\frac{\mathrm{d}p}{\rho} \tag{2-127}$$

4．状态方程

理想气体的状态方程与坐标系的选取无关，将比容换成密度，有

$$\frac{p}{\rho}=RT \tag{2-128}$$

以上共 6 个方程（式（2-122）、式（2-124）、式（2-125）、式（2-126）、式（2-127）和式（2-128），含 6 个未知量(p、ρ、T、c_u、c_r、c_a)，联立起来原则上可以求解。但其中有非线性的偏微分方程，而且初始条件与边界条件十分复杂，直接求解有不可克服的困难。几十年来专家们采取了一些简化的方法，通过降维措施进行求解，其中吴仲华教授于 20 世纪 50 年代提出的两类流线交替计算法，把三维问题化成两个二维问题，通过迭代进行求解。该方法具有开拓性意义，得到了较大发展。

在工程设计中只要求出叶栅进、出口气流角度沿叶高的变化，据以构造叶型。常在一定假设条件下求解上列方程，使问题大为简化。其中最常用的是简单径向平衡方法。

三、简单径向平衡条件和等环量级

假设两列叶栅之间的间隙处气流切向运动所产生的离心力，与径向压差形成的作用力保持平衡，于是气流将沿圆筒形表面运动，径向分速为零（$c_r = 0$）。这一假设条件称为简单径向平衡。还假定叶栅中有无穷多个叶片。在全圆周上气流方向与叶片角度完全一致，为轴对称流动，并考虑为理想的稳定流动。在上述假设下，运动方程的径向分方程式（2-124）简化为

$$\frac{c_u^2}{r} = \frac{1}{\rho}\frac{\partial p}{\partial r} \tag{2-129}$$

此即简单径向平衡方程。它仅考虑各参数沿径向的变化，压力对半径的偏微分可写成全微分的形式。

上述方程也可由沿径向力的平衡条件导出。图 2-36 表示长叶片级的通流部分，在半径 r 处取厚度为 $\mathrm{d}r$ 的薄环，在叶列间隙处其轴向宽度为 $\mathrm{d}s$，该间隙处的薄环微元的质量为 $\mathrm{d}m$，则在 1—1 间隙处微元产生的离心力为

$$\mathrm{d}m\frac{c_{1u}^2}{r} = 2\pi r\mathrm{d}r\mathrm{d}s\rho\frac{c_{1u}^2}{r} \tag{2-130}$$

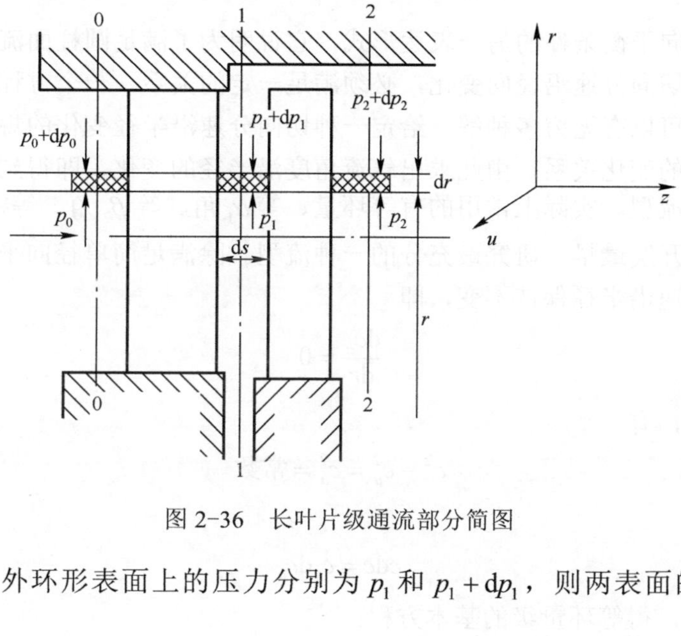

图 2-36　长叶片级通流部分简图

该微元内、外环形表面上的压力分别为 p_1 和 $p_1 + \mathrm{d}p_1$，则两表面的静压差的作用力为

$$2\pi r\mathrm{d}s[(p_1 + \mathrm{d}p_1) - p_1] = 2\pi r\mathrm{d}s\mathrm{d}p_1 \tag{2-131}$$

由于离心力与静压差的作用力平衡，于是，有

$$\frac{1}{\rho}\frac{\mathrm{d}p_1}{\mathrm{d}r} = \frac{c_{1u}^2}{r} \tag{2-132}$$

同样地，2—2 间隙处有

$$\frac{1}{\rho}\frac{\mathrm{d}p_2}{\mathrm{d}r}=\frac{c_{2u}^2}{r} \tag{2-133}$$

一般地，写成

$$\frac{1}{\rho}\frac{\mathrm{d}p}{\mathrm{d}r}=\frac{c_u^2}{r} \tag{2-134}$$

该式与式（2-129）相同。由该式可见，离心力总是正值，故叶列间隙处必有正向压力梯度。

对式（2-134）进一步推演。沿任一流线满足能量方程，级的滞止初焓各点均匀，于是，有

$$h+\frac{c^2}{2}=h_0^*=\text{常数} \tag{2-135}$$

微分上式，利用热力学中 $\mathrm{d}h=\mathrm{d}p/\rho$ 的关系，得

$$c\mathrm{d}c=-\frac{\mathrm{d}p}{\rho} \tag{2-136}$$

代入式（2-134），消去 $\mathrm{d}p$，整理得

$$c\mathrm{d}c+c_u^2\frac{\mathrm{d}r}{r}=0 \tag{2-137}$$

这是简单径向平衡条件的另一表达形式，它说明为了满足圆柱面流动的要求，级中气流速度与它的切向分速沿径向变化，必须满足一定的关系。一个方程中有两个待定的未知量，原则上可以有无穷多种解。给定一种切向分速沿半径变化的规律，得到相应的气流速度沿半径的变化关系，由此求出气流角度沿半径的变化，即得到一种叶片的扭曲规律，称为一种流型。实际上常用的有等环量、等 α_1 角、等 β_2 角、等密流等流型。

等环量级是开发最早、研究最充分的一种流型。除满足简单径向平衡条件外，还规定气流的轴向分速沿半径保持不变，即

$$\frac{\mathrm{d}c_a}{\mathrm{d}r}=0 \tag{2-138}$$

由三角形的关系，有

$$c^2-c_u^2=c_a^2=\text{常数} \tag{2-139}$$

微分上式，得

$$c\mathrm{d}c=c_u\mathrm{d}c_u \tag{2-140}$$

代入式（2-137），得等环量级的基本方程：

$$\frac{\mathrm{d}c_u}{c_u}+\frac{\mathrm{d}r}{r}=0 \tag{2-141}$$

积分上式得

$$c_u r=\text{常数} \tag{2-142}$$

此式左边乘以 2π 即切向分速沿轮周方向的速度环量，它表明该级的这个速度环量沿径向保持不变，故称等环量级。

四、等环量扭曲方法中的参数变化

扭叶片的气流流型是通过级的一些主要参数（如α_1、β_1、β_2和Ω等）的相互配合来实现的，因此，在理想等环量流型的气流特性确定后，必须接着研究α_1、β_1、β_2、α_2和Ω等随半径的变化规律，方能保证实现所要求的气流流型。

1．喷嘴出口气流角α_1的变化规律

由图 2-37 可知，叶根基元级的速度三角形（加下标“r”表示）得$\tan\alpha_{1r}=\dfrac{c_{1a}}{c_{1ur}}$，而任意半径处基元级速度三角形则有$\tan\alpha_1=\dfrac{c_{1a}}{c_{1u}}$。再根据等环量流型的特性$c_{1ur}r_r=c_{1u}r$，于是，得

$$\tan\alpha_1=\frac{r}{r_r}\tan\alpha_{1r} \tag{2-143}$$

可见，喷嘴出口气流角是随半径的增加而增大的，等环量级的喷嘴叶片就是按照这个规律成型的。

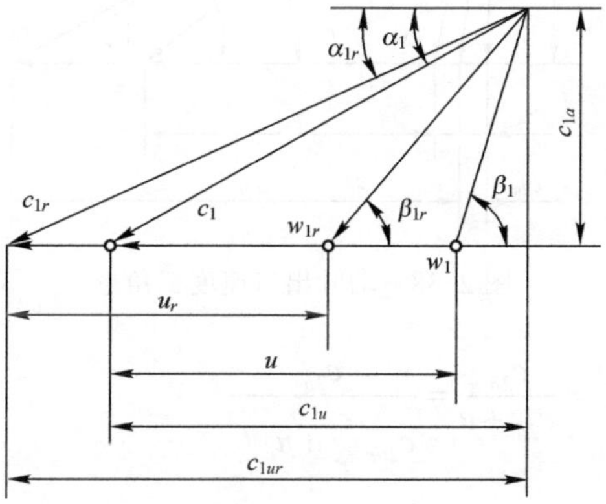

图 2-37　动叶进口速度三角形

2．动叶进口气流角β_1的变化规律

根据图 2-37 可知，对任意半径处的β_1可以写出如下关系式：

$$\tan\beta_1=\frac{c_{1a}}{c_{1u}-u}=\frac{\dfrac{c_{1a}}{c_{1u}}}{1-\dfrac{u}{c_{1u}}}=\frac{\tan\alpha_1}{1-\dfrac{u}{c_{1u}}} \tag{2-144a}$$

将等环量流型的条件$c_{1ur}r_r=c_{1u}r$，$c_{1a}=$常数，$\tan\alpha_1=\dfrac{r}{r_r}\tan\alpha_{1r}$及$u=\dfrac{r}{r_r}u_r$代入上式，得

$$\tan\beta_1=\frac{\dfrac{r}{r_r}\tan\alpha_{1r}}{1-\dfrac{u_r}{c_{1ur}}\left(\dfrac{r}{r_r}\right)^2} \tag{2-144b}$$

可见，动叶进口气流角也是随半径的增加而增大的，而且比 α_1 角的增加要快。

由图 2-37 可知，气流速度 c_1 由根部至顶部逐渐减小，但为了保证轴向分速 c_{1a} 沿半径不变，c_1 的减小必然导致 α_1 角的增大。另外，由于圆周速度随半径的增加而增加，故相对速度 w_1 的方向角也将随半径的增加而增加，加上 α_1 角的增加也使 β_1 角相应增加，所以 β_1 角比 α_1 角增加得快，这说明动叶片进口边比静叶片出口边扭曲得更强烈。

3．动叶出口气流角 β_2 的变化规律

若已知叶根基元级的 β_{2r}，则根据等环量特性 $c_{2a}=$常数、$c_{2ur}r_r=c_{2u}r$ 及 $u=\dfrac{r}{r_r}u_r$ 的关系，参照图 2-38 可得

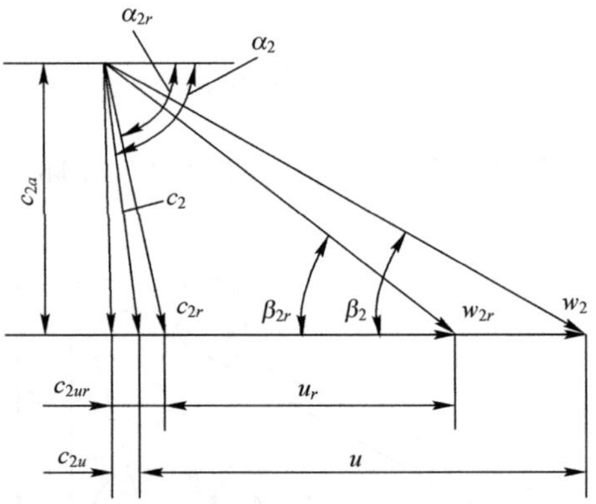

图 2-38　动叶出口速度三角形

$$
\begin{aligned}
\tan\beta_2 &= \frac{c_{2a}}{c_{2u}+u}=\frac{c_{2a}}{c_{2ur}\dfrac{r_r}{r}+u_r\dfrac{r}{r_r}} \\
&= \frac{c_{2a}}{(w_{2ur}-u_r)\dfrac{r_r}{r}+u_r\dfrac{r}{r_r}}=\frac{c_{2a}}{u_r\left(\dfrac{r}{r_r}-\dfrac{r}{r_r}\right)+w_{2ur}\dfrac{r_r}{r}} \\
&= \tan\beta_{2r}\frac{1}{\dfrac{u_r}{w_{2ur}}\left(\dfrac{r}{r_r}-\dfrac{r}{r_r}\right)+\dfrac{r_r}{r}}
\end{aligned}
\tag{2-145a}
$$

因 c_{2ur} 相当小，故 $\dfrac{u_r}{w_{2ur}}\approx 1$，则上式可简化为

$$
\tan\beta_2\approx\frac{r_r}{r}\tan\beta_{2r} \tag{2-145b}
$$

可见，动叶出口气流角 β_2 是随半径增大而减小的。

4．动叶出口绝对速度方向角 α_2 的变化规律

根据图 2-38 可知，若已知叶根基元级的 α_{2r}，则可写出任意半径处 α_2 角的关系式：

$$
\tan\alpha_2=\frac{c_{2a}}{c_{2u}}=\frac{c_{2a}/c_{2ur}}{c_{2u}/c_{2ur}}=\frac{r}{r_r}\tan\alpha_{2r} \tag{2-146}
$$

式（2-146）表明，动叶出口绝对速度方向角 α_{2r} 是随半径增大而增大的。虽然式（2-146）和式（2-143）的形式相同，但 α_{2r} 接近 $90°$，α_{1r} 很小，故 α_2 随半径增大而增大的程度比 α_1 小得多。

5．反动度 Ω 的变化规律

先讨论等环量流型级轮周功沿叶高的变化情况。任意半径上轮周功可写成

$$W_u = u(c_{1u} + c_{2u}) = \omega(c_{1u}r + c_{2u}r)$$

式中：由于角速度 ω、$c_{1u}r$ 和 $c_{2u}r$ 均为常数，故等环量级的轮周功沿叶高是不变的，即 $W_u =$ 常数，$\dfrac{\partial W_u}{\partial r} = 0$。一般来说，若干级连续排列的等环量级叶栅之前是叶高较小的直叶片级，直叶片级的级后参数 p_2、c_2 等可视为沿叶高不变，那么，最前一个等环量级的级前参数 p_0 和 c_0 也可视为沿叶高不变，即 $\dfrac{\partial p_0^*}{\partial r} = 0$。另一方面，只要使等环量级排气角 α_2 近似于 $90°$，即 $c_{2u} \approx 0$，那么，由式（2-133）可知，$\dfrac{\partial p_2}{\partial r} = 0$，也就是说，级的出口压力 p_2 沿叶高是不变的，等环量级的滞止理想焓降 h_t^* 沿叶高也就不变。但喷嘴后压力 p_1 由于径向平衡的需要，是由根部向顶部逐渐增加的，如图 2-39 所示，动叶的理想焓降是随半径的增大而增大的，因此级的反动度也必然随着半径的增大而增大，其变化规律与 p_1 相似。

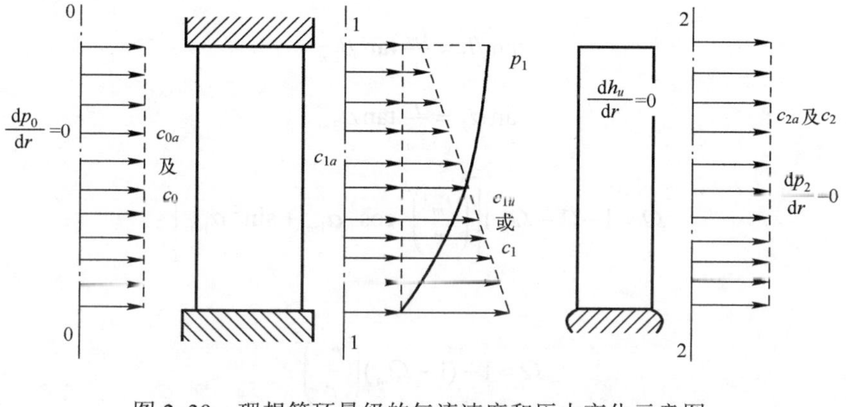

图 2-39　理想等环量级的气流速度和压力变化示意图

根据反动度的定义，任意半径处的反动度为

$$\Omega = \frac{h_b}{h_t^*} = \frac{h_t^* - h_n^*}{h_t^*} = 1 - \frac{h_n^*}{h_t^*} \tag{2-147}$$

在叶根半径处同样也有 $\Omega_r = 1 - \dfrac{h_{nr}^*}{h_t^*}$，即 $h_t^* = \dfrac{h_{nr}^*}{1-\Omega_r}$，代入上式，得

$$\Omega = 1 - (1-\Omega_r)\frac{h_n^*}{h_{nr}^*} \tag{2-148}$$

其中 $\dfrac{h_n^*}{h_{nr}^*}=\dfrac{c_{1t}^2}{c_{1tr}^2}=\dfrac{c_{1u}^2+c_{1a}^2}{c_{1tr}^2}=\dfrac{c_{1u}^2}{c_{1ur}^2}\dfrac{c_{1ur}^2}{c_{1tr}^2}+\sin^2\alpha_{1r}=\left(\dfrac{r_r}{r}\right)^2\cos^2\alpha_{1r}+\sin^2\alpha_{1r}$，代入式（2-148），得

$$\Omega=1-(1-\Omega_r)\left[\left(\frac{r_r}{r}\right)^2\cos^2\alpha_{1r}+\sin^2\alpha_{1r}\right] \tag{2-149}$$

当 α_{1r} 很小时，$\cos\alpha_{1r}$ 的数值接近于 1，$\sin\alpha_{1r}$ 的数值接近于零，于是，式（2-148）可近似简化成

$$\Omega\approx1-(1-\Omega_r)\left(\frac{r_r}{r}\right)^2 \tag{2-150}$$

式（2-149）和式（2-150）是等环量级反动度沿叶高的变化规律，它们表明，随着半径的增大，级的反动度将迅速增大。

若已知的是平均半径处基元级的各个参数，则按照前述的方法同样可以得出以下各式：

$$\tan\alpha_1=\frac{r}{r_m}\tan\alpha_{1m} \tag{2-151}$$

$$\tan\beta_1=\frac{\dfrac{r}{r_m}\tan\alpha_{1m}}{1-\dfrac{u_m}{c_{1um}}\left(\dfrac{r}{r_m}\right)^2} \tag{2-152}$$

$$\tan\beta_2\approx\frac{r_m}{r}\tan\beta_{2m} \tag{2-153}$$

$$\tan\alpha_2=\frac{r}{r_m}\tan\alpha_{2m} \tag{2-154}$$

$$\Omega=1-(1-\Omega_m)\left[\left(\frac{r_m}{r}\right)^2\cos^2\alpha_{1m}+\sin^2\alpha_{1m}\right] \tag{2-155}$$

或

$$\Omega\approx1-(1-\Omega_m)\left(\frac{r_m}{r}\right)^2 \tag{2-156}$$

五、满足简单径向平衡条件的其他流型

满足径向平衡条件（式（2-133）或式（2-137））以外，再给定 c_u 与 r 的一定关系，联立起来求解，即可得到一种长叶片级的流型。除上面介绍的等环量级以外，还有许多，如：

1. 等 α_1 角流型

该流型级的静叶出气角沿叶高保持不变。由

$$\cos\alpha_1=\frac{c_{1u}}{c_1}=\text{常数} \tag{2-157}$$

与式（2-137）联立，得到该流型级满足的基本条件为

$$c_1 r^{\cos^2 \alpha_1} = 常数 \tag{2-158}$$

所得级的静叶出口角沿叶高几乎不变（随着叶高增大，其栅距增大，几何出口角相应减小，才能保持气流角不变），由于反动度增加，c_1 逐渐减小，而 u 逐渐增大，从速度三角形可见，动叶入口角 β_1 是沿叶高逐渐增大的。扭转程度小于等环量级。

2．等密流型

该流型级满足的条件为

$$\frac{\partial(\rho c_a)}{\partial r} = 0 \tag{2-159}$$

与式（2-137）联立，得基本方程为

$$c_{1u} r^{(1-M_{a0}^2)} = 常数 \tag{2-160}$$

式中：M_{a_0} 是静叶入口气流的马赫数。该流型级的静叶出气角沿叶高逐渐增大的程度小于等环量级，动叶入口角沿叶高也是增大的，扭转程度在等环量级与等 α_1 角级之间。

六、完全径向平衡条件与可控涡流型

简单径向平衡使切向运动气流所产生的离心力与径向的静压力相平衡，从而使气流在圆柱面上流动，其径向分速为零。在切向分速较大的 1—1 截面上，沿叶高方向气流的静压增高较大，而 0—0 及 2—2 截面静压几乎保持不变，故涡轮机级的反动度沿叶高增大。叶端处反动度大，必然使端部间隙漏气量增加，使级的内效率下降。实际上，当通流部分子午面扩张较剧烈时，圆柱面流动的假设不能成立，必须考虑圆锥形旋成面的流动，气流的径向分速产生动压力，而子午面上流线的曲率又引起离心力，它们与切向流动产生的离心力一起，与径向压力梯度的静压力互相平衡，此为完全径向平衡条件。

采用完全径向平衡的长叶片级，选取叶栅出口角按特定规律扭转，并改变叶栅上、下端面形状，可以控制子午面上流线的形状，从而控制了径向压力梯度，使叶端处级的反动度减小，克服了简单径向平衡条件的缺点，提高了级效率。静叶出口 1—1 截面上气流圆周分速的速度环量 c_{ur} 可以人为地控制，又称为可控涡流型。它比等环量流型的“自由涡”流型和其他类型“强制涡”流型的级有较高效率，被认为是有发展前途的一种扭叶片流型。但它的制造工艺较复杂，级后气流不均匀度较大。

第七节　级的内损失和内效率

一、级的内损失

在理想情况下，涡轮机级内热能转换为机械功的最大值等于工质在级内的理想比焓降。实际上，由于级内存在着各种各样的损失，工质的理想焓降不可能全部转变为机械

功。凡是在级内与流动时能量转换有直接联系的损失，称为涡轮机级的内部损失。除此之外，称为涡轮机的外部损失。

涡轮机级的内部损失一般有喷嘴损失 Δh_n、动叶损失 Δh_b、余速损失 Δh_{c_2}、叶高损失 Δh_l、撞击损失 $\Delta h_{\beta l}$、扇形损失 Δh_θ、叶轮摩擦损失 Δh_f、部分进气损失 Δh_e、湿汽损失 Δh_x 和漏气损失 Δh_δ。

在下面的讨论中，将着重说明这些损失的成因和影响其大小的因素以及减小这些损失的措施。其中喷嘴损失、动叶损失和余速损失已在前面内容有过讨论，这里只再作简要说明。

气流流经涡轮机喷嘴、动叶叶栅时产生的损失 Δh_n、Δh_b，包含型阻损失和端部损失（包括二次流损失）两大类。

1. 型阻损失

型阻损失主要由以下 5 种现象造成。

（1）叶栅附面层中产生的摩擦损失。

（2）叶栅附面层中产生的气流分离损失。

（3）在叶片出口尾迹中产生的涡流损失以及尾迹和涡流的掺混损失。

（4）在气流中可能发生的激波现象引起的能量损失。

（5）由叶片冷却时引起的冷却气流对附面层和主流的干扰损失。

我们知道，由于气体有黏性（虽然气体的黏性很小），当它流过叶栅时，就会在叶片的表面形成一个气流层。在这个气流层里，气流速度的分布规律如图 2-40 所示。

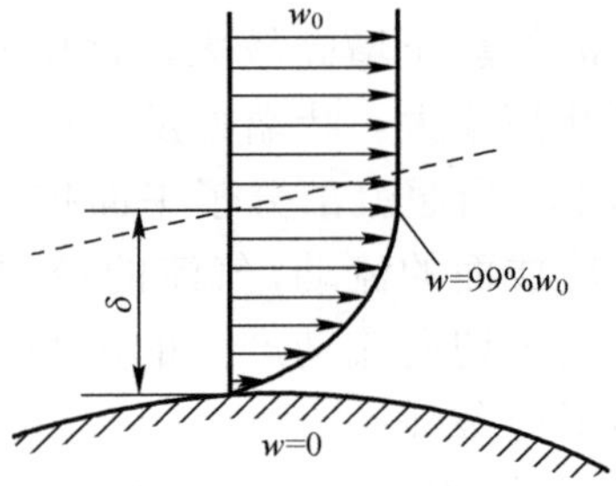

图 2-40　附面层内速度的分布情况

由图可知，在叶片的表面气流的速度等于零，随后逐渐向外增大，一直增加到接近于主流区的速度 w_0 时为止。这个厚度为 δ 的气流层通常称为附面层。附面层的边界是人为标定的。一般认为，附面层边界上的流速与气流主流区的流速 w_0 相差1%，从这个边界开始，一直到叶片表面的距离就是附面层的厚度 δ。

气流附面层的厚度及其发展趋势与气流的流动情况有密切的关系。例如，对于气流的流速在不断增快之中的流动过程来说，由于高速运动的主流具有较大的动能，附面层的厚度一般是比较薄的，因为主流的能量可以逐渐传递给附面层内流速较低的质点。但是，对于气流流速在不断减小、工质的压力又在逐渐增高的流动过程来说，附面层的厚度将沿气流的流动方向增加较快。当它达到一定厚度时，附面层内的质点就会有完全停止前进，甚至出现反向流动的可能性，那时就会使气流脱离流道壁面，并在壁面附近产生强烈的涡流现象。

显然，当气流流过涡轮机叶栅时，在每个叶片的表面上，都会形成一个薄薄的附面层。由于吸力面和压力面形状的不同，气流在叶型表面上静压力的分布情况也会有相当的差别，如图 2-41 所示。

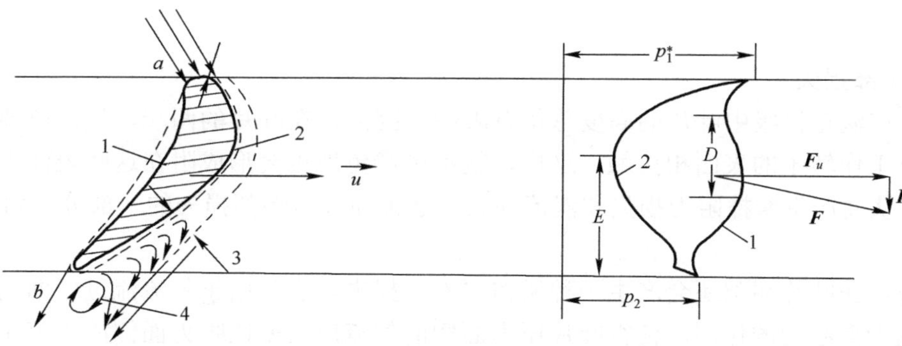

图 2-41　叶片表面的附面层与压力分布

1—压力面；2—吸力面；3—附面层；4—尾迹涡流。

由图 2-41 可知，作用在叶片压力面上的压力要比作用在叶片吸力面上的压力高，这样就会产生一个由叶片压力面指向吸力面的合力 F 。这个合力就是前面所说的当气流流过叶片时，由于工质的动量发生变化而产生的推力。正是由于这个推力连续地作用在动叶上，工作叶轮才能旋转做功。在合力 F 的切向分力 F_u 作用下，涡轮机工作叶轮在切向平面内，由动叶压力面朝吸力面方向旋转，而合力 F 的轴向分量 F_z 将由机组的推力轴承来承担。

由图 2-41 还可以看出，在叶片压力面的中间区段 D 和叶片吸力面的出口段 E 上，工质的压力沿气流的流动方向递增。这就是说，在这些局部区域内，由于气流速度的递减使附面层加厚，甚至会产生气流的脱离和涡流现象，实质上，附面层内的低速度，意味着动能的损失，而涡流是不规则的流动，它的能量也是不能转化为有用功的，这些最后都将变为工质分子的热运动能量。这样就会造成损失，其结果是使工质主流的焓和熵增高，使涡轮机效率降低。

很显然，这种损失与叶片的形状（即叶型的型线）和气流的流动方向（即冲角）有密切的关系。当叶型一定时，工质流进叶栅时的方向将起决定性的作用。因为它对于叶片两侧的压力分布规律有很大影响，从而也就影响到气流在叶片两侧形成的脱离和涡流现象的强弱程度。当气流在进口处形成正冲角时，这个损失将会明显增大。

叶片的出气边总会有一定的厚度，有冷却时，会更厚些，当气流附面层分别从叶片压力面和吸力面流出而在叶片后缘上相遇时，就会在这个地区形成一个涡流区，这个区域称为尾迹（图 2-41）。在尾迹中，气流的质点会与主流中气流的质点相互混合，就会使叶片后面的尾迹逐渐扩大，此混合过程同样会造成损失，而使主气流丧失一部分做功能力。显然，叶片出气边的厚度越厚，尾迹尺寸就越宽，尾迹损失也就越大。但出气边又不能做得太薄，否则会在强度和制造工艺上造成困难。所以，合理地控制出气边缘的尺寸和形状，是控制这种损失的主要手段。

另外，当气流在叶片流道中的速度高达音速时，就会形成激波，气流在经过激波后，要造成能量损失，这种损失称为激波损失。

总之，由以上几种现象造成的型阻损失的大小，与静叶和动叶的形状、叶片出气边的厚度、叶片叶栅的排列情况、气流流进叶栅时的冲角以及流速的大小等因素有着密切的关系。

2．端部损失

由于在涡轮机级中叶片的高度总是有限的，因而，在叶片的两端，气流就要与汽缸内壁以及工作转子的表面相接触，这样，就不可避免地也会形成附在这些表面上的气流附面层，从而产生摩擦阻力损失和涡流损失。这种损失是端部损失的一部分，如图 2-42 所示。

此外，在叶片端部还会产生一种所谓二次流损失，它是由于气流流过弯曲的叶间流道时，因为离心力的作用，使得叶片压力面侧的气流压力要比吸力面侧的气流压力高这样一种现象所引起的。在图 2-43 中给出了在叶栅流道中，气流速度场与压力场的分布示意图。由图可见，在叶型压力侧的相应点上，气流压力要比吸力面侧高，而气流速度却正好相反。

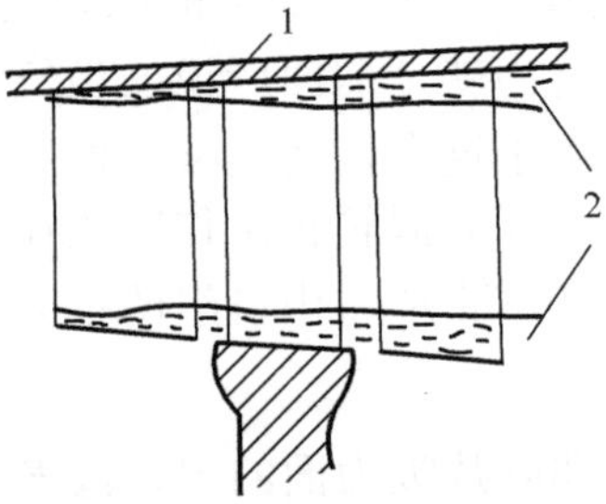

图 2-42　端部附面层示意图

1—汽缸；2—附面层。

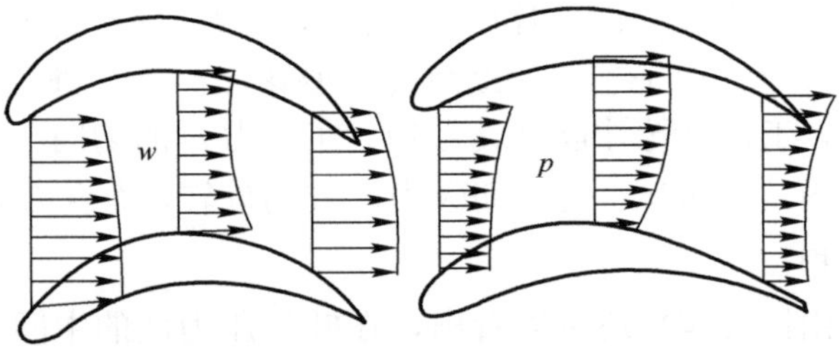

图 2-43　叶栅流道中速度场与压力场分布示意图

由于气流在叶片流道上、下两个端面附面层中的流动速度，总要比在叶片中间部分即主流区中的流动速度低，因而，当这两层气流在叶片流道中发生折转时，所能产生的离心力就比较小。这样，就会使得在叶片上、下两个端部附面层中，位于叶片压力面与吸力面两侧口的气流压力差要比叶片中间部分者小，其结果将会引起在叶片吸力面和压力面两侧的气流压力，沿叶高方向分布得很不均匀，其分布关系如图 2-44 所示。

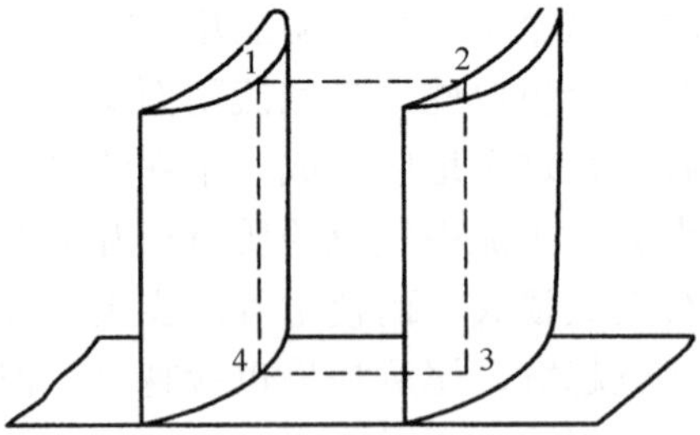

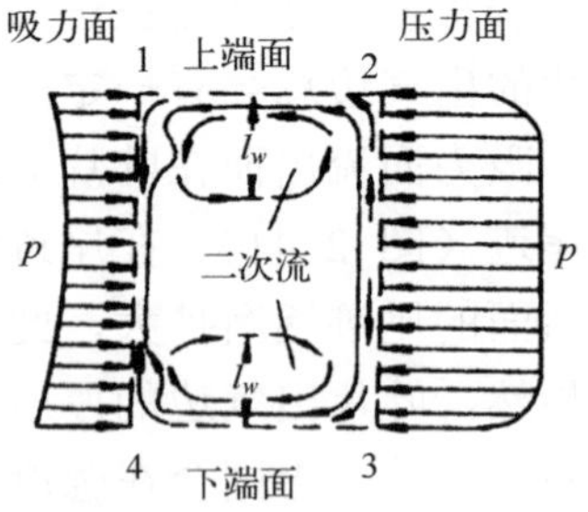

图 2-44　在叶片压力面和吸力面两侧气流压力沿叶高的分布

由图 2-44 可知，在叶片压力面侧，叶片中间部位上的压力要比叶片上、下两个端面上的压力高，但在叶片吸力面侧，气流压力的分布情况却正好相反，这样就使得位于叶片中间部位压力面侧的气流产生一个逐渐朝着叶片上、下两个端面流动的趋势。可是，位于叶片上、下两个端面吸力面侧的气流，却会产生一个逐渐朝着叶片中间部位流动的趋势。当然，在叶片上、下两个端面的附面层中，由于压力面侧气流的压力总是要比吸力面侧的高，气流就会产生一个由压力面侧流向吸力面侧的横向流动。为了补偿在这两个附面层中产生的这种横向流动，在距离叶片上、下两个端面各为 l_w 的地方，相应地，就会产生两个与其方向相反的横向流动。

以上这些流动现象的综合作用效果将在叶栅流道的上、下两个端面附近，形成两个方向彼此相反的旋涡运动，这就是通常所谓的二次流。由此产生的能量损失称为二次流损失，它也是叶片端部损失的一个组成部分。

图 2-45 中给出了在叶栅流道中形成的二次流现象示意图，可供参考。

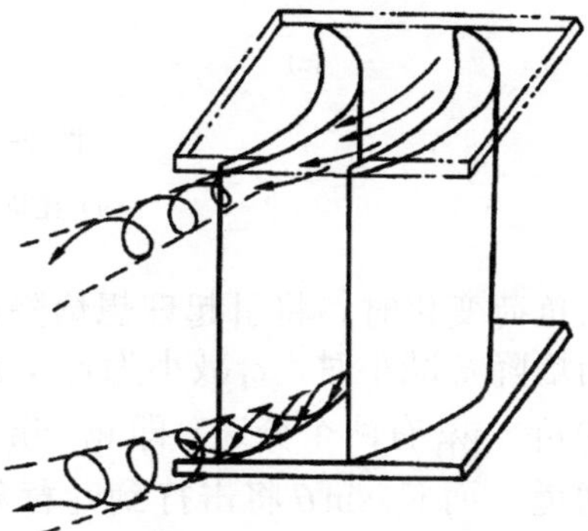

图 2-45　在叶栅流道中形成的二次流现象示意图

通常，端部损失（包括二次流损失）总是在与叶栅流道上、下两个端面一定距离 $l_w \approx 0.75b$ 的区域发生。由此可见，叶片越长，这种损失所占的比例也就越小。既然造成端部损失是由于在叶片压力面和吸力面之间存在有压力差，同时又存在有附面层，也就是说，它与叶型表面的压力分布规律有密切的关系，因而，可以认为，凡是对叶栅型阻损失产生影响的一切因素，都会对端面损失发生作用。

以上两种损失可以归纳在一起，用速度系数 φ、ψ 或用能量损失系数 ζ_1、ζ_2 来加以概括表示。

3．叶高损失 Δh_l

叶高损失也就是叶片的端部损失，本质上仍是喷嘴和动叶的流动损失。但在某些工程计算中，计算喷嘴和动叶的损失时，不考虑其高度的影响，也就是认为叶片足够长，达到无限高的程度，端部损失为零，仅根据叶型型线和加工质量选定速度系数。

实际情况是叶片并不是无限高，端部损失也并不为零。因此，需在已计算得出的喷嘴损失和动叶损失之外，另单独计算一项叶栅的端部损失，这就是叶高损失。常用下列半经验公式计算：

$$\Delta h_l = \frac{a}{l_n} h_u \tag{2-161}$$

式中：a 为试验系数，单列级 $a = 1.2$（未包括扇形损失）或 $a = 1.6$（包括扇形损失），双列级 $a = 2$；l_n 是单列级为喷嘴高度、双列级为各列叶栅的平均高度，单位为 mm。

由图 2-8 可以看出，当叶高小于 15mm 时，端部旋涡的影响十分严重，损失急骤增大。因此，为了减小叶高损失，必须使设计的叶片高度大于 15mm。

4．撞击损失 $\Delta h_{\beta l}$

由于制造偏差或是在涡轮机运行中，由于负荷变化而使得 c_1 变大或变小，则此时动

叶实际进气角 β_1 与动叶最佳进气角 β_{1opt} 不再相等，即存在一个冲角 θ ，从而引起动叶的附加损失，这就是撞击损失。

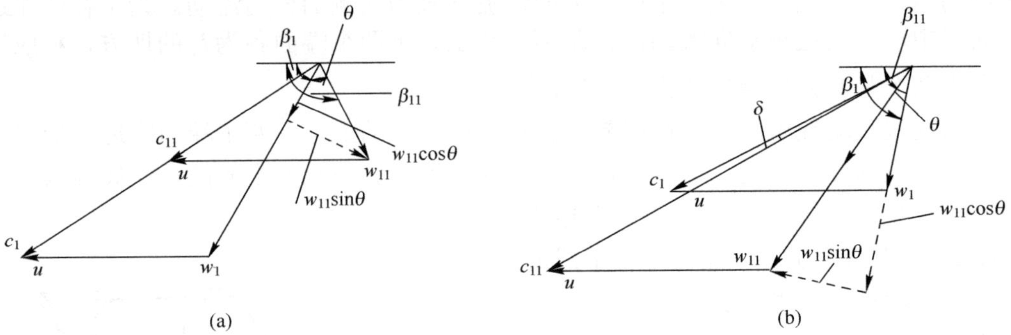

图 2-46　撞击损失的形成

（a）比焓降减小；（b）比焓降增大。

当负荷变化时，将引起理想焓降的改变，如图 2-46 所示。

当焓降 h_t 减小时，c_1 减小为 c_{11} ，此时 u 不变，则 β_1 增大为 β_{11} ，可知冲角 $\theta=\beta_1-\beta_{11}$ 为负冲角。w_{11} 有两个分速，即 $w_{11}\sin\theta$ 和 $w_{11}\cos\theta$，其中 $w_{11}\cos\theta$ 沿 β_1 方向能够顺利进入动叶通道，而 $w_{11}\sin\theta$ 将击打到叶背部，形成能量损失。同时，由此产生的力将对叶片的运动产生阻滞作用。当焓降 h_t 增大时，c_1 增大为 c_{11} ，考虑到喷嘴斜切部分可能发生膨胀，将使 c_{11} 产生角度为 δ 的偏转，u 仍保持不变，此时，冲角 $\theta=\beta_1-\beta_{11}$ 为正冲角。w_{11} 的分量分别为 $w_{11}\sin\theta$ 和 $w_{11}\cos\theta$，其中 $w_{11}\sin\theta$ 将撞击在叶片腹部，对叶片有一个推动的效果。

由上述可知，焓降增大时的撞击损失比焓降减小时的撞击损失小。事实上，根据叶栅空气动力特性的研究可知，当 $\beta_1<\beta_{1opt}$ 时，将增大叶栅通道中压力及速度分布的不均匀度，因而改变附面层的厚度。在某些情况下会引起气流的脱离而产生涡流区，进而使叶型损失增大，这个影响要比 β_1 增大，气流打击到动叶背部产生的影响大。因此，当焓降 h_t 增加，使得 c_1 变大引起的损失要比 c_1 变小时引起的损失来得大。也就是说，正冲角时损失增加较大。或者说，当级内速比减小时，撞击损失显著；而速比增大时，撞击损失不明显。在计算时，可近似认为在负荷增大或减小时，撞击损失是相同的，即撞击损失为

$$\Delta h_{\beta l}=\frac{(w_{11}\sin\theta)^2}{2} \tag{2-162}$$

减小或避免撞击损失的办法可以有以下几种：①合理地选择叶型，使 β_{1opt} 与 β_1 基本相符；②减小叶型对进气角 β_1 的敏感性，也就是扩大最佳进气角 β_{1opt} 的范围，使之不是一个数值，而是一个区域。通常的办法是将进气边修圆，背弧做成曲线形。

5．扇形损失 Δh_θ

在讨论扭叶片级时曾指出，当径高比 $\lambda>10$ 时可采用等截面直叶片，但实际中涡轮机的叶栅为环形叶栅。如前所述，环形叶栅一般有两个特点：一是结构上的，即叶栅的

相对栅距不是常数，而是从根部到顶部按比例增加；二是空气动力学性质方面的，即叶栅出口气流的运动轨迹在端视图上为圆形，而产生一个离心力场，形成叶栅出口气流沿半径方向的压力梯度，从根部到顶部不断增大。

（1）由于第一个特点，则只有平均直径处的节距是最佳值，而其他各处的节距必然偏离最佳值，使叶型损失增大。

（2）由于第二个特点，首先，只有在平均直径处的叶型损失最小，其他截面上的叶型损失将会增大；其次，由于径向压力梯度的存在，叶型附面层内的气流有从外径向内径流动的趋向，从而使得靠近内径处的附面层增厚，附面层损失增大。

由于这些因素，采用直列叶栅的设计方法，即使在径高比 λ 较大时，总还会或多或少地带来一些损失，这种损失即为扇形损失。

显然，扇形损失的大小与径高比 λ 有关，通常用半经验公式表示，即扇形损失为

$$\Delta h_\theta = \zeta_\theta h_t^* \tag{2-163}$$

式中：Δh_θ 为扇形损失，单位为kJ/kg；ζ_θ 为扇形损失系数。

由上式可知，扇形损失随叶栅径高比的减小而增大。一般说来，当径高比 $\lambda > 10$ 时，其所占的比例较小，可忽略不计；当径高比 $\lambda < 10$ 时，其所占的比例越来越大。但由于采用了扭叶片，叶型沿叶高是变化的，所以虽然此时叶栅的节距也在变化，扇形损失仍然存在，但已经很小了，也可忽略不计。

6．叶轮摩擦损失Δh_f

叶轮摩擦损失也称为风阻损失，是由于叶轮两侧表面在充满工质气体的空间里高速旋转时，产生表面摩擦和旋转轮盘与静止汽缸间工质的循环产生的。

如图 2-47 所示，在涡轮机级的两侧是充满了工质的气室，工质是具有黏性的气体。紧贴叶轮表面的工质将随叶轮一起转动，其圆周速度与叶轮的圆周速度接近相等，而紧靠隔板或汽缸的工质气流速度趋于零。这样，在气室内，工质分子的速度是不一样的。在叶轮壁和隔板壁之间存在着速度梯度，工质分子之间就产生了摩擦，消耗了一部分有用功率，这是形成摩擦损失的一个原因。

此外，靠近叶轮表面的工质具有较大的圆周速度，产生的离心力也比较大，迫使这部分工质除随叶轮绕轴旋转外，还作沿外径方向的径向运动。而靠近隔板的工质圆周速度和离心力都比较小，其被迫向轴中心流动，这样就在叶轮两侧出现沿半径方向的工质涡流运动，必然又要消耗一部分功率，这是形成摩擦损失的又一个原因。

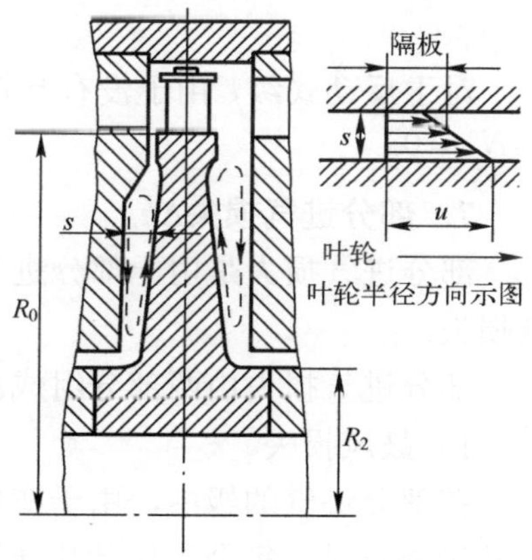

图 2-47　叶轮摩擦损失示意图

在燃气涡轮机中，如航空发动机中有少量低温气体的稳定流束来冲刷并冷却转子轮盘。这些冷却气体是沿着转子轮盘表面从发动机中心线附近朝外流向叶片的根部，这也会产生摩擦。为了克服这些摩擦损失，也会损失一些轮周功。

叶轮摩擦损失可在理论分析的基础上通过试验求得，类似的计算公式比较多，但一般都是在某个特定条件下求得的，因而具有一定的局限性。在常见的各计算公式中，虽然计算结果不尽相同，甚至相差很大，但是由于叶轮摩擦损失在全部损失中所占的比例很小，所以即使计算数值有一定误差，对全机效率的影响仍是不大的。常见的通用计算公式为

$$N_f = \lambda A d^2 \left(\frac{u}{100}\right)^3 \rho_2 \tag{2-164}$$

式中：N_f 为叶轮因摩擦而消耗的功率，单位为kW；λ 是一个与工质性质、叶轮四周工质的流动情况有关的系数，对于过热蒸汽和空气，$\lambda=1.0\sim1.2$，对于饱和蒸汽或湿蒸汽，$\lambda=1.3\sim1.5$；A 为与结构有关的系数，与 S/d（S 为气室的间隙距离）有关，其值一般为 $0.5\sim1.5$，计算时可取 $A=1$；d 为叶轮直径，单位为m；ρ_2 为级后的工质密度，单位为 kg/m^3。

一般情况下，可用下式计算：

$$N_f = 1.07 d^2 \left(\frac{u}{100}\right)^3 \rho_2 \tag{2-165}$$

叶轮摩擦损失所消耗的机械功将变成热量重新加到工质中去，使该级排气的焓增加。因此，若用能量形式来表示摩擦损失，则有

$$\Delta h_f = \frac{N_f}{G} \tag{2-166}$$

式中：Δh_f 为叶轮摩擦损失，单位为kJ/kg。

叶轮摩擦损失系数可表示为

$$\zeta_f = \frac{\Delta h_f}{E_0} \tag{2-167}$$

对于反动式级，由于没有叶轮，动叶是直接安装在转鼓上的，因此没有这一项损失，即 $N_f=0$。

7．部分进气损失Δh_e

部分进气损失是由于部分进气产生的。因此，只有在进气度 $e=1$ 时才不存在部分进气损失。

部分进气损失由两部分组成：一是鼓风损失；二是斥气损失。下面分别予以叙述。

1）鼓风损失

在部分进气的级中，由于在级的隔板的整个圆周上只有部分弧段安装有喷嘴，这样当叶轮旋转时，每个工作叶片通道在某一瞬间进入气流工作区域，而在下一时刻又离开了工作气流区域，进入没有工作气流的弧段。对于没有工作气流通过的那部分工作叶片，在旋转时将带动周围的工质一起转动，当叶片的进出口角度不相等时，就会像鼓风机一样，将工质从叶轮的一侧鼓到另一侧，这种鼓风作用必定将消耗一部分有效功率，形成鼓风损失。

试验表明，鼓风损失的大部分并不一定是“鼓风”产生的，在非工作气流区域内叶栅转动时形成的摩擦损失是这项损失的主要来源，但习惯上仍称为“鼓风损失”。显然，部分进气度e越小，非工作气流的区域越大，鼓风损失也越大，反之亦然。当采用全周进气时，$e=1$，鼓风损失为零。为减小这项损失，对于采用较多部分进气级的一些小机组，常使用一种“护套装置”，如图 2-48 所示。也就是在不安装喷嘴的弧段内将动叶进出口通道用护套罩起来，此时，工作叶片仅对护套内的少量工质产生鼓风作用，减小了鼓风所消耗的功率。

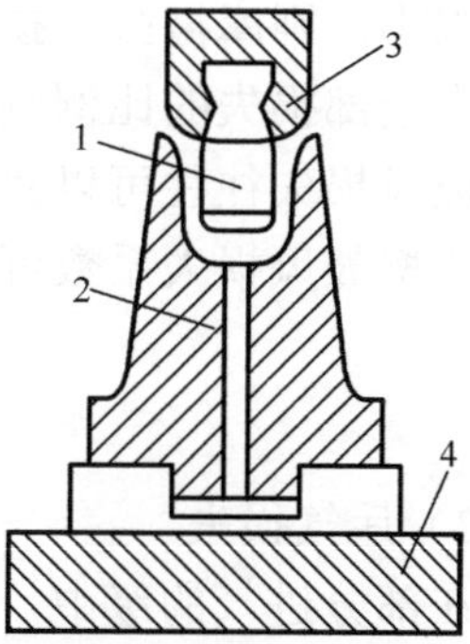

图 2-48　涡轮机护套装置示意图

1—动叶；2—护罩；3—叶轮；4—汽缸。

单级涡轮机常采用速度级，由于级的理想焓降相对很大，而容积流量却很小，为了增大叶片的高度，总是将这种级设计成部分进气，部分进气度甚至往往小于0.5，形成较大的鼓风损失。多级涡轮机的压力级在少数情况下也要设计成部分进气，这时也就需要计算鼓风损失。对于反动级，由于动叶前后的压差较大，为减小漏气损失，不采用部分进气，因此也就没有鼓风损失。

鼓风损失的计算没有理论公式可依，根据实际试验得到不少半经验公式，一般可按下式计算：

$$N_w=(480\sim900)\left(1-e-\frac{e_h}{2}\right)l^{1\sim1.5}d\left(\frac{u}{100}\right)^3\rho_2 \qquad (2-168)$$

式中：N_w为鼓风损失，单位为kW；e_h为有护套的弧段长度占整个圆周长度的百分数。

当叶片旁气室容积较大时，采用较大的系数。

比较式（2-168）和式（2-164），可以看出鼓风、摩擦损失的成因虽然不同，但这两种损失所消耗的功率都与u、ρ_2以及动叶栅的环形面积ld或轮盘面积d^2成正比。因此，摩擦损失和鼓风损失可以合并在一起统称为摩擦鼓风损失，并用下式表示：

$$N_{f,w}=\left[d^2+0.63\left(1-e-\frac{e_h}{2}\right)d(l_1^{1.5}+l_2^{1.5})\right]d\left(\frac{u}{100}\right)^3\rho_2 \qquad (2-169a)$$

式中：$N_{f,w}$为摩擦鼓风损失消耗的功率，单位为kW；l_1为第一列动叶高度，单位为m；l_2为第二列动叶高度，单位为m。

当没有护套，而叶轮上只有一列动叶时，上式又可表达为

$$N_{f,w}=[d^2+0.63(1-e)dl^{1.5}]d\left(\frac{u}{100}\right)^3\rho_2 \qquad (2-169b)$$

由于经验系数不同，由式（2-169）计算出的结果并不等于由式（2-165）和式（2-168）分别计算出的结果之和。

1kg 工质流过该级产生的摩擦鼓风损失，若以热量单位计，可表示为

$$\Delta h_{f,w}=\frac{N_{f,w}}{G} \qquad (2-170)$$

式中：$\Delta h_{f,w}$为摩擦鼓风损失，单位为kJ/kg。

上式表明，摩擦鼓风损失$\Delta h_{f,w}$与工质流量G成反比。对于小功率涡轮机，由于耗气量很小，则摩擦鼓风损失占全部损失的比例相对较大；对于大功率涡轮机，摩擦鼓风损失占全部损失的比例就很小，特别是涡轮机低压部分的级，由于其中的工质密度很小，摩擦鼓风损失往往可以忽略不计。

摩擦鼓风损失系数可写成

$$\zeta_{f,w}=\frac{\Delta h_{f,w}}{E_0} \tag{2-171}$$

2）斥气损失

在部分进气的级中，动叶总是不断地由非进气部分（没有安装喷嘴的非工作弧段）移入进气部分（安装喷嘴的工作弧段），然后从进气部分到非进气部分，如图 2-49 所示。每一次进出，在工作弧段的进口端，从喷嘴射出的气体在进入动叶栅之前，首先必须将动叶通道中夹带着一道旋转的呆滞气体推出动叶栅，并使之加速，这就消耗了工作气流的一部分动能，引起损失。另外，在工作弧段的出口端，动叶通道从气体流中退出，流入通道的气体量逐渐减少。与此同时，在这个通道中的小部分气体被带入气室内产生了涡流，这种气体流动的不稳定也引起部分能量损失。这两部分能量损失之和称为斥气损失或弧端损失。可以看出，部分进气是该项损失的根源。

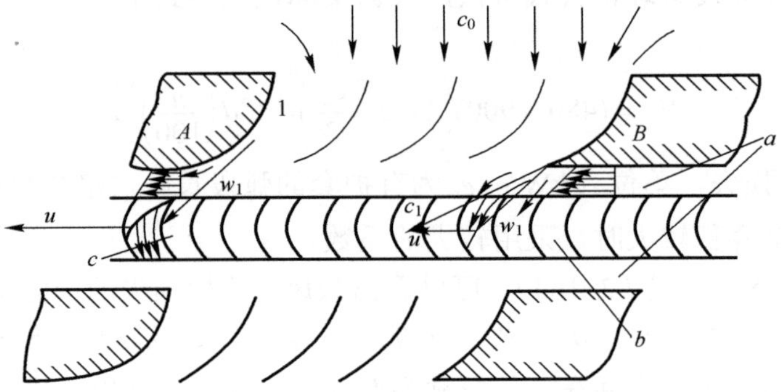

图 2-49　部分进气时气体流动示意图

部分进气级的喷嘴组有时不是集中在一起形成一个连续弧段，而是分成两段或更多段，每两段之间有一个不进气的部分。这样就增加了产生斥气损失的机会，成比例地增加了斥气损失。显然，喷嘴组分段越多，级效率也就越低。

对于应用喷嘴调节方式工作的涡轮机，为了在工况变动时提高涡轮机的效率，往往采用较多的调节阀。由于一只调节阀控制一组喷嘴，则喷嘴组的分段数也就比较多，斥气损失势必较大，这时可利用喷嘴片作为喷嘴组之间的分隔，使喷嘴片的进口和调节阀后的气室壁相连。这样不进气的部分将大大减小，斥气损失也将相应减小。

斥气损失可按下式计算：

$$\Delta h_s=\zeta_s\Delta h_t^* \tag{2-172}$$

$$\zeta_s=0.42\frac{\sum B_b l_b}{A_n}v_a\eta_u m \tag{2-173}$$

式中：Δh_s 为斥气损失，单位为kJ/kg；ζ_s 为损失系数；B_b 为动叶宽度，单位为m；l_b 为动叶高度，单位为m；A_n 为喷嘴出口面积，单位为m^2；v_a 为级的假想速比；m 为喷嘴组进出口弧端的对数，若该级为全周进气，则 $m=0$，斥气损失也为零。

对于上式，我们可以这样理解：

（1）斥气损失 Δh_s 与喷嘴出口面积 A_n 成反比，这是因为通过级的工质流量正比于喷嘴出口面积，而流量越大，轮周功率也越大，则斥气损失所消耗的功率也就相对变小。

（2）斥气损失 Δh_s 与动叶宽度和高度的乘积 $B_b l_b$ 成正比，这是因为 $B_b l_b$ 表示动叶通道中呆滞气体被新的工质推动时所吸收的那部分动能，叶栅高度决定了呆滞气体的多少，而宽度则决定了呆滞气体被推动的距离，所以 $B_b l_b$ 的乘积可以代表工质多消耗了的能量。即轮周效率越高，轮周损失就越小，斥气损失所占的比重也就相应增大。斥气损失 Δh_s 与假想速比 v_a 之间的关系，由于 $v_a = u / c_a$，而 A_n 和 c_a 的乘积代表了流量，则它与斥气损失成反比，这一点在前面已作了说明。同时，也表明斥气损失与圆周速度 u 的一次方成正比，而不是像摩擦鼓风损失那样与 u 的三次方成正比，并且可以通过试验得到证明。

8．湿汽损失 Δh_x

多级凝汽式汽轮机的最末几级在湿蒸汽区域工作，需计算由此带来的损失。图 2-50 表示湿蒸汽级内的流动图。如果级前的蒸汽湿度为 $(1-x_0)$（x_0 为蒸汽的干度），则在级内膨胀的蒸汽量仅为 Gx_0。也就是说，在 1kg 蒸汽内只有 $x_0$kg 蒸汽膨胀加速，而 $(1-x_0)$kg 水分不再膨胀加速。这样，虽然进入级内的蒸汽量为 G，但实际参加做功的不是 G，而是 Gx_0，因此，在动叶上获得的功减少了。随着蒸汽的膨胀，其湿度增加。在静叶片出口截面上，蒸汽的湿度为 $(1-x_1)$。在静叶流道内，不仅每千克蒸汽中有 $(1-x_0)$ 不膨胀，而且新分离出的水分 (x_1-x_0) 也不膨胀和加速。水滴的运动是依靠蒸汽流带动的。因此，主汽流要耗去一部分能量来带动水滴。除此之外，在静叶片出口截面，主汽流的绝对速度 c_1 大于水滴的绝对速度 c_1'。因此，蒸汽流和水滴进入动叶通道的相对速度的大小和方向均不等（图 2-50），即 $\beta_1' > \beta_1$，$w_1 < w_2$。水滴（液体流）撞击动叶片入口边的背面，阻止动叶片运动，因此使传递到蒸汽涡轮轴上的功率减少。不仅如此，水滴不断地撞击叶片的结果是叶片表面被腐蚀、流动恶化，这也使能量损失增加。蒸汽和水滴的运动速度不等使蒸汽流内产生旋涡运动，因此转换为机械功的动能减少了。总之，蒸汽的湿度对级的工作是不利的，它不仅降低级效率，而且腐蚀叶片，使其工作寿命缩短。

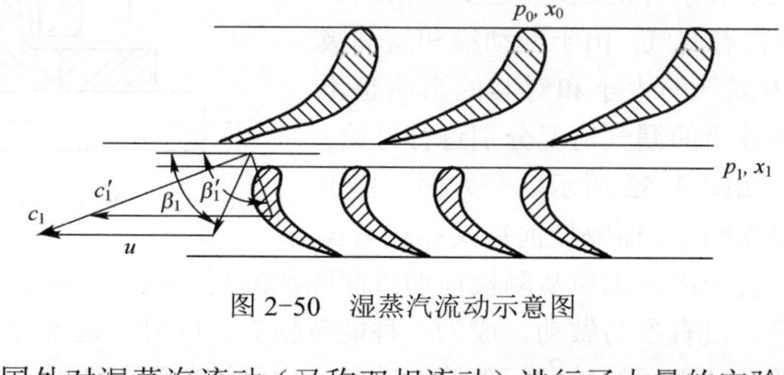

图 2-50　湿蒸汽流动示意图

近几年来，国外对湿蒸汽流动（又称双相流动）进行了大量的实验和理论研究工作，并发表了不少相关的文章和专著。图 2-51 表示不同湿度 $(1-x_0)$（级前）和 $(1-x_2)$（级后）下，级效率随速比的变化曲线。由图可知，蒸汽湿度的增加显著地使级效率下降；同时，随着速比 ν_1 的增加，蒸汽湿度的影响也相应地增大。这说明速比 ν_1 增加使 β_1' 增加（因为此时水滴速度减小），因而阻止动叶片运动的阻力加大。图中实验结果是在亚声速流动条件下得到的。

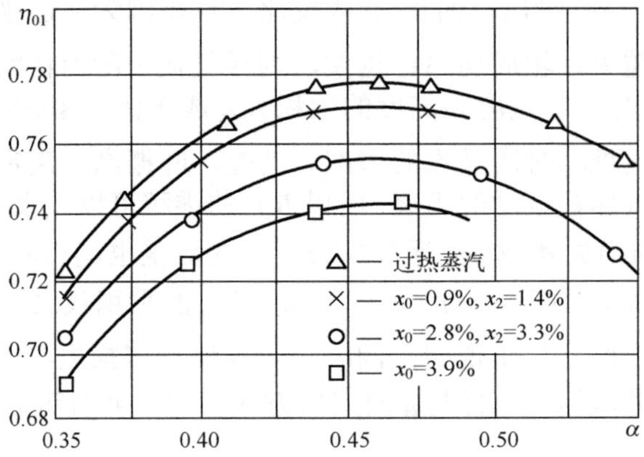

图 2-51　湿蒸汽透平级相对内效率与速比的变化关系

在马赫数较大时，湿蒸汽流动中还会出现过冷现象，这时水滴不是逐步地形成，而是流动至低于饱和状态的某点后突然形成，伴随着激波的出现，带来额外的损失，情况十分复杂，可参阅有关专著。在热力计算中常用经验公式进行计算，有的工厂采用下式计算湿汽损失 Δh_x：

$$\Delta h_x = h_u(1-\bar{x}) \tag{2-174}$$

于是，湿汽损失系数 ζ_x 为

$$\xi_x = \frac{h_x}{h_t^*} = \eta_u(1-\bar{x}) \tag{2-175}$$

$$\bar{x} = \frac{x_0 + x_2}{2} \tag{2-176}$$

9．漏气损失Δh_δ

在前面讨论工质在涡轮机级内流动时，我们认为工质全部通过喷嘴和动叶的通道，但实际情况并非如此，在级内存在着漏气。由于冲动级和反动级的结构不同，级内漏气的大小和对其的影响也不同，因此，对这两种级的漏气情况分别进行讨论。

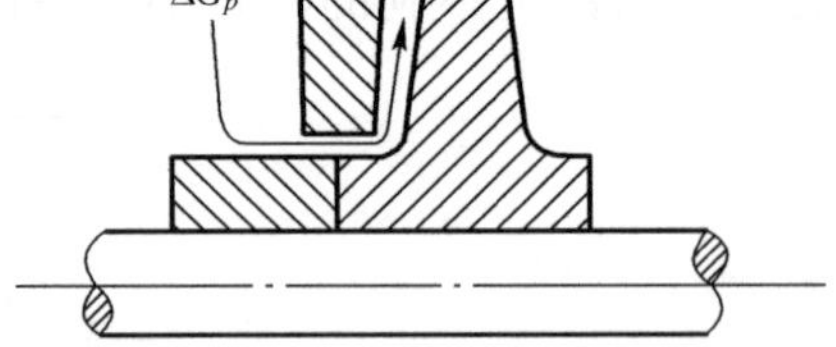

图 2-52　冲动式涡轮机级漏气示意图

对于冲动级，如图 2-52 所示。一方面，由于隔板和轮轴之间存在间隙，而隔板前后又存在着压差，因此，必然会有一部分工质从隔板前通过间隙泄漏到隔板与叶轮之间的气室内，这些漏气不通过喷嘴，没有参与做功，成为一种能量损失。同时，这部分漏气还可能通过喷嘴与焊有贴边的动叶之间的轴向间隙流入动叶，由于这些漏气不是从喷嘴以正确的方向进入动叶，所以不仅不能通过动叶做功，而且还会干扰主气流，这就是隔板漏气损失。

另一方面，为了满足动叶热膨胀和转子与静子之间相对膨胀的要求，动叶顶部与静子之间存在着轴向间隙和径向间隙。对于带反动度的冲动级，动叶前后又存在着压差，这样，从喷嘴流出的工质就会有一些不进入动叶通道，而是通过动叶与隔板、动叶与汽缸的轴向和径向间隙泄漏至级后。这部分漏气也没有参与做功，形成动叶顶部漏气损失。

由于漏气量正比于间隙面积和间隙两侧的压差，因此为减小漏气损失，在涡轮机级内普遍采用曲径轴封，以减小漏气量。设计时，动叶根部处尽量不采用负反动度，以防止隔板漏气被吸入动叶，增大漏气损失。这是因为当动叶根部反动度很小甚至为负值时，隔板漏气的一部分乃至全部以及级后工质都会通过平衡孔经过动叶根部轴向间隙流入级中，使根部处于吸气形态。虽然此时由于动叶顶部反动度有所减小，动叶顶部漏气量将减小，但试验表明，动叶根部吸气比之根部漏气所造成的损失更为严重。

此外，在轮盘上开设平衡孔，使隔板漏气通过平衡孔流入级后，与从动叶流出的主气流汇合进入下一级，避免隔板漏气从动叶根部轴向间隙混入主气流，也有利于减小隔板漏气损失。在安全许可范围内缩小动叶围带处的轴向间隙，也能有效地减小动叶顶部漏气损失。

当动叶不长且动叶顶部的反动度不大时，或者动叶比较长，而动叶顶部的漏气间隙相对很小时，动叶顶部漏气损失可近似忽略不计，这时的漏气损失只是由隔板轴封引起的漏气损失。其漏气量可参照喷嘴流量公式计算。隔板漏气量 ΔG_p 为

$$\Delta G_p = \mu_p A_p c_{1p} \rho_{1t} = \mu_p A_p \rho_{1t} \frac{\sqrt{2h_n^*}}{\sqrt{z_p}} \tag{2-177}$$

式中：z_p 为轴封齿数；μ_p 为轴封流量系数；A_p 为轴封间隙面积，$A_p = \pi d_p \delta_p$，其中 d_p 是轴封齿的平均直径，δ_p 是轴封间隙。

1kg 工质产生的隔板漏气损失 Δh_p 为

$$\Delta h_p = \frac{\Delta G_p}{G} h_i' \tag{2-178a}$$

或

$$\Delta h_p = \frac{A_p}{A_n \sqrt{z_p}} h_i' \tag{2-178b}$$

式中：h_i' 为不包括漏气损失时的级的有效焓降，单位为 kJ/kg。

对于带反动度的冲动级，动叶顶部漏气损失 Δh_t 是不可避免的，并且随着顶部径向间隙的增大而增大。计算动叶顶部漏气损失时，应先求出叶顶漏气量 ΔG_t 为

$$\Delta G_t = \mu_t A_t c_t \rho_{2t} = \mu_t \rho_{2t} \pi (d_b + l_b) \delta_t \sqrt{2\Omega_t h_t^*} \tag{2-179}$$

式中：μ_t 为动叶顶部间隙的流量系数，一般取 $\mu_t = 0.6\mu_n$；Ω_t 为动叶顶部的反动度；δ_t 为动叶顶部的漏气间隙，单位为 m。

动叶顶部的漏气损失为

$$\Delta h_t = \frac{\Delta G_t}{G} h_i' \tag{2-180}$$

该级总的漏气损失为

$$\Delta h_{\delta} = \Delta h_{p} + \Delta h_{t} \tag{2-181}$$

10. 空气冷却引起的燃气涡轮损失

对于燃气涡轮，随着所采用的燃气温度逐渐提高，为使叶片材料可以在高温下工作，广泛采用各种冷却措施，把压气机产生的高压空气引入动叶中，使它得到冷却。图 2-53 所示为几种冷却方案。图中①是在叶片中有纵向孔道，使空气自根部进入，从顶部边缘的一排孔中平等地流出；②冷却空气进入叶片后从出口边缘的一排孔中平等地流出；③冷却空气一部分从叶端流出，另一部分从前缘的一些小孔中流出。在叶片表面形成一层“气幕”，以起到隔热的效果；④整个叶片外壁由多孔材料制成，使冷却空气可以流向整个叶面，实现所谓“渗透冷却”。

采用空气冷却引起的损失有以下几种。

（1）消耗一部分功率来输送冷却空气，该项损失在装置计算中考虑。

（2）工作气体受到冷却，使燃气的膨胀功减小。

（3）被冷却叶栅中的流动损失增大。

由于后两项损失，使冷却级的内效率降低 0.5%～1.0%。

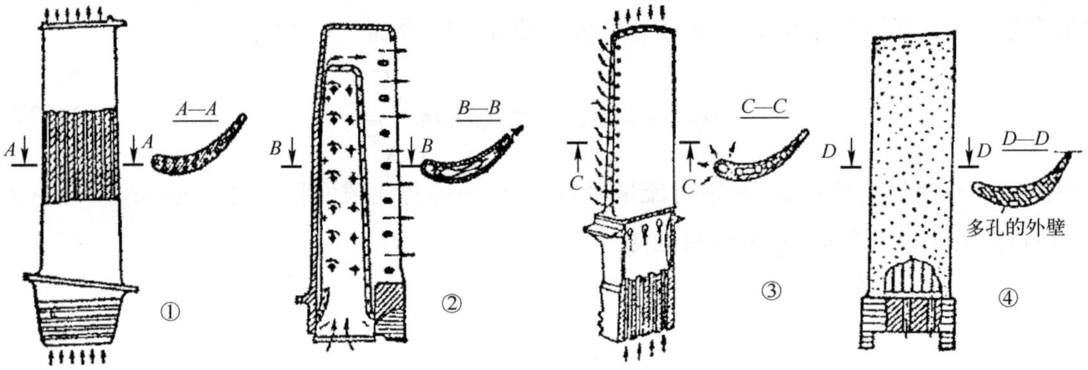

图 2-53　空气冷却透平叶片的几种方案

二、级的内效率和热力过程线

1. 级内损失对级的最佳速比的影响

图 2-19 表示的级的轮周效率与速度比的关系，只考虑了喷嘴、动叶和余速 3 项损失。当考虑级内其他各项损失的影响后，级的效率和速比的关系将发生变化，其规律是效率的最大值降低，对应的最佳速比值减小。

以冲动级为例，考虑叶轮摩擦和鼓风损失，由式（2-164）和式（2-168）可知，叶轮摩擦和鼓风损失是随着速比 3 次方的增加而增加的，如图 2-54 所示。由于摩擦鼓风损失的存在，使效率的最大值降低，相应的最佳速度比也减小。其他损失对级的影响，其规律也基本如此。

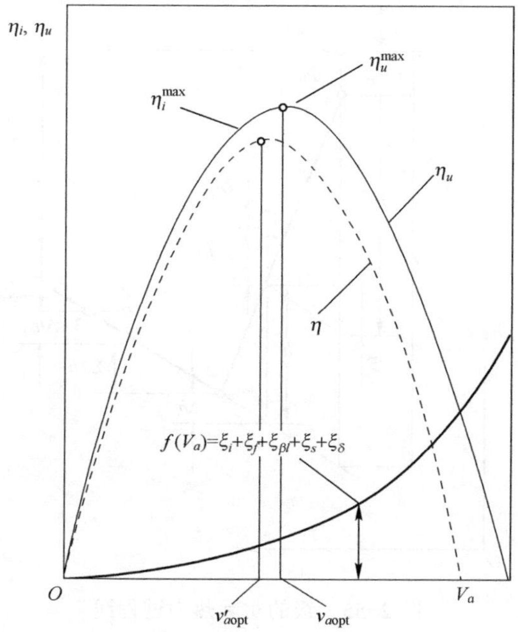

图 2-54　级内损失对最佳速比的影响

2．级的内效率、内功率和热力过程线

前面我们讨论了级内的各项损失，这里应特别指出的是一个级的内部不会存在所有这些损失。一般来讲，对冲动级而言，喷嘴、动叶、余速、漏气、摩擦损失在级内都存在；部分进气的级存在部分进气损失；当制造不良或运行工况变化时，会有撞击损失；当压力级的叶片较长而又不扭曲时，将会有扇形损失；在湿蒸汽区时，还会有湿汽损失等。因此，在进行级的具体热力分析计算时，一定要根据该级的实际情况来确定具有哪些损失。

正是由于涡轮机级内存在多种损失，结果使工质在级内的有效焓降小于级的理想焓降。级的有效焓降 h_i 可表示为

$$h_i = \frac{c_0^2}{2} + h_t - \Delta h_n - \Delta h_b - \Delta h_{c_2} - \Delta h_l \qquad (2-182)$$
$$- \Delta h_\theta - \Delta h_{\beta l} - \Delta h_x - \Delta h_e - \Delta h_f - \Delta h_\delta$$

级的有效焓降 h_i 与级的理想可用能量 E_0 之比称为级的相对内效率，简称级效率，用 η_i 表示，可用来衡量级内能量转换的效果，其表达式为

$$\eta_i = \frac{h_i}{E_0} = \frac{h_i}{h_t^* - \mu_1 \Delta h_{c_2}} \qquad (2-183)$$

显然，级的内效率的高低，标志了在一定理想可用能量条件下，级内气流最终做出机械功的大小。

级的内功率 N_i 为

$$N_i = G h_i \qquad (2-184)$$

图 2-55 为具有反动度的冲动级的工质膨胀过程在 $h-s$ 图中的表示。图中表示了级内的全部损失，并考虑了余速利用的情况。

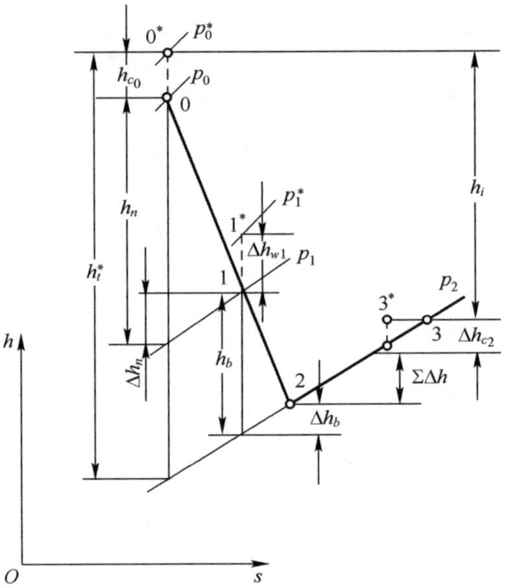

图 2-55　级的实际热力过程线

第八节　涡轮机级的热力计算

本节的目的是通过例题将级的热力计算的内容贯穿在一起，以便对级的工作原理有进一步的理解，并了解有关公式的应用。

现以某型蒸汽涡轮高压级为例，说明等截面直叶片级的热力计算程序。为便于理解和掌握，大体上把热力计算过程分为几个主要步骤。

已知数据：级前压力 $p_0 = 4.817\text{MPa}$，温度 t_0=398℃，级后压力 $p_2 = 4.247\text{MPa}$，级流量 G=165.833kg/s，初速度 $c_0 = 48.5\text{m/s}$，转速 $n = 3000\text{r/min}$。该级的通流部分结构如图 2-56 所示，试对该级进行热力计算。

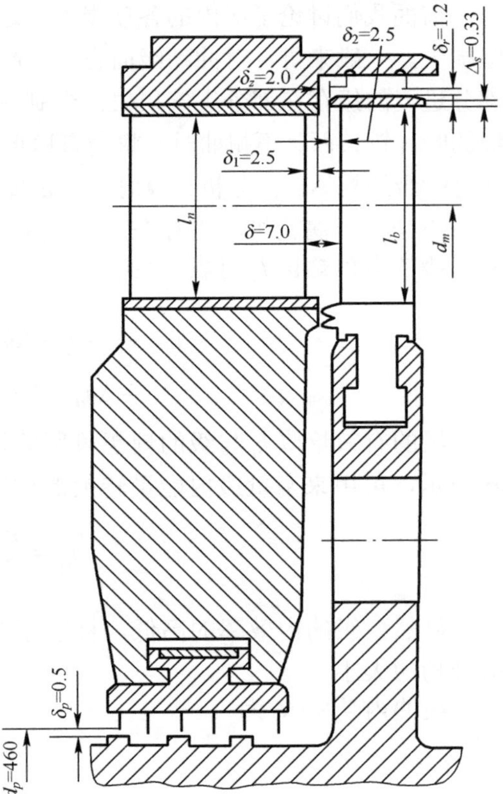

图 2-56　级的通流部分结构图

具体计算如下。

一、喷嘴部分计算

1. 级的滞止理想焓降 h_t^*

根据级的进出口参数 p_0、c_0、p_2，在水蒸气 $h-s$ 图上查得级的进口焓值 h_0 = 3192.684kJ/kg，等熵出口焓值 h'_{2t}=3155.482kJ/kg。

由级的进口滞止焓值

$$h_0^* = h_0 + \frac{c_0^2}{2} = 3192.684 + \frac{48.5^2}{2\times 10^3} = 3193.860\ (\text{kJ/kg})$$

查 $h-s$ 图得到级的进口滞止压力 $p_0^* = 4.866\text{MPa}$。级的滞止理想焓降 h_t^* 为

$$h_t^* = h_0^* - h_{2t}' = 3193.860 - 3155.482 = 38.378\ (\text{kJ/kg})$$

2．平均反动度 Ω_m 的确定

为了确定喷嘴的滞止理想焓降，必须先确定级的反动度。这里选级的平均反动度 $\Omega_m = 0.195$。

3．喷嘴的滞止理想焓降 h_n^*

喷嘴的滞止理想焓降 h_n^* 为

$$h_n^* = (1-\Omega_m)h_t^* = (1-0.195)\times 38.378 = 30.894\ (\text{kJ/kg})$$

4．喷嘴出口汽流速度 c_{1t} 和 c_1

喷嘴出口汽流速度 c_{1t} 和 c_1 为

$$c_{1t} = \sqrt{2h_n^*} = \sqrt{2\times 30.894\times 10^3} = 248.6\ (\text{m/s})$$

$$c_1 = \varphi c_{1t} = 0.97\times 248.6 = 241.1\ (\text{m/s})$$

5．喷嘴等熵出口参数 h_{1t}、υ_{1t}、p_1

首先，由 h_0^* 和 h_n^* 求出喷嘴出口理想焓值 h_{1t}：

$$h_{1t} = h_0^* - h_n^* = 3193.860 - 30.894 = 3162.966\ (\text{kJ/kg})$$

其次，在 $h-s$ 图上，从进口状态等熵膨胀到 h_{1t}，查出等熵出口比容 $\upsilon_{1t} = 0.0661\,\text{m}^3/\text{kg}$、出口压力 $p_1 = 4.365\text{MPa}$。

6．喷嘴压比 π_n

喷嘴压比 π_n 为

$$\pi_n = \frac{p_1}{p_0^*} = \frac{4.365}{4.866} = 0.897 > \pi_{ncr}$$

由此可知，喷嘴中为亚声速汽流，故采用渐缩喷嘴。根据选型手册选择某型号喷嘴叶栅，其 $\alpha_1 = 12^\circ$、$\sin\alpha_1 = 0.2079$。

7．隔板漏气量 ΔG_p

隔板漏气量 ΔG_p 为

$$A_p = \pi d_p \delta_p = \pi\times 460\times 0.5\times 10^{-2} = 7.23\ (\text{cm}^2)$$

$$\Delta G_p = \mu_p A_p \frac{\sqrt{2h_n^*}}{\upsilon_{1t}\sqrt{z_p}} = 0.75\times 7.23\times 10^{-4}\times \frac{\sqrt{2\times 30.894\times 10^3}}{0.0661\sqrt{6}} = 0.844\ (\text{kg/s})$$

8．喷嘴出口面积 A_n

根据亚声速流动时的连续方程计算：

$$A_n = \frac{G_n \upsilon_{1t}}{\mu_n c_{1t}} = \frac{164.989 \times 0.0661}{0.97 \times 248.6} \times 10^4 = 452.3 \text{（cm}^2\text{）}$$

式中：μ_n 为喷嘴流量系数，这里取 $\mu_n = 0.97$；G_n 为喷嘴进口流量，即

$$G_n = G - \Delta G_p = 165.833 - 0.844 = 164.989 \text{（kg/s）}$$

9．速比 v_a

当反动度确定后，为保证级的性能良好，相应地，选择速比 $v_a = 0.505$。应当指出，一般在热力方案设计时，应选择若干个 v_a 值，平行地进行热力计算，然后通过各方案的技术经济性比较，确定设计时的速比值。

10．级的假想速度 c_a

级的假想速度 c_a 为

$$c_a = \sqrt{2h_t^*} = \sqrt{2 \times 38.378 \times 10^3} = 277.0 \text{（m/s）}$$

11．级的圆周速度 u

级的圆周速度 u 为

$$u = c_a v_a = 277.0 \times 0.505 = 139.9 \text{（m/s）}$$

12．级的平均直径 d_m

级的平均直径 d_m 为

$$d_b = \frac{60u}{\pi n} = \frac{60 \times 139.9 \times 10^3}{3000\pi} = 891 \text{（mm）}$$

若已知 d_b，可由 d_b 先算出 u，再算 v_a，校核 v_a 是否在最佳范围内。

由于 d_n 与 d_b 相差不大，一般取 $d_n = d_b = d_m = 891 \text{ mm}$。

13．喷嘴高度 l_n

根据估算，叶片较高，取进气度 $e = 1$，则有

$$l_n = \frac{A_n}{e\pi d_m \sin\alpha_1} = \frac{452.3 \times 10^2}{0.891\pi \times 10^3 \times 0.2079} = 77.7 \text{（mm）}$$

为了设计制造方便，取喷嘴的计算高度为整数值，这里取 $l_n = 78 \text{ mm}$。

14．喷嘴损失 Δh_n

喷嘴损失 Δh_n 为

$$\Delta h_n = (1 - \varphi^2) h_n^* = (1 - 0.97^2) \times 30.894 = 1.826 \text{（kJ/kg）}$$

15．喷嘴出口焓值 h_1

喷嘴出口焓值 h_1 为

$$h_1 = h_{1t} + \Delta h_n = 3162.966 + 1.826 = 3164.792 \text{（kJ/kg）}$$

16．做出动叶进口速度三角形

根据上面求得的 c_1、α_1、u 之值做出动叶进口速度三角形，如图 2-57 所示。

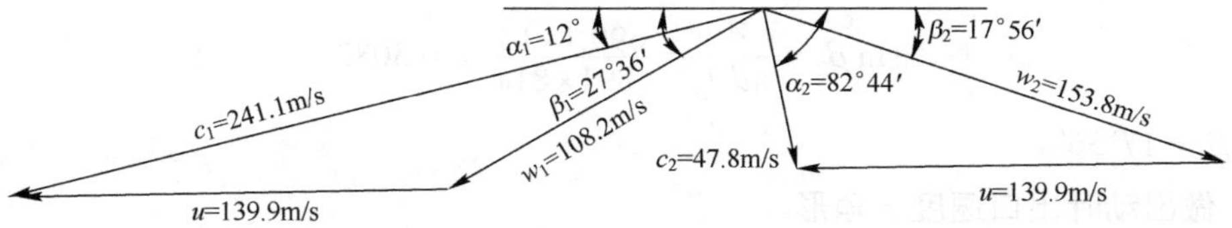

图 2-57　级的速度三角形

由图求得

$$
\begin{aligned}
w_1 &= \sqrt{c_1^2 + u^2 - 2uc_1\cos\alpha_1} \\
&= \sqrt{241.1^2 + 139.9^2 - 2\times241.1\times139.9\times\cos12^\circ} \\
&= 108.2\text{(m/s)}
\end{aligned}
$$

$$\beta_1 = \arcsin\frac{c_1\sin\alpha_1}{w_1} = \arcsin\frac{241.1\times0.2079}{108.2} = 27^\circ36'$$

$$\Delta h_{w_1} = \frac{w_1^2}{2} = \frac{108.2^2}{2\times10^3} = 5.854\ \text{(kJ/kg)}$$

二、动叶部分计算

1．动叶出口相对速度 w_{2t} 和 w_2

动叶出口相对速度 w_{2t} 和 w_2 为

$$w_{2t} = \sqrt{2\Omega_m h_t^* + w_1^2} = \sqrt{2\times0.195\times38.378\times10^3 + 108.2^2} = 163.3\ \text{(m/s)}$$

$$w_2 = \psi w_{2t} = 0.942\times163.3 = 153.8\ \text{(m/s)}$$

2．动叶等熵出口参数 h_{2t}、υ_{2t}

由 $h-s$ 图，从喷嘴实际出口状态点 p_1、h_1，等熵膨胀到 p_2，查得 $h_{2t} = 3157.154$ kJ/kg，$\upsilon_{2t} = 0.0667\ \text{m}^3/\text{kg}$。

3．动叶出口面积 A_b

动叶出口面积 A_b 为

$$A_b = \frac{G_b\upsilon_{2t}}{\mu_b w_{2t}} = \frac{164.989\times0.0667}{0.964\times163.3}\times10^4 = 699.1\ (\text{cm}^2)$$

式中：μ_b 为动叶流量系数，这里取 $\mu_b = 0.964$；G_b 为动叶进口流量，未考虑叶顶漏气量，即取 $G_b = G_n$。

4．动叶高度 l_b

这里简要介绍盖度的概念。在涡轮机级的设计中，动叶进口的高度总是大于喷嘴出口的高度，这两者之间的高度差称为盖度。叶顶和叶根部分的差值分别称为叶顶盖度 $\varDelta_t$ 和叶根盖度 $\varDelta_r$。这里取 $\varDelta_t = 2$，$\varDelta_r = 1$，则有

$$l_b = l_n + \varDelta_t + \varDelta_r = 78 + 2 + 1 = 81\ \text{(mm)}$$

5．动叶汽流出口角 β_2

动叶汽流出口角 β_2 为

$$\sin\beta_2=\frac{A_b}{\pi d_b l_b}=\frac{699.1\times10^2}{891\times81\pi}=0.3083$$

由此得 $\beta_2=17°56'$。

6．做出动叶出口速度三角形

由 w_2、β_2、u 做出动叶出口速度三角形，如图 2-57 所示。由图求得

$$\begin{aligned}c_2&=\sqrt{w_2^2+u^2-2uw_2\cos\beta_2}\\&=\sqrt{153.8^2+139.9^2-2\times153.8\times139.9\times\cos17°56'}\\&=47.8(\text{m/s})\end{aligned}$$

$$\alpha_2=\arcsin\frac{w_2\sin\beta_2}{c_2}=\arcsin\frac{153.8\times0.3083}{47.8}=82°44'$$

7．动叶损失 Δh_b

动叶损失 Δh_b 为

$$\begin{aligned}\Delta h_b&=(1-\psi^2)h_b^*=(1-\psi^2)\frac{w_{2t}^2}{2}\\&=(1-0.942^2)\frac{163.3^2\times10^{-3}}{2}=1.502(\text{kJ/kg})\end{aligned}$$

8．余速损失 Δh_{c_2}

余速损失 Δh_{c_2} 为

$$\Delta h_{c_2}=\frac{c_2^2}{2}=\frac{47.8^2}{2}\times10^{-3}=1.142\ (\text{kJ/kg})$$

三、轮周效率的计算

1．轮周有效焓降 h_u

轮周有效焓降 h_u 为

$$\begin{aligned}h_u&=h_t^*-\Delta h_n-\Delta h_b-\Delta h_{c_2}\\&=38.378-1.826-1.502-1.142=33.908(\text{kJ/kg})\end{aligned}$$

2．级的理想能量 E_0

级的理想能量 E_0 为

$$E_0=h_t^*-\mu_1\Delta h_{c_2}=38.378-1.142=37.236\ (\text{kJ/kg})$$

3．轮周效率 η_u

轮周效率 η_u 为

$$\eta_u=\frac{h_u}{E_0}=\frac{33.908}{37.236}=0.911$$

4．校核轮周效率

校核轮周效率为

$$
\begin{aligned}
W_u &= u(c_1\cos\alpha_1 + c_2\cos\alpha_2) \\
&= 139.9\times(241.1\times\cos 12^\circ + 47.8\times\cos 82^\circ 44')\times 10^{-3} \\
&= 33.839\ (\text{kJ/kg})
\end{aligned}
$$

$$
\eta_u' = \frac{W_u}{E_0} = \frac{33.839}{37.236} = 0.909
$$

两种方法计算的效率基本一致，所以可以认为以上的结果是正确的。

四、级内损失的计算

1．叶高损失 Δh_l

叶高损失 Δh_l 为

$$
\Delta h_l = \frac{a}{l_n}h_u = \frac{1.6}{78}\times 33.908 = 0.696\ (\text{kJ/kg})
$$

式中：取系数 $a=1.6$，则已包括扇形损失。

2．叶轮摩擦损失 Δh_f

叶轮摩擦损失 Δh_f 为

$$
N_f = 1.07\left(\frac{u}{100}\right)^3 \frac{d_m^2}{\upsilon} = 1.07\times\left(\frac{139.9}{100}\right)^3\times\frac{(891\times 10^{-3})^2}{0.0666} = 34.845\ (\text{kW})
$$

其中

$$
\upsilon = \frac{v_1+v_2}{2} = \frac{0.0663+0.0669}{2} = 0.0666\ (\text{m}^3/\text{kg})
$$

则

$$
\Delta h_f = \frac{N_f}{G} = \frac{34.845}{165.833} = 0.210\ (\text{kJ/kg})
$$

3．漏气损失 Δh_δ

漏气损失 Δh_δ 为

$$
\Delta h_p = \frac{\Delta G_p}{G}h_i' = \frac{0.844}{165.833}\times 33.002 = 0.168\ (\text{kJ/kg})
$$

$$
\Delta h_t = \frac{\Delta G_t}{G}h_i' = \frac{2.861}{165.833}\times 33.002 = 0.569\ (\text{kJ/kg})
$$

式中：ΔG_p、ΔG_t 根据上一节内容选取相关系数计算得出，即

$$
\Delta h_\delta = \Delta h_p + \Delta h_t = 0.168+0.569 = 0.737\ (\text{kJ/kg})
$$

4．级内各项损失之和 $\sum\Delta h$

级内各项损失之和 $\sum\Delta h$ 为

$$
\sum\Delta h = \Delta h_l + \Delta h_f + \Delta h_\delta = 0.696+0.210+0.737 = 1.643\ (\text{kJ/kg})
$$

五、级效率与内功率的计算

1. 级的有效焓降 h_i

级的有效焓降 h_i 为

$$h_i = h_u - \sum \Delta h = 33.908 - 1.643 = 32.265 \text{（kJ/kg）}$$

2. 级效率 η_i

级效率 η_i 为

$$\eta_i = \frac{h_i}{E_0} = \frac{32.265}{37.236} = 0.866$$

3. 级的内功率 N_i

级的内功率 N_i 为

$$N_i = Gh_i = 165.833 \times 32.265 = 5350.6 \text{（kJ/kg）}$$

4. 做出级的热力过程线

做出级的热力过程线如图 2-58 所示。

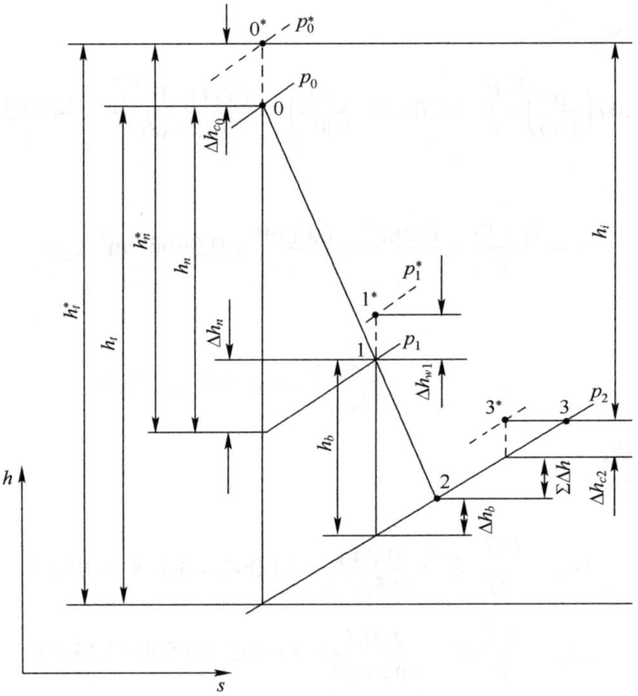

图 2-58　级的热力过程线

习　　题

1. 涡轮机的级是如何定义的？其在结构上是由什么组成的？
2. 工质在级中的工作过程，由热能转换成机械功要经过哪两个基本过程？

3．何谓级的反动度和平均反动度？请思考在何种情况下可以用平均反动度来表示级的反动度以进行分析和计算。

4．气体在喷嘴的斜切部分膨胀时，为什么会产生气流偏转？

5．何谓极限压力和极限压比？

6．试分析余速利用系数 $\mu_1 = 1$、$\mu_1 = 0$ 两种情况下轮周效率的表达式有何不同？

7．何谓速比？纯冲动级、反动级、复速级的最佳速比表达式各为什么？

8．在相同直径、转速、出气角 α_1 的条件下，纯冲动级、反动级、复速级的焓降之比等于多少？

9．影响轮周效率的因素主要有哪些？

10．涡轮机的内损失都有哪些？请简述各种内损失的机理。

11．已知：喷嘴前的蒸汽压力 $p_0 = 6.01\text{MPa}$，温度 $t_0 = 492℃$，初速度 $c_0 = 50\text{m/s}$，喷嘴后的压力 $p_1 = 5.20\text{MPa}$，喷嘴速度系数 $\varphi = 0.97$，求喷嘴出口的气流速度。

12．已知：喷嘴前的蒸汽压力 $p_0 = 8.4\text{MPa}$，温度 $t_0 = 490℃$，初速度 $c_0 = 50\text{m/s}$，喷嘴后的压力 $p_1 = 5.8\text{MPa}$，喷嘴速度系数 $\varphi = 0.97$。试求：

（1）喷嘴前蒸汽滞止焓、滞止压力；

（2）喷嘴出口气流速度；

（3）当喷嘴后蒸汽压力由 $p_1 = 5.8\text{MPa}$ 降到临界压力时的临界速度。

13．已知：喷嘴前的蒸汽压力 $p_0 = 6.0\text{MPa}$，温度 $t_0 = 450℃$，初速度 $c_0 = 100\text{m/s}$，设 $\varphi = 0.97$，喷嘴后的压力 $p_1 = 3.0\text{MPa}$，试确定：

（1）喷嘴应采用何种形式；

（2）喷嘴损失 Δh_n。

14．已知：涡轮机的某级滞止理想焓降 $h_t^* = 78.5\text{kJ/kg}$，且知 $\pi_n > \pi_{cr}$，级的反动度 $\Omega_m = 0.2$，喷嘴速度系数 $\varphi = 0.95$。求：

（1）选择喷嘴形式；

（2）喷嘴出口实际速度；

（3）喷嘴损失。

15．已知进入喷嘴的蒸汽压力 $p_0 = 0.09\text{MPa}$，蒸汽干度 $x_0 = 0.95$，初速度 $c_0 = 0$；喷嘴后的蒸汽压力 $p_1 = 0.07\text{MPa}$，流量系数 $\mu_n = 1.02$，喷嘴出口截面积 $A_n = 0.0012\text{m}^2$。试求通过喷嘴的蒸汽流量和彭台门系数。

16．已知：纯冲动级 $c_{1t} = 458\text{m/s}$，$v_1 = 0.47$，$\varphi = 0.97$，$\psi = 0.90$，$\alpha_1 = 18°$，计算并绘出动叶进出口速度三角形。

17．带反动度的冲动级 $u = 160.6\text{m/s}$，$v_1 = 0.54$，$\Omega_m = 0.13$，$\varphi = 0.97$，$\psi = 0.938$，$\beta_2 = \beta_1 - 6.7°$，$\alpha_1 = 11.67°$，计算并给出动叶进出口速度三角形。

18．已知某级的速度三角形如图 2-59 所示。流经该级的蒸汽流量 $G = 20\text{kg/s}$，喷嘴速度系数 $\varphi = 0.97$，动叶速度系数 $\psi = 0.93$，级前具有初速动能，排气速度的动能全被下级利用，级内其他各项损失 $\Sigma\Delta h = 3.85\text{kJ/kg}$。试问：

（1）该级的内效率和内功率；

（2）该级的反动度；

（3）如该级的初参数 p_0、t_0、p_2 为已知，画出级的热力过程线。

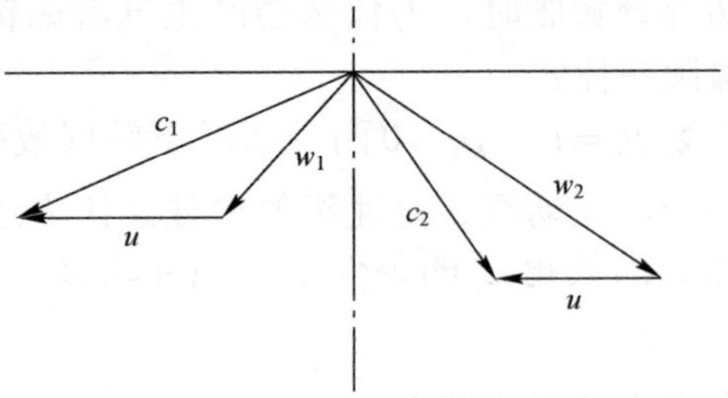

图 2-59　某级的速度三角形

图中：$w_2 = 236\text{m/s}$，$c_1 = 408.7\text{m/s}$；$w_1 = 218.6\text{m/s}$，$c_2 = 89.8\text{m/s}$

19．已知某级前的蒸汽压力 $p_0 = 2.0\text{MPa}$，温度 $t_0 = 350$ ℃，初速度 $c_0 = 70\text{m/s}$；级后蒸汽压力 $p_2 = 1.5\text{MPa}$。喷嘴出气角 $\alpha_1 = 18°$，反动度 $\Omega_m = 0.2$，动叶进出气角 $\beta_2 = \beta_1 - 6.0°$，级的平均直径 $d_m = 1.08\text{m}$，转速 $n = 3000\text{r/min}$，喷嘴速度系数 $\varphi = 0.95$，动叶速度系数 $\psi = 0.93$。试求：

（1）动叶出口相对速度和绝对速度；

（2）喷嘴、动叶中的能量损失，余速动能；

（3）给出动叶进出口速度三角形。

第三章 多级轴流涡轮机

在第二章中我们讨论了轴流涡轮单级的工作原理，但是仅由单级构成的涡轮机往往不能满足需要，即不仅要求涡轮机有更大的单机容量，而且要有更高的经济性。为提高涡轮机的经济性，应努力减小涡轮机内的各种损失，同时努力提高工质的初参数、降低终参数，以提高循环热效率；为提高涡轮机的单机功率，除增大涡轮机的进气量外，还应增大气流在涡轮机内的焓降。可以看出，这两方面的共同要求是增大工质在涡轮机内的焓降。

如果仍然制成单级轴流涡轮，那么焓降增大后，喷嘴出口气流速度必将增大。为使级在最佳速比下工作，以获得较高的级效率，圆周速度和级的直径也必须相应增大。但是级的直径和圆周速度的增大是有限度的，它受到叶轮和叶片材料强度的限制，因为级的直径和圆周速度增大后，转动的叶轮和叶片的离心力将增大，因此，为保证涡轮机的高效率和增大涡轮机的单机功率，必须把涡轮机设计成多级轴流涡轮，使很大的工质焓降由多级涡轮机的各级分别利用，即逐级有效利用，使各级均可在最佳速比附近工作。

本章主要讲述由单级组成多级涡轮机后的一些问题，如重热现象、焓降的分配、机组内损失以及机组轴向推力等。

第一节 多级涡轮机的特点

多级轴流涡轮机的典型结构如图 3-1 和图 3-2 所示。前者为多级蒸汽轮机纵剖面图，其主轴上装有多级叶轮，在汽缸上装有多级隔板，每级隔板上安装的喷嘴栅与其后的叶轮上安装的动叶栅组成多级涡轮机中的一个个单级。蒸汽首先进入蒸汽室，然后依次通过各级的喷嘴栅和动叶栅，最后直至从排气室 12 排出。后者为多级燃气轮机的纵剖面图，其中有燃气导管、级组和排气扩压器等。

一、多级涡轮机的优点和存在的问题

多级涡轮机在大型船舶动力系统中得到了广泛的应用。采用多级涡轮机有下列优点。

（1）在全机总焓降一定时，每个级的焓降较小，每级都可在材料强度允许的条件下，设计在最佳速比附近工作，使级效率较高。

（2）除级后有抽气口或进气度改变较大等特殊情况，多级涡轮机各级的余速动能可以全部或部分地被下一级所利用，提高了级的效率。

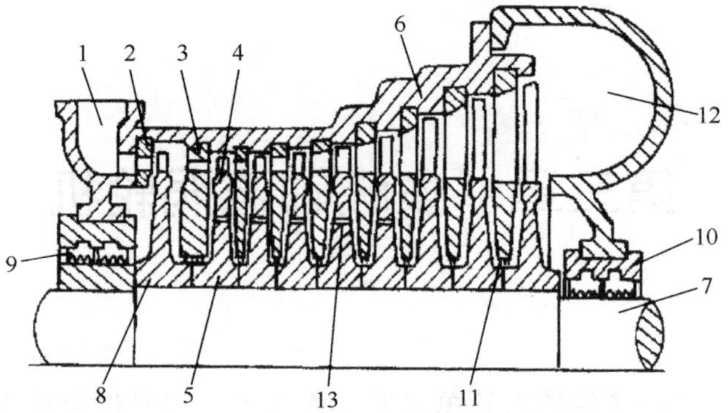

图 3-1　多级蒸汽涡轮纵剖面

1—蒸汽室；2—喷嘴；3—隔板；4—动叶；5—叶轮；6—汽缸；7—主轴；

8—调节级；9—前轴封；10—后轴封；11—隔板汽封；12—排气室；13—平衡孔。

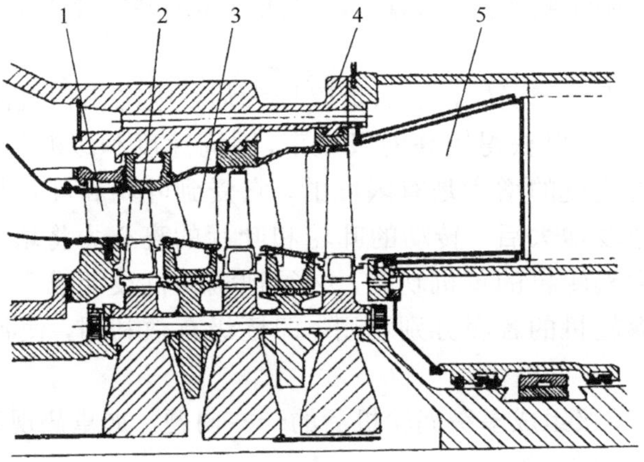

图 3-2　多级燃气涡轮纵剖面图

1—导叶；2—动叶；3—静叶；4—机匣；5—排气扩压器。

（3）多级涡轮机的大多数级可在亚临界条件下工作，使喷嘴和动叶在工况变动条件下仍保持一定的效率。同时，由于各级的焓降较小，速比一定时级的圆周速度和平均直径也较小，根据连续性方程可知，在容积流量相同的条件下，可使喷嘴和动叶的出口高度增大，减小叶高损失或使部分进气度增大，减小部分进气损失，这都有利于级效率的提高。

（4）与单级涡轮机相比，多级涡轮机的总焓降增大很多，相应的进气参数大大提高，排气压力也显著降低。同时，由于是多级，有时还可采用回热循环和中间再热循环，使循环热效率大大提高。

（5）由于重热现象的存在，多级轴流涡轮机前面级的损失可以部分地被后面各级利用，使全机效率提高。

同时，由于其自身的结构特点也导致了多级涡轮机存在以下的一些问题。

（1）增加了一些附加损失，如隔板漏气损失。虽然在多级涡轮机内隔板和转子之间的间隙安装了隔板轴封，但仍存在做功介质泄漏，增加了损失。

（2）由于级数多，相应地增加了机组的长度和质量。

（3）工质参数提高，对零部件的金属材料要求提高了。

（4）级数增加，零部件增多，使涡轮机结构更为复杂，全机制造成本相应提高。但从单位功率的制造成本来看，多级涡轮机远低于单级涡轮机。

二、重热现象和重热系数

在多级涡轮机中，气体的热力学状态是沿着各级逐步变化的，其中任何一级的进气状态，都是前一级的排气状态，而这一级的排气状态，又是下一级的进气状态。

根据前面讨论可知，涡轮机级中存在各种损失，气体在级中不能做等熵膨胀，从而级的熵增加了。而在同一个排气压力下，熵的增加就意味着排气的焓和温度都增大了。

在 $h-s$ 图上，两条等压线之间的距离，是随着熵的增加而扩张的，如图 3-3 所示。这是因为在一定的初压下，熵的增加意味着初温的升高，如果气流膨胀时膨胀比不变，那么，等熵焓降将随着初温的升高而增加（这个等熵焓降与前述可用焓降 h_t^* 的不同只在于未利用进口之动能），所以等压线就形成向右扩张的形状。

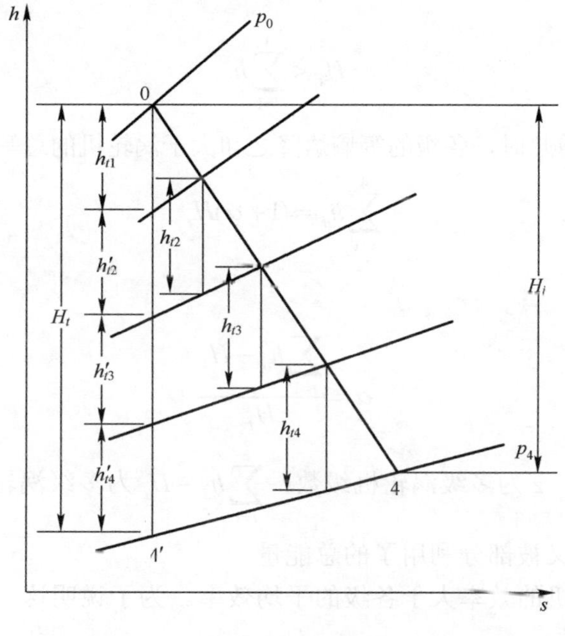

图 3-3　多级涡轮机热力过程线

我们知道，一级的等熵焓降（用 h_t 表示）与级前初温 t_0 和级中膨胀比的倒数 p_2/p_0 有关，并可用下式表示：

$$h_t = c_p(T_0 - T_{2t}) = c_p T_0 \left[1-\left(\frac{p_2}{p_0}\right)^{\frac{k-1}{k}}\right] \tag{3-1}$$

如果一级的膨胀比倒数 p_2/p_0 保持不变，初温越高，则级中的等熵焓降 h_t 就越大。

既然前一级的损失，造成了后一级初温的升高，以致后一级的等熵焓降有所增大，那么，我们也可以这样说，前一级的损失所形成的焓，又部分地在后一级被利用了，所以后一级的等熵焓降大了。在涡轮机中，这种损失的能量又部分被利用的现象，称为重热现象。

图 3-3 是一台四级涡轮机的热力过程线。由于各级均有损失的缘故，使气流的熵增加，实际过程线 04 向右偏移了。又由于等压线向右扩张的缘故，所以出现了下列情况：

$$h'_{t2} < h_{t2}$$
$$h'_{t3} < h_{t3}$$
$$h'_{t4} < h_{t4}$$

这就使得

$$h_{t1} + h'_{t2} + h'_{t3} + h'_{t4} < h_{t1} + h_{t2} + h_{t3} + h_{t4}$$

如果多级涡轮机的总等熵焓降（指各级进行的都为等熵过程）以 H_t 表示：

$$H_t = h_{t1} + h'_{t2} + h'_{t3} + h'_{t4}$$

则必定有：

$$H_t < \sum_{i=1}^{4} h_{ti} \tag{3-2}$$

上式说明，在有重热时，各级的等熵焓降之和大于涡轮机的总等熵焓降，且可表示为

$$\sum_{i=1}^{4} h_{ti} = (1+\alpha)H_t \tag{3-3}$$

或改写成

$$\alpha = \frac{\sum_{i=1}^{z} h_{ti} - H_t}{H_t} \tag{3-4}$$

式中：α 为重热系数；z 为多级涡轮机级数；$\sum_{i=1}^{z} h_{ti} - H_t$ 为多级涡轮机的重热量，它代表涡轮机各级中的损失又被部分利用了的总能量。

由于重热，涡轮机的效率大于各级的平均效率。为了说明这一点，假设各级的级效率都等于 η_s，则

$$h_{i1} = \eta_s h_{t1}$$
$$h_{i2} = \eta_s h_{t2}$$
$$\vdots$$
$$h_{iz} = \eta_s h_{tz}$$

式中：下标 1、2…代表级号，即

$$H_i = h_{i1} + h_{i1} + \cdots + h_{iz} = \eta_s (h_{t1} + h_{t2} + \cdots + h_{tz})$$

也就是

$$H_i = \eta_s(1+\alpha)H_t \tag{3-5}$$

多级涡轮机的效率 η_T 定义为

$$\eta_T = \frac{H_i}{H_t} = \frac{(1+\alpha)\eta_s H_t}{H_t} \tag{3-6}$$

所以

$$\eta_T = (1+\alpha)\eta_s \tag{3-7}$$

因为 α 为大于零的数，所以

$$\eta_T > \eta_s \tag{3-8}$$

多级涡轮机重热系数 α 的大小与下列因素有关。

（1）涡轮机的级数。级数越多，则前面的损失被后面利用的程度较大。因此，重热系数 α 也较大。

（2）涡轮机各级的级效率。级效率越低，损失越大，重热系数 α 也越大。

（3）各级的初参数。当初温越高，初压越低时，初态的熵值较大，则膨胀过程接近等压线间扩张较大的部分，α 值较大。此外，由于在过热蒸汽区等压线扩张程度较大，而在湿蒸汽区程度较小，因此在过热区其值较大，在湿蒸汽区其值较小。

从式（3-7）可以看出，由于重热现象的存在，全机的相对内效率高于各级平均的相对内效率。这里需特别指出，这一结论只表明当各级有损失时，全机的效率要比各级平均的效率高一些，而不是说有损失时全机的效率比没有损失时全机的效率高。更不应从式（3-7）简单地得出 α 越大、全机效率越高的结论，这是因为 α 的提高是在各级存在损失，各级效率降低的前提下实现的，重热现象的存在仅仅是使多级涡轮机能回收其损失的一部分而已。

三、余速的利用

图 3-4 做出了利用余速的多级汽轮机热过程，除第一级外，各级的热过程与图所示的中间级热过程相同。图 3-4 还用虚线表示不利用余速时的情况。显然，利用余速的多级汽轮机内焓降 H'_{it} 大于不利用余速的内焓降 H_{it}，所以 $\eta'_{it} > \eta_{it}$，这是多级汽轮机内效率较高的又一原因。

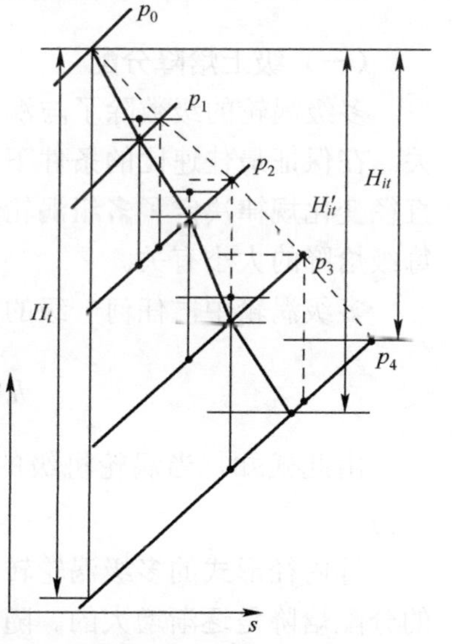

图 3-4　利用余速的多级透平热过程

多级汽轮机利用上级余速是有条件的。

（1）相邻两级的进气度相同，而且进气弧段的位置互相对应。

（2）相邻两级的平均直径相等，或变化较平滑。

（3）下级喷嘴（或静叶）的进气角 α_0 与上级余速的出气角 α_2 相符。

（4）两级之间的轴向间隙较小。

（5）轴向间隙处无抽气或进气。

上述条件充分满足时，余速可以充分利用，余速利用系数 $\mu=1$ 或接近为1，否则，μ 值较小，甚至余速不能被利用，$\mu=0$。

四、子午剖面通流部分的形式

子午面通道形状对涡轮机性能的影响是多方面的。首先，从空气动力学的角度来看，它对气流的斜率和曲率以及级中空间气流的组织有一定影响。由于气流的黏性，当子午面通道径向扩张很大时，会发生附面层的分离。其次，通道形状的变化导致圆周速度 u、级负荷和级数的变化。最后，从结构、工艺和运行的角度看，既可以采用曲线型的内、外壁面，也可以采用直线型通道中等内径、等中径或等外径形状，这样叶片、轮盘、汽缸的加工工作量以及允许的轴向位移量（考虑热膨胀）也是各不相同的。

涡轮机子午面通道的形状不外是等内径、等外径和等中径 3 种，如图 3-5 所示。

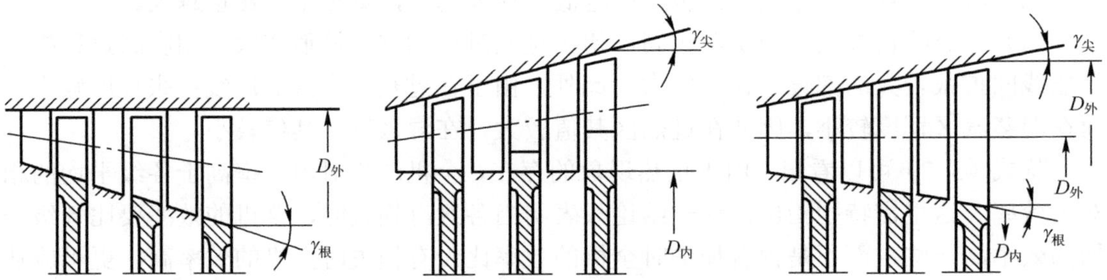

图 3-5　多级涡轮机子午剖面通流部分形式

五、焓降分配与级数选取

（一）级上焓降分配

多级涡轮的级数除了与涡轮前后的工质参数有关外，还与每一级利用的焓降大小有关。在保证最佳速比的条件下，每级的焓降依赖于级的平均直径和转速，而每级的平均直径变化规律决定了多级涡轮通流部分的形状。因此，多级涡轮通流部分的变化规律与每级焓降的大小有关。

多级涡轮中，任何一级的焓降都可表示为

$$h_t(i)=\frac{c_a^2}{2}=\frac{1}{2}\left(\frac{u}{v_a}\right)^2=\frac{(\pi n)^2}{7200}\left(\frac{d}{v_a}\right)^2 \tag{3-9}$$

由此式知，当涡轮机级的转速 n 和速比 v_a 不变时，级的焓降正比于其平均直径的平方。

等内径形式的多级涡轮转子的外圆直径不变，而各级平均直径和叶高逐渐增大，级的分配焓降是逐渐增大的。随着容积流量的增大，叶端直径迅速增大，使通流部分外圆的锥角过大，可能出现端部气流脱壁。从制造工艺来说，其转子的制造工艺较简单，给汽缸的加工带来一些困难。通常用于气体容积流量变化不太大之处，如燃气涡轮和蒸汽涡轮的高压部分。

等外径形式的多级涡轮，汽缸的直径不变，而平均直径与叶轮外圆直径均逐级减小，级的分配焓降是逐渐减小的。汽缸制造较简单，转子工艺则比较复杂。涡轮的径向尺寸较小，适用于对此要求较严的航空燃气涡轮。随着气体容积流量的增大，由于末级平均直径最小，其末级叶高将大增，该级（至末几级）叶片扭转程度很大，增加了制造的难度，叶片强度和级效率也受到限制。容积流量较大时难以实现。

等平均直径形式的多级涡轮，各级分配的焓降基本相等。其优缺点介乎以上两种形式之间。从制造工艺来说，汽缸和转子的直径均逐级改变，增加了工艺的复杂性。其通流部分上、下端面均逐级向外扩张，锥角不致过大，而且涡轮的径向尺寸也不致增加过大。末级叶片的径高比和扭曲程度也介乎以上两者之间。此种形式适用于容积流量较大的情况。

（二）级数的确定

在给定的初、终参数下，确定多级涡轮的级数，主要是确定各级的焓降分配。级上焓降的分配与多级涡轮的结构形式、气体的特性、材料强度和对涡轮效率的要求等一系列因素有关。总体来说，是在材料强度允许的条件下，根据工作气体的特性和选定的多级涡轮结构形式，分配各级焓降，以求得较高的预定效率。这是一个综合性很强的问题，本节针对一些特例介绍所用的方法。

在已知初、终参数下，多级涡轮的绝热焓降 H_t 为已知，考虑重热的利用，各级分配焓降之和为

$$\sum_{i=1}^{z} h_{ti} = (1+\alpha)H_t \tag{3-10}$$

采用等平均直径的多级涡轮形式各级轮周速度相等。为保证级效率，选定各级的速比为最佳值，各级的假想速比 u/c_a 也相同。于是，得到对应于假想速度 c_a 的各级绝热焓降 $h_t = \dfrac{c_a^2}{2}$ 也相等。式（3-10）变为

$$zh_t = (1+\alpha)H_t$$

则级数 z 为

$$z = \frac{(1+\alpha)H_t}{h_t} \tag{3-11}$$

采用各级平均直径不同的其他多级涡轮形式，因为当涡轮机级的转速 n 和速比 v_a 不变时，级的焓降正比于其平均直径的平方。所以实际计算时，只要求出第一级的焓降 h_{t1} 和末级焓降 h_{tz}，按几何级数求平均值的方法，即可近似地求得多级涡轮机级上焓降的平均值：

$$h_{tm} = \sqrt{h_{t1}h_{tz}} \tag{3-12}$$

以此代入式（3-11），即可得出级数 z。

六、多级涡轮机各级段的工作特点

不同的涡轮机具有不同的结构布置，陆上大型涡轮机一般分为高压缸、中压缸和低

压缸。船用主蒸汽轮机，一般有高压缸和低压缸，高压缸内分为调节级、中间各级和末级。一般情况下，涡轮机沿着工质的流程，总可以将多级涡轮机分为高压段、中压段和低压段 3 个部分，由于所处的条件不同，各级段的工作特点也不一样。下面对于不同级段工作特点的一般性规律作概述性说明。

1. 高压段

在多级涡轮机的高压段，工质的压力、温度很高，密度较大，因此，通过该级段的工质容积流量较小，所需的通流面积也较小。由连续性方程可知，为减小叶高损失，提高喷嘴效率，在高压段应保证喷嘴有足够的出口高度，因此，喷嘴出口气流方向角 α_1 较小。

在冲动式涡轮机的高压段，级的反动度一般不大。当动、静叶根部间隙既不吸气也不漏气时，根部反动度较小。这样，虽然沿叶片高度从根部到顶部的反动度不断增大，但由于高压段各级的叶片高度总是较小的，因此，平均直径处的反动度仍较小。

在高压段的各级中，各级的焓降不大，焓降的变化也不大。根据连续性方程可知，由于通过高压各级的容积流量较小，为增大叶片高度，减小叶高损失，叶轮的平均直径就较小，相应的圆周速度也较小。同时，为保证各级在最佳速度比附近工作，以提高效率，喷嘴出口气流速度也必然较小，则各级焓降不大。由于高压各级的密度变化较小，因而，各级的平均直径变化也不大，所以各级焓降的变化也不大。

在高压段各级中，可能存在的级内损失有喷嘴损失、动叶损失、余速损失、叶高损失、扇形损失、漏气损失、叶轮摩擦损失、部分进气损失等。由于高压级段工质的密度较大，而漏气间隙又不可能按比例减小，故漏气量相对较大，漏气损失较大。对于部分进气的级，由于不进气的动叶弧段成为漏气的通道，使漏气损失更大。同样，由于高压级段工质的密度较大，故叶轮摩擦损失也相对较大。此外，因为高压级段叶片高度相对较小，所以叶高损失也较大。综上所述，高压段各级的效率相对较低。

2. 低压段

低压级段的特点是工质的容积流量很大，这要求低压各级具有很大的通流面积，因而，叶片高度势必很大。为避免叶高过大，有时不得不将增加低压各级的喷嘴出口气流方向角 α_1。

级的反动度在低压段也明显增大，其原因如下：一是因为低压级叶片高度很大，为保证叶片根部不出现负反动度，则平均直径处的反动度就必然取得较大；二是因为低压级的焓降较大，为避免喷嘴出口气流速度超过临界速度太多，尽可能利用渐缩喷嘴斜切部分的膨胀，要求工质在喷嘴中的焓降不能太大，而增大级的反动度又可保证动叶内有足够大的焓降。

由于低压级段的容积流量很大，因此叶轮直径较大，级的圆周速度也比较大。为了保证较高的级效率，各级均应在最佳速度比附近工作，则理想焓降将明显增大。

在蒸汽轮机中，由于蒸汽容积流量很大，而通流面积受到一定限制，因此低压级的余速损失较大；低压级一般都处于湿蒸汽区，故存在湿汽损失，而且越往后该项损失越大；又由于低压级的叶片高度很大，故漏气间隙所占比例很小，同时低压级段的蒸汽密度很小，因此漏气损失很小；也因为低压级的蒸汽密度很小，所以叶轮摩擦损失很小；由于低压级都是全周进气，所以没有部分进气损失。总之，对于低压级，由于湿汽损失很大，使效率降低，特别是最后几级，效率降低更多。

3．中压段

中压级段处于高压级段和低压级段之间，其特点是工质密度既不像高压级段那样很大，也不像低压级段那样很小。因此，中压级有足够的叶片高度，叶高损失较小；一般为全周进气，没有部分进气损失。此外，中压级漏气损失较小，叶轮摩擦损失也较小，也没有湿汽损失。所以，中压各级的级内损失较小，效率比高压级和低压级都高。

为了保证涡轮机通流部分的通畅，各级喷嘴和动叶的高度沿工质流动方向是逐渐增大的，所以中压各级的反动度一般介于高压级和低压级之间，且逐渐增大。

七、多级涡轮机的特性数

影响涡轮机级效率的主要因素是速比，又称为级的特性数。多级涡轮机也有一个与之对应的特性数，可推导如下。

对于纯冲动级，有 $v_1=\dfrac{u}{c_1}$，可以写出

$$\frac{u^2}{2\varphi^2 v_1^2}=\frac{c_{1t}^2}{2}=h_t \tag{3-13}$$

整理后得

$$h_t v_1^2 \varphi^2=\frac{u^2}{2} \tag{3-14}$$

若各级速比 v_1 相同（或取其平均值），速度系数 φ 也相同，上式两边对所有的级叠加起来，得

$$\varphi^2 v_1^2 \sum_{i=1}^{z} h_{ti}=\sum_{i=1}^{z}\frac{u_i^2}{2} \tag{3-15}$$

以 $\sum\limits_{i=1}^{z} h_{ti}=(1+\alpha)H_t$ 代入，得

$$2\varphi^2 v_1^2=\frac{\sum\limits_{i=1}^{z} u_i^2}{(1+\alpha)H_t} \tag{3-16}$$

此式右边称为多级涡轮的特性数，或称巴逊数，用 X 表示为

$$X=\frac{\sum\limits_{i=1}^{z} u_i^2}{(1+\alpha)H_t} \tag{3-17}$$

很显然，它与各级的平均速比有关，而级的速比与级效率有关，故多级涡轮的特性数与涡轮效率有关。在统计的基础上做出船用涡轮机组有效效率与特性数的关系曲线，

如图 3-6 所示。图中的圆点为已知机组的值，回归得到效率曲线，可以用来估计机组的效率。

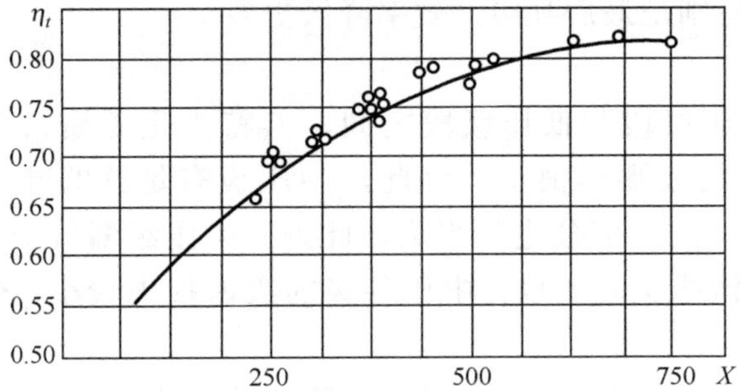

图 3-6　某船舶汽轮机的效率曲线

第二节　多级涡轮的内、外损失和有效效率

一、概述

船用蒸汽或燃气涡轮由不同级组组成的多级涡轮的一个或多个缸，以进、排气管及连通管相连构成。工质依次在各级中实现能量转换，发出功率，经涡轮轴、齿轮减速器，有时还由离合器、轴系传至推进器轴，以驱动船舶运动。涡轮与齿轮传动装置合称涡轮机组。

图 3-7 是一个双缸蒸汽涡轮装置的示意图，蒸汽由调节阀前的进气管导入，克服各种阻力，并在各级组的通流部分实现能量转换，最后经排气管排入主冷凝器。图 3-8 表示在 $h-s$ 图上的热过程。

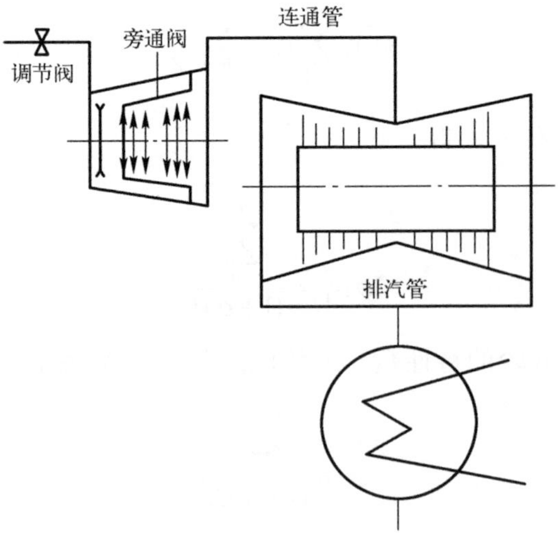

图 3-7　双缸蒸汽涡轮机示意图

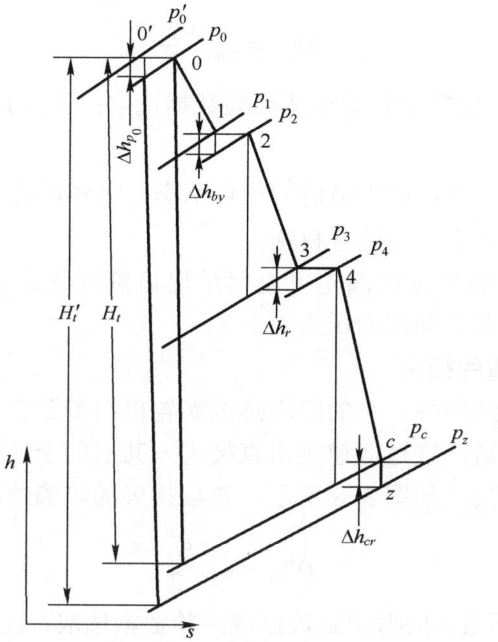

图 3-8　双缸蒸汽涡轮机热过程

理想情况下，由调节阀前的初状态点 $0'(p_0', t_0')$ 到末级终压 p_z 的焓降 H_t'，全部转化为功输出，得理想功率：

$$N_{eo} = GH_t' \tag{3-18}$$

考虑到气体流动过程中为克服种种阻力而产生的能量损失，即内损失，在涡轮中实际转化为有用功的是内焓降 H_{it}，相应得到涡轮轴上输出的内功率为

$$N_{it} = GH_{it} \tag{3-19}$$

内损失包括通流部分的各项损失和通流部分以外的损失，称为机组内损失，它们都转化为热量，使气体的焓值增加，在 $h-s$ 图（图 3-8）中可以表示出来。

从涡轮轴端输出的内功率，还必须消耗一部分用来克服传动部分的摩擦阻力和其他损失，总称为外损失。最后得到传至推进器轴的有效功率 N_{et}，或称实功率。

本节在已研究过的涡轮机级内损失和内效率的基础上讨论机组内损失、外损失和有效效率。

二、涡轮机组的内损失

如图 3-7 所示的蒸汽涡轮机组，除去通流部分损失以外，还有下列几项内损失。

1．配气阀与进气道的损失

取定调节阀前的气体压力 p_0' 和第一级喷嘴前的压力 p_0，阀门与进气道中的流动过程看作等焓节流过程，由图 3-8 可得损失的等熵焓降 Δh_{p_0}。通常进气机构的压降 Δp_0 取为 $(0.03 \sim 0.05)p_0$。

也可由流动损失计算的一般公式求得损失的等熵焓降：

$$\Delta h_{p_0} = \zeta_{mv} \frac{c_{mv}^2}{2} \tag{3-20}$$

式中：ζ_{mv} 为损失系数，依据实验数据或经验数据选取；c_{mv} 为进气道内气体流速，单位为m/s。

同样做等焓节流过程线，得喷嘴前的气体状态。气体流速 c_{mv} 取得过大则损失太大，取得过小又使导管尺寸太大，应综合权衡。

初步设计时，对于船用蒸汽涡轮可由锅炉出口蒸汽状态点，取压降为锅炉压力的15%～20%，得到第一级喷嘴前的压力。

2．旁通阀与旁通道的损失

为了提高低速时的经济性，有的船用蒸汽涡轮机组配置有低速级组，全工况时调节级排气经旁通阀与旁通道，绕过低速级组直接进入其后的全速级组工作，在旁通阀与旁通道中同样产生节流损失，如图3-8所示。该项损失的等熵焓降按下式计算：

$$\Delta h_{by} = \zeta_{by} \frac{c_{by}^2}{2} \tag{3-21}$$

式中：ζ_{by} 为旁通损失系数，依据实验数据或经验数据选取；c_{by} 为旁通管路内气体流速，单位为m/s。

同样做等焓过程，得全速级组的蒸汽初状态。

旁通损失 Δh_{by} 的值与机组效率及通道尺寸两者有关，取值时应当兼顾。同时，考虑到被旁通的低速级叶片不致因鼓风与摩擦积累的热量而过热，必须保持低速级组前后有足够的压差，以流过足够的蒸汽量来冷却它，旁通损失又不能取太小的值，否则将使汽轮机尺寸、重量增大。

3．连通管的损失

高、低压缸之间的连通管中气体流动损失的等熵焓降，由下式计算：

$$\Delta h_r = \zeta_r \frac{c_r^2}{2} \tag{3-22}$$

式中：ζ_r 为连通管损失系数，依据实验数据或经验数据选取；c_r 为连通管内气体流速，单位为m/s。

同样在 $h-s$ 图上做等焓节流过程线，得低压缸的气体初状态。由 $h-s$ 图上可得到连通管的压降 $\Delta p_r = p_3 - p_4$（图3-8），一般 $\Delta p_r = (0.02\sim0.03)p_3$；也可取定这个压降，由 $h-s$ 图得到损失的焓降。

4．排气道损失

由低压末级出口到冷凝器喉部或经排气道排出的流动阻力损失，由下式计算：

$$\Delta h_{ex} = \zeta_{ex} \frac{c_{ex}^2}{2} \tag{3-23}$$

式中：ζ_{ex} 为排气道损失系数（当冷凝器置于低压缸下方时，$\zeta_{ex}=1$；当冷凝器置于低压缸侧面时，$\zeta_{ex}=1.5\sim2$）；c_{ex} 为气体流速，单位为m/s。

由 $h-s$ 图同样得到相应的压差（图3-8）：

$$\Delta p_c = p_z - p_c \tag{3-24}$$

也可以取定这个压差，由 $h-s$ 图得到损失的焓降。通常排气道的压差计算如下：

$$\Delta p_c = \lambda \left(\frac{c_{ex}}{100} \right)^2 p_c \tag{3-25}$$

式中：λ 为阻力系数（一般取为 $\lambda = 0.05 \sim 0.1$）。

蒸汽涡轮排气道损失的焓降为总焓降的0.3%～3%，对涡轮效率影响很大。为了减少此项损失，有时将排气道设计成扩压管道，使涡轮末级的余速动能在其中部分地转化为压力，从而使排气道出口的压力高于它入口的压力，即涡轮末级终压 p_z 低于冷凝器喉部压力 p_c，在 p_c 一定的情况下，使涡轮机的等熵焓降增加。这时排气道中的流动过程如图 3-9 所示。

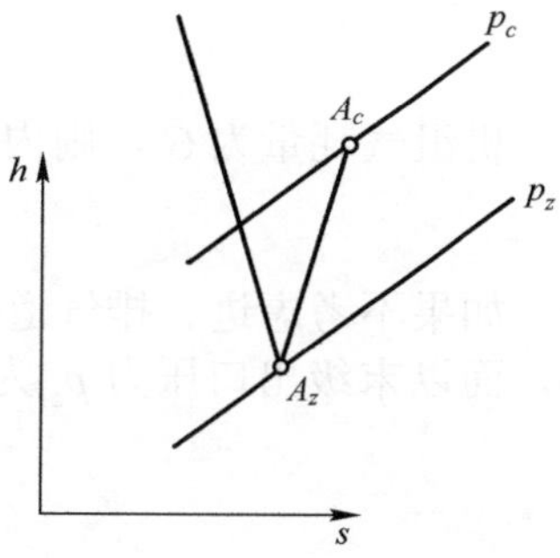

图 3-9 排气道中的扩压过程

由伯努利方程，对 z 及 c 两点写出

$$p_z + \frac{\rho_z c_z^2}{2} = p_c + \frac{\rho_c c_c^2}{2} + \Delta R \tag{3-26}$$

式中：ΔR 为阻力损失的压头。

排气道损失的压头由阻力损失与冷凝器喉部气流所具有的动能两部分构成，用 Δp_c 表示：

$$\Delta p_c = \frac{\rho_c c_c^2}{2} + \Delta R \tag{3-27}$$

于是，式（3-26）化为

$$\frac{\rho_z c_z^2}{2} = p_c - p_z + \Delta p_c \tag{3-28}$$

或

$$\frac{p_c - p_z}{\dfrac{\rho_z c_z^2}{2}} + \frac{\Delta p_c}{\dfrac{\rho_z c_z^2}{2}} = 1 \tag{3-29}$$

该式左边第一项表示排气道中动能的相对值，用压力恢复系数 η_{ex} 表示；第二项为损失压头的相对值，用损失系数 ζ_{ex} 表示，于是有

$$\eta_{ex} + \zeta_{ex} = 1$$

排气道应使 η_{ex} 尽可能高而 ζ_{ex} 尽可能小，这样涡轮背压 p_z 比冷凝器喉部压力 p_c 小得多，可利用的等熵焓降可以增大。影响这两个系数的因素很多，如通道尺寸、形状及其结构等，通常只有通过试验得出最佳的结构形式。当气流马赫数不高（$M_a < 0.3$）时，也基本正确，否则应进行修正。

燃气涡轮的排气管经过烟囱排出，管道较长，还有弯头，排气道损失远大于蒸汽涡轮。损失的计算方法与此相似。

三、涡轮机组的内效率和内功率

在计算了各项机组内损失后，做出机组热过程（图 3-8），求得有效的内焓降 H_{it} 。内焓降与理想等熵焓降 H_t' 之比，称为机组内效率，即

$$\eta_{it}' = \frac{H_{it}}{H_t'} \tag{3-30}$$

机组气耗量为 G ，则内功率为

$$N_{it} = GH_{it} = G\eta_{it}'H_t' \tag{3-31}$$

如果不考虑进、排气道损失，以第一级喷嘴前的状态点（图 3-8 中 0 点）为过程始点，而以末级出口压力 p_z 为终压，则机组等熵焓降为 H_t ，相应的机组内效率为

$$\eta_{it} = \frac{H_{it}}{H_t} \tag{3-32}$$

机组的内功率为

$$N_{it} = G\eta_{it}H_t \tag{3-33}$$

以上两种表示法在实际中都有应用。这里分别用 η_{it}' 和 η_{it} 表示是否考虑进、排气道损失的情况，以示区别。此例是对带低速级的双缸蒸汽涡轮机组而言的，对于不同形式的机组和燃气轮机组，结构有所不同，但计算方法基本类似。

四、涡轮机组的外损失和有效效率

机组内功率由涡轮轴端传至推进器轴，扣除各种外损失才能获得实际的有效功率。机组的外损失有以下几种。

1．端部气封漏气损失

端部气封一般都采用曲径式。图 3-10 是气体流过气封各尖环间隙处的热力过程，在尖环间隙处气体膨胀并加速，可看作等熵膨胀，在其后的空间动能消失，为等压滞止过程，焓值恢复到初始值，这些反复在各列尖环间发生等熵膨胀和等压滞止过程，直到流出最后一个尖环间隙。

把每个尖环间隙出口处的状态点连接起来，得到一根下弯的曲线，称为芬诺线。它表示每个尖环间隙处气体等熵膨胀的焓降是逐渐增大的，这是因为流过各尖环间隙的气体流量是不变的，尖环间隙的面积各列相同，随着压力下降，气体密度减小，必然要求其流速逐列增大，也就是等熵焓降逐列增大。

根据气封前后压差的大小和尖环数多少，可能有两种情况：图 3-10（a）是各列中均未达到临界速度的情况；图 3-10（b）是最后一列间隙处达到临界速度的情况。由于焓降是逐列增大，而声速（临界速度）则是逐渐减小，临界速度只能出现在最后一列。是否达到临界速度可由下式判别：

$$\frac{p_2}{p_1} \leqslant \frac{\pi_{cr}}{\sqrt{\mu_{cr}(z-1)+1}} \tag{3-34}$$

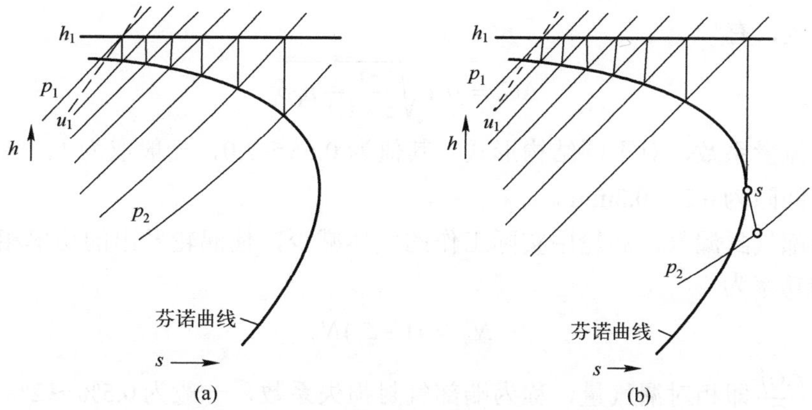

图 3-10　曲径汽封中蒸汽流动的热过程

式中：z 为气封尖环个数。

不满足式（3-34）时，未达到临界速度，否则最后列处达到临界速度。式中：$\pi_{cr}=\left(\frac{2}{k+1}\right)^{\frac{k}{k+1}}$ 为临界压比；$\mu_{cr}=\sqrt{k\left(\frac{2}{k+1}\right)^{\frac{k+1}{k-1}}}$ 为临界流量系数，对不同工质有不同的值，如表 3-1 所列。

表 3-1　临界流量系数与临界压比

参数	工质类别	
	过热蒸汽	空气
k	1.3	1.4
μ_{cr}	0.667	0.685
π_{cr}	0.546	0.528

将表列值代入式（3-34），经整理得过热蒸汽的判别式为

$$\frac{p_2}{p_1}\leqslant\frac{0.82}{\sqrt{z+1.25}} \tag{3-35}$$

空气的判别为

$$\frac{p_2}{p_1}\leqslant\frac{0.77}{\sqrt{z+1.1}} \tag{3-36}$$

针对上述两种情况，可以导出气封漏气量的计算公式。未达到临界速时，有

$$\Delta G_l=\mu A_l\sqrt{\frac{p_1^2-p_2^2}{zp\upsilon}} \tag{3-37}$$

达到临界速时，有

$$\Delta G_l'=\mu_{cr}A_l\sqrt{\frac{p_1^2}{[\mu_{cr}{}^2(z-1)+1]p_1\upsilon_1}} \tag{3-38}$$

以表 3-1 所列数值代入，得漏气量的计算公式，对于过热蒸汽，有

$$\Delta G_l'=\mu A_l\sqrt{\frac{1}{z+1.25}p_1\rho_1} \tag{3-39}$$

对于空气，有

$$\Delta G_l' = \mu A_l \sqrt{\frac{1}{z+1.1} p_1 \rho_1} \tag{3-40}$$

式中：μ 为流量系数，对不同结构形式，其值为0.65～2.0，一般取为1；A_l 为尖环间隙面积，尖环间隙为0.2～0.3mm。

由于端部气封漏气，涡轮中实际工作的气体减少，使涡轮发出的功率相应减少。扣除损失后的功率为

$$N_{it}' = (1-\zeta_l) N_{it} \tag{3-41}$$

式中：$\zeta_l = \frac{\Delta G_l'}{G}$ 即相对漏气量，称为端部气封损失系数，一般为0.5%～2%。

2．带动不工作级的空转损失

为了实现倒航，舰船蒸汽涡轮通常装倒车级，正车工况下它们被带动空转，内旁通型机组的低速级组，全速时也空转。将产生摩擦与鼓风损失，使输出的内功率减少。所损失的功率称为空转损失，用 N_{rb} 表示。扣除此项损失后涡轮实际输出的内功率为 N_{it}''，有

$$N_{it}'' = N_{it}' - N_{rb} = (1-\zeta_{rb}) N_{it}' \tag{3-42}$$

式中：ζ_{rb} 为空转损失系数，$\zeta_{rb} = N_{rb} / N_{it}'$（初步设计时可取为0.5%～1%）。

合并式（3-41）及式（3-42）得

$$N_{it}'' = (1-\zeta_l)(1-\zeta_{rb}) N_{it} \tag{3-43}$$

3．涡轮机械损失与机械效率

克服涡轮支持轴承、推力轴承和测速油泵等的摩擦阻力所损失的功率，称为涡轮机械损失，用 N_m 表示。扣除该项损失后的输出功率与涡轮实际输出的内功率之比，称为涡轮机械效率，即

$$\eta_m = \frac{N_{it}'' - N_m}{N_{it}''} \tag{3-44}$$

4．齿轮减速器机械损失与效率

经齿轮减速器传递功率时，为克服轴承、齿面的摩擦阻力及搅动滑油所耗功率，为减速器机械损失，用 N_g 表示，相应的减速器机械效率为

$$\eta_g = \frac{N_{it}'' - N_m - N_g}{N_{it}'' - N_m} \tag{3-45}$$

5．轴系的机械损失与效率

为克服轴系各支持轴承与推力轴承摩擦损失所消耗的功率，为轴系机械损失功率，用 N_s 表示。考虑上述各项机械损失后，得到传给推进器轴的功率，即有效功率，或称实功率，用 N_e 表示为

$$N_e = N_{it}'' - N_m - N_g - N_s \tag{3-46}$$

该功率与齿轮减速器所传出的功率之比，称为轴系机械效率，用 η_s 表示为

$$\eta_s = \frac{N_e}{N''_{it} - N_m - N_g} \tag{3-47}$$

其一般范围是：当机舱位于舰船中部时，$\eta_s = 0.95 \sim 0.97$；当机舱位于舰船尾部时，$\eta_s = 0.98 \sim 0.99$。

有效功率与汽轮机内功率之比，为涡轮机组的机械效率，用η_{mt}表示。综合式（3-41）、式（3-44）、式（3-46）、式（3-47），显然，有

$$\eta_{mt} = \frac{N_e}{N_{it}} = (1-\zeta_l)(1-\zeta_{rb})\eta_m\eta_g\eta_s \tag{3-48}$$

机组有效效率为

$$\eta_e = \eta_{mt}\eta_{it} \tag{3-49}$$

有效功率N_e的一般计算式为

$$N_e = G\eta_e H_t \tag{3-50}$$

可见，机组的有效效率与功率大小、气体参数及设计完善程度等一系列因素有关。

6．涡轮机组其他经济性指标

机组有效效率η_e是衡量汽轮机组经济性的一个重要指标，它反映了通流部分设计的完善程度和功率传递的机械效率。用通常定义的内效率η_{it}来计算时，未包括通流部分以外的机组内损失。为把各项节流损失考虑在内，用修正后的内效率η'_{it}来计算，式（3-31）就是这样计算的。

习惯上常把汽轮机进气端与排气端损失放在装置效率中考虑，汽轮机有效功率按式（3-50）计算。

机组有效效率与它的功率大小、工质参数高低和设计的完善程度等一系列因素有关，其取值范围较大。对于船用汽轮机组，一般范围是：船舶主汽轮机，$\eta_e = 0.75 \sim 0.85$。

现代设计较完善的船舶主汽轮机，可达$\eta_e = 0.80$。辅汽轮机的有效效率低得多，变化范围很大。

把汽轮机装置热效率考虑在内，常用汽耗率d_e（$\mathrm{kg/(kW \cdot h)}$）来评估蒸汽涡轮的经济性：

$$d_e = \frac{3600G}{N_e} = \frac{1000D}{N_e} = \frac{3600}{H_t\eta_e} \tag{3-51}$$

式中：D为蒸汽涡轮蒸汽流量，$D = 3600G/1000$，单位为t/h。

在一定背压下，蒸汽初参数提高可用焓降将增大，使汽耗率降低。但是，当汽轮机功率不大时，蒸汽初参数过高又使汽轮机效率降低，汽耗率将增大。设计时，应根据汽耗率d_e来综合权衡。船舶汽轮机的功率较小，所用的蒸汽初参数一般不高，其汽耗率为$d_e = 4.08 \sim 5.44\mathrm{kg/(kW \cdot h)}$，先进的装置可达$3.67\mathrm{kg/(kW \cdot h)}$。核动力装置的蒸汽初参数较低，其汽耗率较高，为$6 \sim 10\mathrm{kg/(kW \cdot h)}$。

考虑到动力装置其他部分的经济性，对于整个动力装置常用装置效率或每千瓦时的燃料消耗量b_e（$\mathrm{kg/(kW \cdot h)}$）来衡量。

第三节　多级涡轮的轴向力及其平衡

一、轴向推力

在轴流式涡轮机中，通常是高压工质从一端进入，低压工质由另一端流出，从整体看，工质对涡轮转子施加了一个由高压端指向低压端的轴向力，使涡轮转子有向低压端移动的趋势，这个力就称为转子的轴向推力。

轴向推力对某些类型的涡轮机来说是相当可观的，如对反动式汽轮机，其轴向推力可高达$(2\sim3)\times10^6\,\mathrm{N}$。涡轮转子在缸体内的轴向位置是由推力轴承来固定的，若轴向推力大于推力轴承的承载能力，推力轴承将会损坏，使转子产生轴向移动，引起转子与静子碰撞，产生重大事故。为此，必须对转子轴向推力进行计算，确保推力轴承可靠地工作和涡轮机安全运行。

1．冲动式涡轮机的轴向推力

作用在冲动级涡轮转子上的轴向推力由作用在动叶上的轴向推力、作用在叶轮上的轴向推力以及作用在轴的凸肩处的轴向推力三部分组成，对于舰用机组，还存在一个由于机组倾斜安装产生的重力在机组轴线方向的分力。下面分别予以说明。

1）作用在动叶上的轴向推力F_a^{I}

图 3-11 所示为冲动式涡轮机的一个中间级，p_0、p_1、p_2分别为级前、喷嘴后和级后的工质压力，p_d为隔板和轮盘间汽室中的工质压力，级的平均直径为d_m，动叶高度为l_b，轮毂直径分别为d_1、d_2，动叶根部压力p_{1r}。

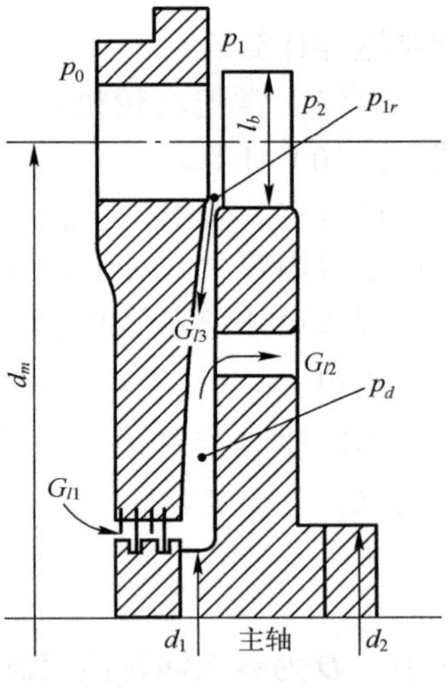

图 3-11　冲动级的剖面图

作用在动叶上的轴向推力F_a^{I}是由动叶前后的静压差和气流在动叶中的轴向分速度的改变所产生的，可写成

$$F_a^{\mathrm{I}} = G(c_1\sin\alpha_1 - c_2\sin\alpha_2) + \pi d_m l_b (p_1 - p_2) \qquad (3\text{-}52)$$

在冲动级中，一般轴向分速度都不大，加之动叶进、出口的轴向通流面积和工质密度的改变不大，因此，气流流经动叶时的轴向分速度的改变一般都很小。由此所产生的轴向推力一般都可忽略不计。

在此引入压力反动度的概念，压力反动度$\varOmega_p$定义为

$$\varOmega_p = \frac{p_1 - p_2}{p_0 - p_2} \qquad (3\text{-}53)$$

于是，有

$$\Delta p = p_1 - p_2 = \varOmega_p (p_0 - p_2) \qquad (3\text{-}54)$$

则作用在动叶上的轴向推力F_a^{I}可写成

$$F_a^{\mathrm{I}} = \pi d_m l_b \Omega_p (p_0 - p_2) \tag{3-55}$$

对于速度级，应计算两列动叶上所受静压差产生的推力之和；若是部分进气的级，则应乘以该级的部分进气度 e。

由于在 $h-s$ 图上同一压差的等压线距离越向下越大，因此，各级压力反动度 Ω_p 都小于该级的焓降反动度 Ω_m。用 Ω_m 代替 Ω_p 计算得的轴向推力偏大，可保证安全. 故可认为作用在动叶上的轴向推力 F_a^{I} 正比于 $\Omega_m(p_0 - p_2)$。

2）作用在叶轮轮盘表面上的轴向推力 F_a^{II}

如图 3-11 所示，作用在叶轮轮面上的轴向推力 F_a^{II} 可写成

$$F_a^{\mathrm{II}} = \frac{\pi}{4}[(d_m - l_b)^2 - d_1^2]p_{\mathrm{d}} - \frac{\pi}{4}[(d_m - l_b)^2 - d_2^2]p_2 \tag{3-56a}$$

如果叶轮两侧的轮毂直径相同，即 $d_1 = d_2 = d$，则上式可简化为

$$F_a^{\mathrm{II}} = \frac{\pi}{4}[(d_m - l_b)^2 - d^2](p_d - p_2) \tag{3-56b}$$

定义叶轮压力反动度为

$$\Omega_d = \frac{p_d - p_2}{p_0 - p_2} \tag{3-57}$$

则式（3-56b）可写成

$$F_a^{\mathrm{II}} = \frac{\pi}{4}[(d_m - l_b)^2 - d^2]\Omega_d(p_0 - p_2) \tag{3-58}$$

由式（3-58）可知，叶轮轮面上的轴向推力 F_a^{II} 正比于 $\Omega_d(p_0 - p_2)$。

由于轮盘面积很大，故轮面上的轴向推力也很大。为减小此项推力，常在轮盘面上开设平衡孔，以减小轮盘两侧的压差。对于部分进气的级，由于不进气的动叶上也受到压差 $(p_d - p_2)$ 的作用，因此，式（3-56b）中应加 $(1-e)\pi d_m l_b (p_d - p_2)$。

计算 F_a^{II} 的关键是确定隔板和轮盘之间的工质压力 p_d，但 p_d 并不一定等于喷嘴后的压力 p_1。例如，若隔板处轴封的漏气量过大，则漏气在流过叶轮上平衡孔的同时，还有部分要流向动叶根部与主气流相混后流过动叶，这时 $p_d > p_1$；若叶根处气流经平衡孔漏到级后，则 $p_d < p_1$。因此，叶轮前的压力 p_d 应根据隔板轴封漏气量 G_{l1}、通过平衡孔的漏气量 G_{l2} 以及漏入或动叶根部轴向间隙处的漏气量 G_{l3} 三者的平衡条件求得。漏气流动情况可归纳如下：①动叶根部吸气时，$G_{l1} - G_{l2} = G_{l3}$ 或 $G_{l1} = G_{l2} + G_{l3}$；②动叶根部漏气时，$G_{l2} = G_{l1} + G_{l3}$；③动叶根部不吸气也不漏气时，$G_{l1} = G_{l2}$，$G_{l3} = 0$。在涡轮机的热力设计中，只有使动叶根部不吸气也不漏气或者让动叶根部有少许工质漏过平衡孔，才能获得较高的级效率。下面分析这些漏气量。

（1）隔板轴封漏气量 G_{l1}。根据连续性方程和伯努利方程，可得

$$G_{l1} = \frac{\mu_{l1} A_1}{\sqrt{z}} \sqrt{\frac{2(p_0 - p_d)}{v_d}} \tag{3-59}$$

根据叶轮反动度的定义，有

$$G_{l1}=\frac{\mu_{l1}A_1}{\sqrt{z}}\sqrt{\frac{2(1-\Omega_d)(p_0-p_2)}{v_d}} \tag{3-60}$$

式中：A_1为隔板轴封漏气面积，单位为m^2；μ_{l1}为隔板轴封流量系数，取$\mu_{l1}=0.8\sim1.3$；z为轴封片数。

（2）通过平衡孔的漏气量G_{l2}。当叶轮前后压差不大时，漏气量G_{l2}为

$$G_{l2}=\mu_{l2}A_2\sqrt{\frac{2(p_d-p_2)}{v_d}}=\mu_{l2}A_2\sqrt{\frac{2\Omega_d(p_0-p_2)}{v_d}} \tag{3-61}$$

式中：A_2为平衡孔的漏气总面积，单位为m^2；μ_{l2}为平衡孔的流量系数，它与平衡孔处的圆周速度和漏气流速的比值有关，当此比值大时，流量系数较小，反之亦然，一般$\mu_{l2}=0.3\sim0.45$，常取$\mu_{l2}=0.4$。

（3）动叶根部轴向间隙处的漏气量G_{l3}。同理可得动叶根部轴向间隙漏过的工质量为

$$G_{l3}=\mu_{l3}A_3\sqrt{\frac{2\Delta p_r}{v_d}} \tag{3-62}$$

式中：A_3为根部轴向间隙处的漏气面积，单位为m^2；μ_{l3}为根部轴向间隙的流量系数，$\mu_{l3}=0.4$，它与间隙大小、叶根处盖度的大小及叶轮的圆周速度等有关；Δp_r为叶根处轴向间隙两侧的压差。此处的压差除应考虑叶轮前的压力p_d与动叶根部压力p_{1r}之差外，还应考虑主气流的抽气效应和叶轮的泵浦效应。

抽气效应是指当喷嘴流出的高速气流进入动叶时，由于喷嘴和动叶之间存在间隙，高速气流将把叶轮和隔板间空间内的工质吸入。抽气效应产生压差Δp_c使工质从叶轮和隔板之间流入主气流内。抽气效应的大小可用抽气效应反动度Ω_c表示：

$$\Omega_c=\frac{\Delta p_c}{p_0-p_2} \tag{3-63}$$

式中：Δp_c为抽气效应产生的压差。由试验得到，它与间隙的大小有关，一般情况下，$\Omega_c=0.01\sim0.02$。

泵浦效应是指叶轮高速旋转时带动周围的工质一道旋转，使这部分工质产生一个沿叶根方向的径向流动，从而使叶轮和叶根间隙两侧有一个压差Δp_b。泵浦效应的大小可用泵浦效应反动度Ω_b表示：

$$\Omega_b=\frac{\Delta p_b}{p_0-p_2} \tag{3-64}$$

一般情况下，$\Omega_b=0.01\sim0.02$，它与叶根处最小轴向间隙的大小有关。

综上所述，叶根处轴向间隙两侧的压差为

$$\Delta p_h=\left[\Omega_r-(\Omega_d+\Omega_b+\Omega_c)\right](p_0-p_2) \tag{3-65}$$

式中：Ω_r为动叶根部压力反动度，定义为

$$\Omega_r=\frac{p_{1h}-p_2}{p_0-p_2} \tag{3-66}$$

将式（3-66）代入式（3-62），则有

$$G_{l3}=\mu_{l3}A_3\sqrt{\frac{2}{v_d}\left[\Omega_r-(\Omega_d+\Omega_b+\Omega_c)\right](p_0-p_2)}$$
$$=\mu_{l3}A_3\sqrt{\frac{2}{v_d}\left[(\Omega_r-\Omega_b-\Omega_c)-\Omega_d\right](p_0-p_2)} \tag{3-67}$$

根据动叶根部稍有漏气时的流量平衡条件，即 $G_{l2}=G_{l1}+G_{l3}$，可得

$$\mu_{l2}A_2\sqrt{\frac{2}{v_d}\Omega_d(p_0-p_2)}=\frac{\mu_{l1}A_1}{\sqrt{z}}\sqrt{\frac{2}{v_d}(1-\Omega_d)(p_0-p_2)}$$
$$+\mu_{l3}A_3\sqrt{\frac{2}{v_d}\left[(\Omega_r-\Omega_b-\Omega_c)-\Omega_d\right](p_0-p_2)} \tag{3-68a}$$

或

$$\mu_{l2}A_2\sqrt{\frac{2}{v_d}\Omega_d}=\frac{\mu_{l1}A_1}{\sqrt{z}}\sqrt{\frac{2}{v_d}(1-\Omega_d)}+\mu_{l3}A_3\sqrt{\frac{2}{v_d}\left[(\Omega_r-\Omega_b-\Omega_c)-\Omega_d\right]} \tag{3-68b}$$

由该式可求得叶轮反动度 Ω_d，进而可确定 p_d 和 F_a^{II}。

由式（3-58）可知，叶轮上的轴向推力 F_a^{II} 正比于 $\Omega_d(p_0-p_2)$，如果动叶根部稍有漏气，那么，动叶的压力反动度 $\Omega_p>\Omega_d$，前面已介绍过，动叶的焓降反动度 $\Omega_m>\Omega_p$，故用 Ω_m 代替 Ω_d 计算 F_a^{II} 所得结果将偏大，偏于安全。因此，可近似地认为叶轮上的轴向推力 F_a^{II} 也正比于 $\Omega_m(p_0-p_2)$。

3）作用在轴的凸肩处的轴向推力 F_a^{III}

在涡轮机轴的轴封套和隔板轴封内轴的凸肩等处，都会承受一定的轴向推力，如图 3-12 所示。一般情况下，可先算出凸肩上的受压面积和各面积上所受的压力，再算出总的向前与向后的推力之差值，就得净轴向推力 F_a^{III}，一般 F_a^{III} 的数值很小。

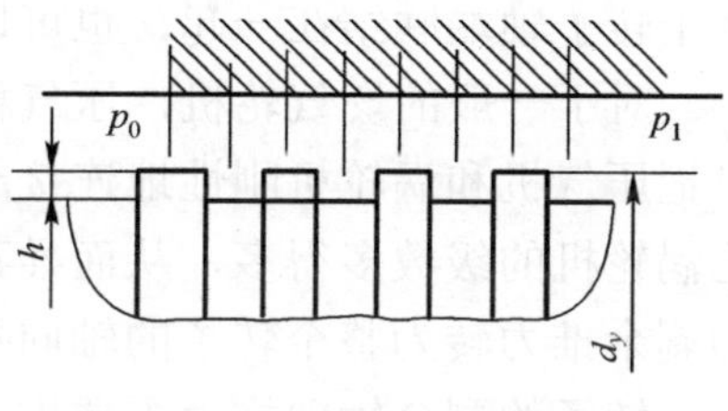

图 3-12 气封凸肩上的轴向力

作用在一个级上的轴向推力即为上述三部分推力之和，可写成

$$F_a=F_a^{\text{I}}+F_a^{\text{II}}+F_a^{\text{III}} \tag{3-69}$$

对于有 n 个级的转子，其总轴向推力为

$$\sum_1^n F_a=\sum_1^n F_a^{\text{I}}+\sum_1^n F_a^{\text{II}}+\sum_1^n F_a^{\text{III}} \tag{3-70}$$

对于某些需要倾斜安装的涡轮机组，如船用涡轮，其轴线与水平方向有一定夹角，转子重力在轴线方向有一个分量 F_a^{IV}，因此，式（3-70）的右端还需加上 F_a^{IV}。

2．反动式涡轮机的轴向推力

在反动式涡轮机中，作用在通流部分转子上的轴向推力由下列三部分组成：①作用在叶片上的轴向推力；②作用在轮毂锥形面上的轴向推力；③作用在转子阶梯上的轴向推力。其计算的原理和方法与冲动式涡轮机转子轴向推力的相同，不再叙述。需要特别指出的是，若工质压力沿轴向是变化的，即轮毂上各级压力不同，则应分别求出转子各承压面上的压力，或近似认为此级前后压差由静子和转子平均分摊。

二、轴向推力的平衡

无论是轴流多级涡轮机还是压气机，它们都会产生轴向推力，而且方向都是从气流的高压端指向低压端。

多级涡轮机的轴向推力与机组容量、参数和结构有关，数值较大，反动式涡轮机的轴向推力更大。在现代涡轮机中为了减小推力轴承所承受的推力，应尽可能地设法使轴向推力得到平衡。平衡的方法除了在叶轮轮面上开平衡孔外，主要采用下列两种方法。

1．平衡活塞法

在转子通流部分的对侧，加大高压外轴封的直径，加大了直径的鼓形部分称为平衡活塞。在活塞的两端作用着压力不同的工质，产生相反方向的轴向推力，这就是平衡活塞法。若平衡活塞的大小和两侧的压力选择得当，则可使转子上的轴向推力合理地得到平衡。

随着机组容量的增大，轴向推力也会越来越大，这样，平衡活塞的外径势必会很大。但平衡活塞是加大了外径尺寸的高压外轴封，因此，轴封漏气面积也随之增大，漏气量随之增加，使机组效率降低。正是由于这一缺点，高参数、大容量涡轮机还必须采用其他方法来平衡轴向推力。

2．相反流动布置法

将工质在涡轮机内的流动安排成有相反方向的流动，使其产生的轴向推力相反，使轴向推力得到平衡。这样，平衡活塞的尺寸可以减小，甚至可以不用。例如，舰用低压汽轮机大多采用对称双流布置以平衡轴向力。

有时将多缸涡轮机组的两个缸对置起来，使气流在两缸中沿相反的方向流动，并把两个转子轴端联结在一起，也可以起到平衡轴向推力的作用。

对于一般的燃气轮机，压气机和涡轮机的轴向推力方向正好相反，所以，结构上可以把压气机和涡轮机刚性地连接起来以实现轴向推力的互相抵消。通常，压气机的级数比涡轮机的级数多得多，从而导致压气机产生的推力要大于涡轮机的，两者平衡抵消后的剩余推力转为整个转子的轴向推力，其方向和压气机轴向推力的方向一致。

转子的剩余轴向推力需要推力轴承来平衡。用滑动轴承的机组，一般用摆动瓦推力轴承；用滚动轴承的机组，则用滚珠轴承，其工作时可以同时承受径向力和轴向推力。

习　　题

1．多级涡轮机相对单级涡轮有哪些优势？其存在的问题又有哪些？

2.什么是多级涡轮机的重热现象？它与哪些因素有关？重热系数是如何定义和计算的？涡轮机整机的内效率与级的内效率之间有怎样的关系？

3．为什么说多级涡轮机效率一般比单级涡轮机效率高？

4．在 $h-s$ 图上画出有余速利用时多级涡轮机的热力过程线。多级涡轮机的损失有哪些？如何减小这些损失？

5．涡轮机的轴向推力由哪几部分组成？平衡轴向推力有哪些措施？

第四章　轴流涡轮的变工况工作

涡轮机的热力设计就是在已经确定初、终参数和功率以及转速的条件下，计算和确定工质流量、级数、各级尺寸、参数和效率，得出各级和全机的热力过程线等。涡轮机在设计参数下运行称为涡轮机的设计工况。由于涡轮机各级的主要尺寸基本上是按照设计工况的要求确定的，所以一般在设计工况下涡轮机的内效率达最高值，因此设计工况也称为经济工况。

涡轮机在实际运行中，其功率将根据外界的需要而变化，涡轮机的初、终参数和转速也有可能变化，从而引起涡轮机的工质流量、各级参数和效率等变化。涡轮机在偏离设计参数的条件下运行，称为涡轮机的变工况。

舰艇涡轮机械根据战斗任务的需要，频繁变速变向，各级工质流量、压力、温度、焓降和效率等都可能发生变化，零部件的受力、热膨胀和热变形也都有可能变化。为了保证涡轮机组安全、经济地运行，就必须弄清楚涡轮机的变工况特性。

本章的主要内容是：对定转速涡轮机，讨论其在不同工况下稳态的热力特性，即讨论负荷的变动、工质参数的变化以及不同调节方式对涡轮机工作的影响，对变转速涡轮机，讨论扭矩 M 随转速 n 的变化特性，即外特性。

同研究设计工况下的特性一样，分析涡轮机的变工况特性也应从构成涡轮机级的基本元件——喷嘴（静叶）和动叶开始。喷嘴（静叶）和动叶虽然作用不同，但是如果对动叶以相对运动的观点进行分析，则喷嘴的变工况特性完全适用于动叶。

第一节　喷嘴（静叶）的变工况特性

研究喷嘴的变工况，主要是分析喷嘴前后压力与流量之间的变化关系，这种关系是以后研究涡轮机级和整个涡轮机变工况特性的基础。本节介绍渐缩喷嘴和缩放喷嘴的变工况特性。

一、渐缩喷嘴的变工况特性

1. 渐缩喷嘴的流量关系式

由式（2-28）喷嘴的流量公式可得

$$G_n = \mu_n A_n \sqrt{\frac{2k}{k-1}\frac{p_0^*}{\upsilon_0^*}\left[\left(\frac{p_1}{p_0^*}\right)^{\frac{2}{k}} - \left(\frac{p_1}{p_0^*}\right)^{\frac{k+1}{k}}\right]} \tag{4-1}$$

对于渐缩喷嘴，在定熵指数 k 和流量系数 μ_n 都不变的条件下，若喷嘴前滞止参数 p_0^*、υ_0^* 和出口面积 A_n 都不变时，通过喷嘴的工质流量 G_n 与背压 p_1 的关系如图 4-1 中的曲线 ABC 所示。当 $p_1 \leqslant p_{cr}$ 时，$G_n = G_{cr}$ 不变，如直线 AB 所示；当 $p_1 > p_{cr}$ 时，流量沿曲线 BC 变化，曲线 BC 是根据式（4-1）计算所绘制的。

曲线 BC 段与椭圆的 1/4 线段相似，若用椭圆曲线代替它，误差较小，故可用椭圆方程表示 BC 段的流量与压力（$G_n - p_1$）关系：

$$\left(\frac{G_n}{G_{ncr}}\right)^2 + \left(\frac{p_1 - p_{cr}}{p_0 - p_{cr}}\right)^2 = 1 \qquad (4-2)$$

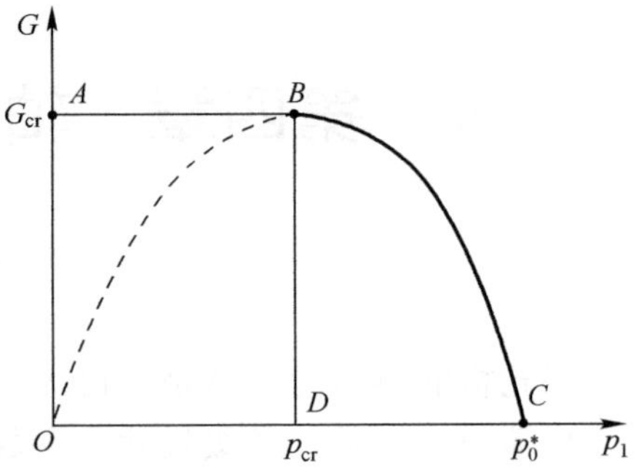

图 4-1 渐缩喷嘴的流量与背压关系曲线

经整理可得

$$\beta = \frac{G_n}{G_{ncr}} = \sqrt{1 - \left(\frac{\pi_n - \pi_{ncr}}{1 - \pi_{ncr}}\right)^2} \qquad (4-3)$$

式（4-3）是彭台门系数的近似关系式，而式（2-37）则是它的精确计算式。表 4-1 中列出了使用近似关系式计算而造成的误差。比较这些数据可见，近似关系式所引起的误差很小，满足一般工程计算要求。

表 4-1 以椭圆公式代替精确公式计算流量比的误差（$k = 1.3, \pi_{ncr} = 0.5457$）

压比 π_n	0.600	0.700	0.800	0.900	0.950	0.975	0.985	0.990	1.000
误差/%	−0.035	−0.226	−0.436	−0.756	−0.866	−0.933	−0.960	−1.120	0

2. 渐缩喷嘴前后参数变化时的流量变化

这里以蒸汽涡轮为例，参见式（2-36），通过喷嘴的任意流量 G_n 可表示为

$$G_n = \beta G_{ncr} = 0.648 \beta A_n \sqrt{\frac{p_0^*}{\upsilon_0^*}} \qquad (4-4)$$

当喷嘴前后的工质参数同时改变时，不论喷嘴中的气流是否达到临界状态，通过喷嘴的流量均可按下式计算：

$$\frac{G_{n1}}{G_n} = \frac{0.648 \beta_1 A_n \sqrt{p_{01}^* / \upsilon_{01}^*}}{0.648 \beta A_n \sqrt{p_0^* / \upsilon_0^*}} = \frac{\beta_1}{\beta} \sqrt{\frac{p_{01}^* \upsilon_0^*}{p_0^* \upsilon_{01}^*}} \qquad (4-5)$$

式中：G_{n1}、β_1、p_{01}^*、υ_{01}^* 都为变工况下的参数。本书中凡变工况参数，右下角都多加一角标“1”，以表示与设计工况相区别。

若视工质为理想气体，则结合理想气体状态方程，上式可写为

$$\frac{G_{n1}}{G_n} = \frac{\beta_1}{\beta} \frac{p_{01}^*}{p_0^*} \sqrt{\frac{T_0^*}{T_{01}^*}} \qquad (4-6)$$

若喷嘴前的压力变动是由工质节流引起的（即 $p_{01}^* \upsilon_{01}^* = p_0^* \upsilon_0^*$），或工况变动前后 T_0^* 未

变，或T_0^*的变化较小可以忽略，则式（4-6）可简化为

$$\frac{G_{n1}}{G_n}=\frac{\beta_1}{\beta}\frac{p_{01}^*}{p_0^*}=\sqrt{\frac{(1-\pi_{ncr})^2-(\pi_{n1}-\pi_{ncr})^2}{(1-\pi_{ncr})^2-(\pi_n-\pi_{ncr})^2}}\frac{p_{01}^*}{p_0^*} \tag{4-7}$$

如果设计工况和变动工况均为临界工况，即$\beta_1=\beta=1$，则有

$$\frac{G_{ncr1}}{G_{ncr}}=\frac{p_{01}^*}{p_0^*}\sqrt{\frac{T_0^*}{T_{01}^*}} \tag{4-8}$$

若略去初温的变化，则有

$$\frac{G_{ncr1}}{G_{ncr}}=\frac{p_{01}^*}{p_0^*} \tag{4-9}$$

运用以上各式，便可进行喷嘴的变工况计算，即由已知工况确定任意工况的流量或压力。

3．流量网图

在实际计算中，大都采用图解法，并运用相对坐标。对于喷嘴前的每个初压p_{01}，都可以画出一条流量曲线，所以在同一幅图上，根据喷嘴前的多个初压，可以画出多条形状完全相似的流量曲线。

我们常把初压和背压都表示成设计工况初压p_0的相对值，把流量表示成设计工况临界流量G_{cr0}的相对值，则得出初压比$\pi_0=\dfrac{p_{01}}{p_0}$、背压比$\pi_1=\dfrac{p_{11}}{p_0}$、流量比$q_m=\dfrac{G}{G_{cr0}}$和$\dfrac{G_{ci}}{G_{cr0}}=\dfrac{p_{01}}{p_0}\sqrt{\dfrac{T_0}{T_{01}}}$。

把它们代入椭圆关系公式中，并整理得

$$q_m=\sqrt{\pi_0^2-\left(\frac{\pi_1-\pi_{cr}\pi_0}{1-\pi_{cr}}\right)^2}\sqrt{\frac{T_0}{T_{01}}} \tag{4-10}$$

根据此关系式，在喷嘴前初温变化不大（$T_{01}\approx T_0$）时，即可做出渐缩喷嘴流量网图，如图 4-2 所示。

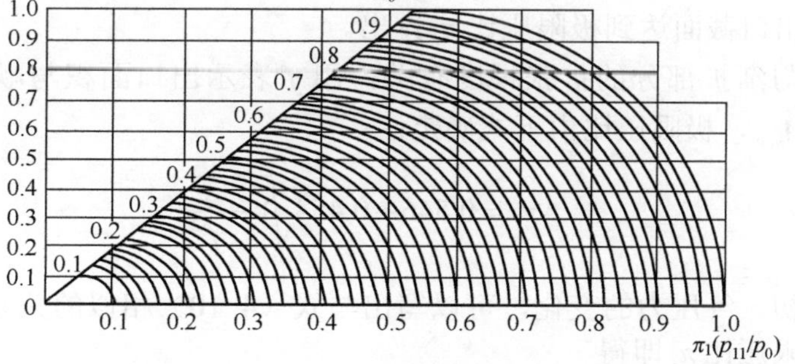

图 4-2　流量网图

流量网图应用方便，由于它用的是相对坐标，不论喷嘴前后参数的绝对值如何，

均可应用。

二、缩放喷嘴的变工况特性

在一定初压下，喷嘴出口压力变化时缩放式喷嘴中压力的变化如图 4-3 所示。图中横坐标为喷嘴的轴线方向，纵坐标表示任一截面上的压力与初压之比。设计工况下出口压比为π_1，如图中粗实线所示，喷嘴喉部恰为临界压比π_{cr}，流量即临界流量。终压比提高时，首先在出口截面后发生突然压缩，喷嘴通道中的流动情况不变，流量也保持为临界流量不变。随着终压比的提高，突然压缩过程逐渐内移，当终压比为π_n时，如图中虚线所示，突然压缩后的压比为π_b，其后为亚音速流动，在渐扩通道中扩压，最后达到终压比π_n。终压比继续提高时出现突然压缩的截面渐渐移向喷嘴喉部，直至某个终压比π_l（即极限压比），突然压缩的截面移至喷嘴喉部并且消失了，喉部截面仍为临界压比，流量仍为临界流量。终压比再提高时，喉部截面上的压比将逐渐提高，气体流量也逐渐减小，喷嘴中的压比变化如上方的一组虚线所示，虚线上的数字表示流量比。综上可见，当终压比小于或等于极限压比π_l时，缩放式喷嘴的气体流量保持为临界流量；当终压比大于极限压比时，气体流量将随压比的增大而减小。超过极限压比时，气体流量与临界流量之比与终压比的关系，也满足椭圆方程，可以写出类似式（4-2）的关系：

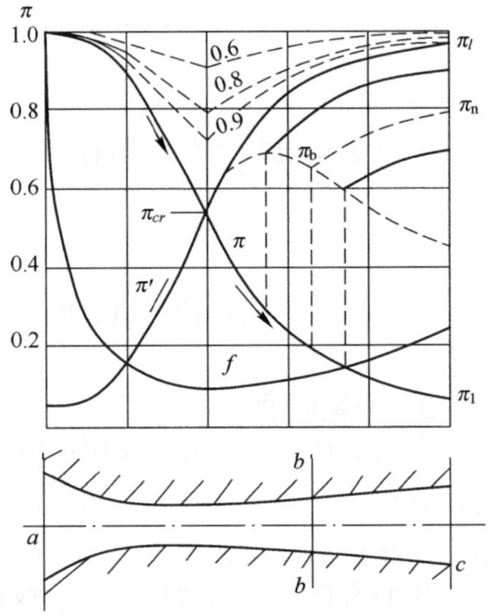

图 4-3　缩放式喷嘴通道中的压力变化

$$q = \frac{G_n}{G_{ncr}} = \sqrt{1 - \left(\frac{\pi_n - \pi_l}{1 - \pi_l}\right)^2} \tag{4-11}$$

图 4-3 中π'线表示超声速气流经过缩放管进行扩压流动的情况。此时，气流速度在管中逐渐降低，压力（图中为压比）逐渐升高，喉部截面仍为临界压比，在渐扩部分继续扩压，直至出口截面达到极限压比π_l排出。

极限压比与渐扩部分的扩张程度有关，用f表示出口面积与喉部面积之比（膨胀度），$f = A_n / A_{ncr}$，极限压比由下式确定：

$$\pi_l = 0.546 + 0.454\sqrt{1 - \frac{1}{f^2}} \tag{4-12}$$

同时考虑初、终压力的变化，可以写出与式（4-10）相似的关系，只要将该式中临界压比换成极限压比π_l即得

$$q_m = \sqrt{\pi_0^2 - \left(\frac{\pi_1 - \pi_l\pi_0}{1 - \pi_l}\right)^2}\sqrt{\frac{T_0}{T_{01}}} \tag{4-13}$$

与渐缩喷嘴类似，可以做出缩放喷嘴的流量网图，应当注意，不同的缩放喷嘴极限压比的值不同，故没有通用的流量网图。

第二节　级和级组的变工况

在上一节中我们讨论了当喷嘴前后压力变化时，流经喷嘴的工质流量相应地发生变化。反之，当流过喷嘴的工质流量变化时，喷嘴及动叶前后的压力也要随之变化，这从而引起级内各项损失、反动度、级的功率、效率、轴向推力及其他特性的变化。研究涡轮机级的变工况特性，主要是分析级中诸参数随流量变化而变化的基本规律。

一、级前后压力与流量的关系

1．设计工况和变工况下级均处于临界状态

级在临界工况下工作时，其喷嘴或动叶必定处于临界状态。

1）喷嘴在临界工况下工作时

此时，通过该级的流量只与级前工质参数有关，而与喷嘴后和级后压力无关，根据式（4-8），有

$$\frac{G_{cr1}}{G_{cr}}=\frac{p_{01}^*}{p_0^*}\sqrt{\frac{T_0^*}{T_{01}^*}} \tag{4-14}$$

若忽略级前温度变化的影响，有

$$\frac{G_{cr1}}{G_{cr}}=\frac{p_{01}^*}{p_0^*} \tag{4-15}$$

2）动叶在临界工况下工作时

这种情况与喷嘴变工况特性相同，若忽略温度的变化，则通过该级动叶的流量，即通过该级的流量与动叶前的滞止压力成正比：

$$\frac{G_{cr1}}{G_{cr}}=\frac{p_{11}^*}{p_1^*} \tag{4-16}$$

在设计工况下，由于

$$w_1=\sqrt{\frac{2k}{k-1}RT_1^*\left[1-\left(\frac{p_1}{p_1^*}\right)^{\frac{k-1}{k}}\right]} \tag{4-17}$$

故动叶进口截面的流量方程为

$$G_{cr}=A_b'p_1^*\sqrt{\frac{2k}{k-1}\frac{1}{RT_1^*}\left[\pi_1^{\frac{2}{k}}-\pi_1^{\frac{k+1}{k}}\right]} \tag{4-18}$$

同理，在变工况下，有

$$G_{cr1}=A_b'p_{11}^*\sqrt{\frac{2k}{k-1}\frac{1}{RT_{11}^*}\left[\pi_{11}^{\frac{2}{k}}-\pi_{11}^{\frac{k+1}{k}}\right]} \tag{4-19}$$

式中：A_b' 为动叶进口截面积；π_1、π_{11} 为工况变动前后动叶前的实际压力与滞止压力之比，故

$$\frac{G_{cr1}}{G_{cr}}=\frac{p_{11}^*}{p_1^*}\sqrt{\frac{T_1^*\left(\pi_{11}^{\frac{2}{k}}-\pi_{11}^{\frac{k+1}{k}}\right)}{T_{11}^*\left(\pi_1^{\frac{2}{k}}-\pi_1^{\frac{k+1}{k}}\right)}} \tag{4-20}$$

由于 $\frac{G_{cr1}}{G_{cr}}=\frac{p_{11}^*}{p_1^*}$，并近似地认为 $T_1^*=T_{11}^*$，则必有

$$\frac{\left(\pi_{11}^{\frac{2}{k}}-\pi_{11}^{\frac{k+1}{k}}\right)}{\left(\pi_1^{\frac{2}{k}}-\pi_1^{\frac{k+1}{k}}\right)}=1 \tag{4-21}$$

由此可得 $\pi_1=\pi_{11}$ 或 $\frac{p_1}{p_1^*}=\frac{p_{11}}{p_{11}^*}$，即有

$$\frac{G_{cr1}}{G_{cr}}=\frac{p_{11}^*}{p_1^*}=\frac{p_{11}}{p_1} \tag{4-22}$$

式（4-22）说明，当动叶达到临界状态时，通过该级的流量不仅与动叶前的滞止压力成正比，而且与动叶前的实际压力成正比。

在做级的变工况估算时，通常略去动叶顶部间隙的漏气，这样两工况下的流量 G_{cr}、G_{cr1} 又可用喷嘴的气动参数表示，即有

$$G_{cr}=\mu_n A_n p_0^*\sqrt{\frac{2k}{k-1}\frac{1}{RT_0^*}\left[\pi_n^{\frac{2}{k}}-\pi_n^{\frac{k+1}{k}}\right]} \tag{4-23}$$

$$G_{cr1}=\mu_n A_n p_{01}^*\sqrt{\frac{2k}{k-1}\frac{1}{RT_{01}^*}\left[\pi_{n1}^{\frac{2}{k}}-\pi_{n1}^{\frac{k+1}{k}}\right]} \tag{4-24}$$

式中：A_n 为喷嘴出口面积，单位为 m^2；π_n 为设计工况的喷嘴压比；π_{n1} 为变工况的喷嘴压比。

若近似认为 $T_0^*=T_{01}^*$，并代入式（4-9），则得

$$\frac{G_{cr1}}{G_{cr}}=\frac{p_{11}^*}{p_1^*}\sqrt{\frac{\left(\pi_{n1}^{\frac{2}{k}}-\pi_{n1}^{\frac{k+1}{k}}\right)}{\left(\pi_n^{\frac{2}{k}}-\pi_n^{\frac{k+1}{k}}\right)}}=\frac{p_{11}}{p_1} \tag{4-25}$$

从而得到 $\pi_{n1}=\pi_n$，即 $\frac{p_{11}}{p_{01}^*}=\frac{p_1}{p_0^*}$，因此，有

$$\frac{G_{cr1}}{G_{cr}}=\frac{p_{11}}{p_1}=\frac{p_{01}^*}{p_0^*} \tag{4-26}$$

若 $c_0\approx 0$，则

$$\frac{G_{cr1}}{G_{cr}}=\frac{p_{01}}{p_0} \tag{4-27}$$

式（4-26）和式（4-27）说明，如果动叶在各种工况下均达临界状态，则通过该级

的流量与级前压力成正比。可见，只要级在临界状态下工作，不论临界状态是发生在喷嘴中还是发生在动叶中，其流量均与级前压力成正比，而与级后压力无关。

2．设计工况和变工况下级均处于亚临界状态

若级内喷嘴和动叶出口气流速度均小于临界速度，则称该级工况为亚临界工况。在此条件下，涡轮机任意一级喷嘴出口截面的连续方程为

$$G\upsilon_{1t} = \mu_n A_n c_{1t} \tag{4-28}$$

设 $c_0 \approx 0$，则 $c_{1t} = \sqrt{2(1-\Omega_m)h_t}$，代入式（4-28）得

$$G = \left(\mu_n A_n \frac{1}{\upsilon_{2t}}\sqrt{2h_t}\right)\frac{\upsilon_{2t}}{\upsilon_{1t}}\sqrt{1-\Omega_m} \tag{4-29}$$

式中：括号中的部分表示级的反动度等于零时流过该级喷嘴的流量，用 G' 表示。这时，理想比容 υ_{2t} 是由状态点 p_0、t_0 等熵膨胀到 p_2 的比容。若这时喷嘴出口速度仍小于临界值，则全级肯定是亚临界工况，那么，有

$$G' = \beta G_{cr} = 0.648 A_n \sqrt{\frac{p_0}{\upsilon_0}}\sqrt{1-\left(\frac{p_2 - p_{cr}}{p_0 - p_{cr}}\right)^2} \tag{4-30}$$

将式（4-30）代入式（4-29）得设计工况为亚临界工况的流量方程：

$$G = 0.648 A_n \sqrt{\frac{p_0}{\upsilon_0}}\sqrt{1-\left(\frac{p_2 - p_{cr}}{p_0 - p_{cr}}\right)^2}\,\frac{\upsilon_{2t}}{\upsilon_{1t}}\sqrt{1-\Omega_m} \tag{4-31}$$

同理，对于变工况，可以得到类似的方程：

$$G_1 = 0.648 A_n \sqrt{\frac{p_{01}}{\upsilon_{01}}}\sqrt{1-\left(\frac{p_{21} - p_{cr1}}{p_{01} - p_{cr1}}\right)^2}\,\frac{\upsilon_{2t1}}{\upsilon_{1t1}}\sqrt{1-\Omega_{m1}} \tag{4-32}$$

两式相比，并考虑：

（1）亚临界工况下比容变化较小，经许多试验表明：$\dfrac{\upsilon_{1t}\upsilon_{2t1}}{\upsilon_{1t1}\upsilon_{2t}} \approx 1$；

（2）$\sqrt{\dfrac{p_{01}\upsilon_0}{p_0\upsilon_{01}}}\sqrt{\dfrac{(p_0 - p_{cr})^2}{(p_{01} - p_{cr1})^2}} = \sqrt{\dfrac{p_{01}\upsilon_0}{p_0\upsilon_{01}}}\sqrt{\dfrac{p_0^2(1-\pi_{ncr})^2}{p_{01}^2(1-\pi_{ncr})^2}} = \sqrt{\dfrac{T_0}{T_{01}}}$

$(p_{01} - p_{cr1})^2 - (p_{21} - p_{cr1})^2 = p_{01}^2 - p_{21}^2 - 2\pi_{ncr} p_{01}(p_{01} - p_{21})$

（3）$= (p_{01}^2 - p_{21}^2) - \pi_{ncr}(p_{01} - p_{21})^2 - \pi_{ncr}(p_{01}^2 - p_{21}^2)$

$= (1-\pi_{ncr})(p_{01}^2 - p_{21}^2) - \pi_{ncr}(p_{01} - p_{21})^2$

（4）令 $\Delta\Omega_m = \Omega_{m1} - \Omega_m$，则

$$\frac{G_1}{G} = \sqrt{\frac{(p_{01}^2 - p_{21}^2) - (p_{01} - p_{21})^2 \pi_{ncr}/(1-\pi_{ncr})}{(p_0^2 - p_2^2) - (p_0 - p_2)^2 \pi_{ncr}/(1-\pi_{ncr})}}\sqrt{1-\frac{\Delta\Omega_m}{1-\Omega_m}}\sqrt{\frac{T_0}{T_{01}}} \tag{4-33}$$

这是级的亚临界工况计算中的一个比较准确的公式，只有 $(\upsilon_{1t}\upsilon_{2t1})/(\upsilon_{1t1}\upsilon_{2t}) \approx 1$ 带来的误差，但很小。之所以假设 $c_0 \approx 0$，只是为了方便起见，若 $c_0 \neq 0$，完全可以用滞止参数代入进行计算即可。

近似计算中可对式（4-33）作两点假定：①工况变动时，反动级的反动度基本不变，

冲动级的速比变化不大时，反动度变化较小，故可设$\Delta\Omega_m \approx 0$；②亚临界级的p_2/p_0较大，(p_2-p_0)较小，对于冲动级，$(p_0^2-p_2^2)$是$(p_2-p_0)^2$的几倍或十几倍，对于反动级倍数更多，故可同时忽略式（4-33）大根号内分子、分母的第二项。则式（4-33）简化为

$$\frac{G_1}{G}=\sqrt{\frac{p_{01}^2-p_{21}^2}{p_0^2-p_2^2}}\sqrt{\frac{T_0}{T_{01}}} \tag{4-34}$$

若不考虑温度变化，则为

$$\frac{G_1}{G}=\sqrt{\frac{p_{01}^2-p_{21}^2}{p_0^2-p_2^2}} \tag{4-35}$$

虽然设$\Delta\Omega_m \approx 0$与忽略大根号中分子、分母第二项的作用之间互有补偿，但并未完全抵消。故式（4-34）和式（4-35）都是近似式。结果表明，当级内未达到临界状态时，通过级的流量不仅与初参数有关，而且与级后参数有关。

二、级组压力与流量的关系

级组是一些流量相等、通流面积不随工况而变（或变化程度相同）的依次串联排列的级的组合。当级组内各级的气流速度均小于临界速度时，称级组为亚临界工况；当级组内至少有一列叶栅（如某一级的喷嘴或动叶）的出口流速达到或超过临界速度时，称级组为临界工况。讨论级组的变工况主要是研究级组前后工质参数与流量之间的变化关系。

1．工况变化前后级组均为临界工况

在各级通流面积不变的条件下，处于亚临界工况的级组，若级组前后压差由小变大，则各级流量和流速也要增大，这时一般是级组内最后一级（第z级）最先达到临界速度，因为后面的级的密度较小，其平均直径往往比前面的级要大，若相邻两级的速比和反动度基本相同，则后一级的焓降较大，也就是说最后一级的焓降往往最大，流速也常最大；然而，最后一级的蒸汽绝对温度最低，当地声速最小，因此最后一级常最先达到临界速度。

亚临界工况级组中某一级（一般是最末级）喷嘴或动叶的气流速度刚升到临界速度时，级组前后的压比称为级组临界压比，以$\pi_{gcr}=p_{2(z)}/p_{0(1)}$表示；级组背压$p_g$（即$p_{2(z)}$）称为级组在初压$p_0$（即$p_{0(1)}$）下的级组临界压力，以$p_{gcr}$表示；这时的流量为级组的临界流量，仍以$G_{cr}$表示。

图 4-4 所示为通流面积恒定的涡轮机级组。若变工况前后级组的末级都是临界工况，则

$$\frac{G_{cr1}}{G_{cr}}=\frac{p_{01(z)}}{p_{0(z)}}\sqrt{\frac{T_{0(z)}}{T_{01(z)}}} \tag{4-36}$$

式中：p_{0z}、T_{0z}为设计工况下末级级前压力和热力学温度；$p_{01(z)}$、$T_{01(z)}$为变工况下末级级前压力和热力学温度。

再对倒二级的动叶和喷嘴、倒三级的动叶和喷嘴、……依次采用式（4-16）～式（4-27）

的推导方法，并忽略温度变化，即 $T_{0(z)}/T_{01(z)} \approx T_{0(z-1)}/T_{01(z-1)} \approx \cdots \approx T_{0(1)}/T_{01(1)}$，则

$$\frac{G_{cr1}}{G_{cr}} = \frac{p_{01(1)}}{p_{0(1)}} \tag{4-37}$$

所以，级组中若某一级始终在临界状态下工作，则这一级前的所有各级中的流量均与级组前的压力成正比。若考虑温度变化，其与级组前的热力学温度的平方根成反比，上式改写为

$$\frac{G_{cr1}}{G_{cr}} = \frac{p_{01(1)}}{p_{0(1)}}\sqrt{\frac{T_{0(1)}}{T_{01(1)}}} \tag{4-38}$$

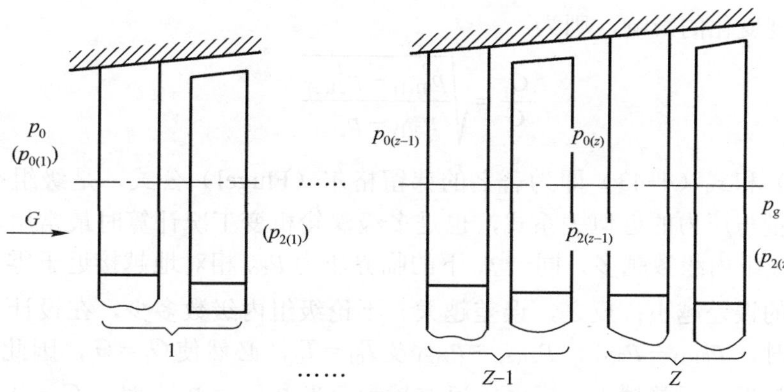

图 4-4　涡轮机级组示意图

2．工况变化前后级组均为亚临界工况

由式（4-34）可知级组任意一级（第 i 级）流量与级前后参数间的关系为

$$\left(\frac{G_1}{G}\right)_i = \sqrt{\left(\frac{p_{01}^2 - p_{21}^2}{p_0^2 - p_2^2}\right)_i}\sqrt{\left(\frac{T_0}{T_{01}}\right)_i} \tag{4-39}$$

即

$$\left(\frac{G_1}{G}\right)_i^2 \left(\frac{T_{01}}{T_0}\right)_i (p_0^2 - p_2^2)_i = (p_{01}^2 - p_{21}^2)_i \tag{4-40}$$

类似地，可列出从 $i=1$ 到 $i=z$ 的各个类似的方程式：

$$\left(\frac{G_1}{G}\right)_1^2 \left(\frac{T_{01}}{T_0}\right)_1 (p_0^2 - p_2^2)_1 = (p_{01}^2 - p_{21}^2)_1$$

$$\left(\frac{G_1}{G}\right)_2^2 \left(\frac{T_{01}}{T_0}\right)_2 (p_0^2 - p_2^2)_2 = (p_{01}^2 - p_{21}^2)_2$$

$$\vdots$$

$$\left(\frac{G_1}{G}\right)_z^2 \left(\frac{T_{01}}{T_0}\right)_z (p_0^2 - p_2^2)_z = (p_{01}^2 - p_{21}^2)_z$$

对于同一级组，$(G_1/G)_1 = (G_1/G)_2 = \cdots = (G_1/G)_z = G_1/G$；实验证明，工况变动时，

级组内各级级前的热力学温度比值的变化几乎相同；此外，应注意到，某一级的级前压力就是其前一级的级后压力。所以将上面的式子左右分别相加可得

$$\left(\frac{G_1}{G}\right)^2\left(\frac{T_{01}}{T_0}\right)(p_{0(1)}^2-p_{2(z)}^2)=(p_{01(1)}^2-p_{21(z)}^2) \tag{4-41}$$

式中：$p_{0(1)}$、$p_{2(z)}$和$p_{01(z)}$、$p_{21(z)}$依次为流量G和G_1下该级组前后的压力。

整理上式可得

$$\frac{G_1}{G}=\sqrt{\frac{p_{01(1)}^2-p_{21(z)}^2}{p_{0(1)}^2-p_{2(z)}^2}}\sqrt{\frac{T_0}{T_{01}}} \tag{4-42}$$

若忽略温度变化的影响，则为

$$\frac{G_1}{G}=\sqrt{\frac{p_{01(1)}^2-p_{21(z)}^2}{p_{0(1)}^2-p_{2(z)}^2}} \tag{4-43}$$

式（4-42）和式（4-43）即为著名的弗留格尔（Flugel）公式，是级组在亚临界工况下的级组流量与压力的近似关系式，也是多级涡轮机变工况计算时最常用、最基本的公式。显然，级组内级数越多，同一p_0下的临界压力p_{gcr}相对地越接近于零，应用弗留格尔公式计算的误差越小；反之，误差越大。不论级组内级数多少，在设计工况下应用弗留格尔公式时，$p_{01(1)}=p_{0(1)}$、$p_{21(z)}=p_{2(z)}$及$T_{01}=T_0$，必然使$G_1=G$，因此没有误差。偏离设计工况越近，误差越小；反之，误差越大。当$p_{21(z)}=p_{01(1)}$时，$G_1=0$，弗留格尔公式的计算误差也为零。

第三节　工况变动时各级焓降、反动度的变化

一、工况变动时各级焓降的变化

工况变动时，涡轮机各级压力的变化使级内焓降发生相应的变化。若将工质视为理想气体，则任意一级设计工况和变工况下理想焓降可表示为

$$h_t=\frac{k}{k-1}p_0\upsilon_0\left[1-\left(\frac{p_2}{p_0}\right)^{\frac{k-1}{k}}\right]=\frac{k}{k-1}RT_0\left[1-\left(\frac{p_2}{p_0}\right)^{\frac{k-1}{k}}\right] \tag{4-44}$$

$$h_{t1}=\frac{k}{k-1}p_{01}\upsilon_{01}\left[1-\left(\frac{p_{21}}{p_{01}}\right)^{\frac{k-1}{k}}\right]=\frac{k}{k-1}RT_{01}\left[1-\left(\frac{p_{21}}{p_{01}}\right)^{\frac{k-1}{k}}\right] \tag{4-45}$$

涡轮机各级级前温度在工况变动时一般变化不大，可略去不计，故各级理想焓降仅与级前后压比有关。下面以汽轮机为对象分别讨论工况变动时不同级焓降的改变情况。

1. 凝汽式汽轮机各中间级的情况

由前可知，凝汽式汽轮机各中间级，无论级内是否达到临界状态，其流量均近似与

级前压力 p_0 成正比（忽略温度及湿度的变化），即 $\dfrac{p_{01}}{p_0}=\dfrac{G_1}{G}$，每级级后压力就是下一级级前压力，则 $\dfrac{G_1}{G}=\dfrac{p_{21}}{p_2}$，得 $\dfrac{p_{01}}{p_0}=\dfrac{p_{21}}{p_2}$，即 $\dfrac{p_2}{p_0}=\dfrac{p_{21}}{p_{01}}$。所以式（4-45）与（4-44）相比可得

$$\frac{h_{t1}}{h_t}=\frac{T_{01}}{T_0} \tag{4-46}$$

若 $T_{01}\approx T_0$，则 $h_{t1}\approx h_t$。即凝汽式汽轮机各中间级，其流量变化时级的理想焓降基本不变。级中的摩擦、鼓风损失以及漏气损失的相对值也几乎不变，因此，级的效率基本不变，而级的功率与流量成正比变化：

$$N_i=Gh_t\eta_i \tag{4-47}$$

若考虑调节级后工质温度的影响，则各中间级的级前压力与流量不再按正比变化，如图 4-5 所示，图中各虚直线表示不考虑温度影响时各级级前压力与流量的正比关系，各实曲线表示考虑温度影响时各级级前压力与流量的非线性关系。但由于各级的 p_0-G 曲线偏离其辐射直线的程度基本相同，所以中间级的压比和绝对焓降基本上保持常数而不随流量的变化而变化。因此，在对凝汽式汽轮机进行变工况计算时就不需要逐级进行详细计算，只需利用式（4-43）求得不同流量下的各级级前压力，然后根据设计工况的热力过程线逐级推平行线就可得变工况后各级的热力过程线。但是当负荷偏离设计值较大时，由于调节级焓降变化较大会使中间级焓降发生变化，需对各级进行详细核算。

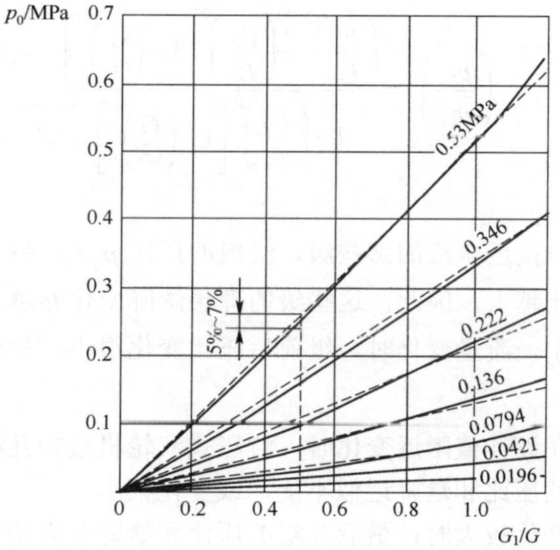

图 4-5　调节级后温度对中间级组 p_0-G 曲线的影响

2．背压式汽轮机各中间级的情况

如果背压式汽轮机的最后一级在工况变动前后均达到临界状态，则各级级前压力与流量成正比。在此情况下，这些级（除末级外）的焓降、反动度、级效率以及功率的变化规律，就与凝汽式汽轮机的中间级一样。但在一般情况下，即使是最后一级也不会达

到临界状态。故其压力与流量的关系只能用弗留格尔公式表示，若不考虑温度的影响，则有

$$\frac{G_1}{G}=\sqrt{\frac{p_{01}^2-p_{g1}^2}{p_0^2-p_g^2}}$$

同理，有

$$p_{21}^2=\left(\frac{G_1}{G}\right)^2(p_2^2-p_g^2)+p_{g1}^2$$

式中：p_0、p_2 为背压式汽轮机某一中间级的级前后压力；p_g 为背压式汽轮机的背压。

上式表明，背压式汽轮机各级级前的压力与流量按双曲线变化。图 4-6 是某背压式汽轮机在变工况下压力与流量关系的试验值。可以看出，试验点都落在理论计算的双曲线附近。

将以上两式相比可得

$$\left(\frac{p_{21}}{p_{01}}\right)^2=\frac{p_2^2-p_g^2+p_{g1}^2\left(\frac{G}{G_1}\right)^2}{p_0^2-p_g^2+p_{g1}^2\left(\frac{G}{G_1}\right)^2} \tag{4-48}$$

在大多数情况下，可以认为背压不随流量变化，即 $p_g=p_{g1}$，于是，式（4-48）可表示为

$$\left(\frac{p_{21}}{p_{01}}\right)^2=\frac{\left(\frac{p_2}{p_0}\right)^2-\left(\frac{p_g}{p_0}\right)^2\left[1-\left(\frac{G}{G_1}\right)^2\right]}{1-\left(\frac{p_g}{p_0}\right)^2\left[1-\left(\frac{G}{G_1}\right)^2\right]} \tag{4-49}$$

由式（4-49）可知：

（1）背压式汽轮机接近末级的那些级，级组的压比 p_g/p_0 越大，当流量变化时，级前后的压比 p_g/p_0 变化越大，因此，这些级的理想焓降变化亦越大；背压式汽轮机的最初几级，因 p_g/p_0 很小，流量变化时，级前后压比变化很小，故这些级的焓降可近似认为不变。

（2）当蒸汽流量在设计值附近变化时，背压式汽轮机最初几级的级前压力几乎按直线规律变化，这些级的压比和焓降近似不变，或变化很小。

（3）当蒸汽流量变化较大时，最后几级的压比和焓降首先变化，而最初几级的焓降在相当大的负荷变化范围内变化是不大的，只有在蒸汽流量偏离设计值很远时，最初几级的焓降才发生急剧变化，如图 4-7 所示。

背压式汽轮机热负荷比较稳定且很少在低负荷下长期运行。因此，背压式汽轮机通常只需对调节级和最后二、三级进行变工况核算，而其他各级的焓降及效率都可认为不变。

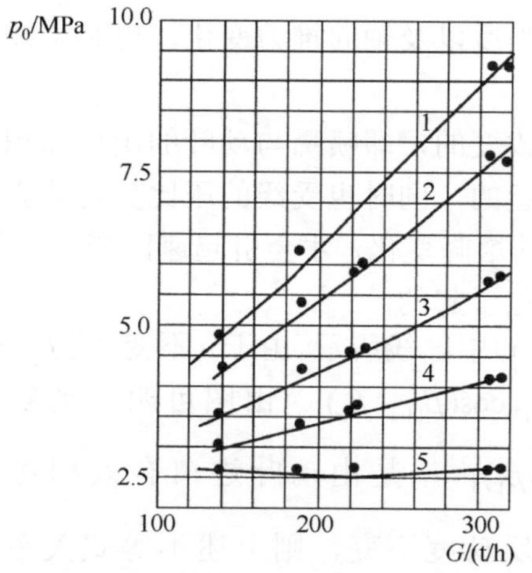

图 4-6　背压式汽轮机各级压力与流量的关系曲线

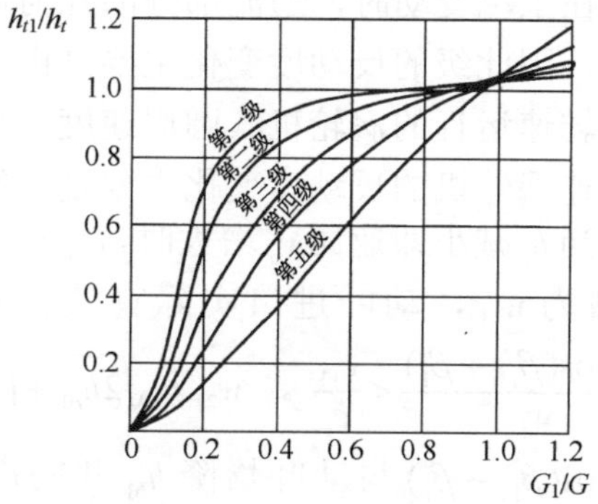

图 4-7　背压式汽轮机在变工况时各级焓降与流量的关系曲线

3．最末级的焓降变化特性

不论最后一级中是否达到临界状态，在不同的蒸汽流量下，级前后压比 p_g / p_0 并不是常数，而是随着流量变化而改变的。当流量增大时，压比减少，级的焓降增大；当流量减少时，压比增大，级的焓降就减少。因此，最末级的反动度、级效率不再保持常数。

4．变工况时调节级的焓降变化

采用节流调节的蒸汽轮机没有调节级，所以第一级可作为中间级进行分析。只有采用喷嘴调节的汽轮机才具有调节级，且其变工况特性比较复杂，在蒸汽流量变化过程中，调节阀开启程度不同的喷嘴组的焓降是不同的。单就调节阀全开而言，因流量改变时调节级级后力与流量成正比变化，而调节级级前压力变化则很小。因此，当蒸汽流量增加时，调节级焓降减小；蒸汽流量减小时，调节级焓降增大。

综上所述，采用喷嘴调节的凝汽式汽轮机，当流量改变时，焓降的变化主要发生在调节级和最后一级中。所有中间级在流量变化时，焓降近乎不变，但在低负荷时，中间级焓降也会变小。背压式汽轮机除调节级焓降变化外，最后几级的焓降也发生变化，负荷变化越大，受影响的级数越多。

汽轮机在变工况下运行时，效率要降低，且负荷变化越大，效率下降越多。喷嘴调节的凝汽式汽轮机效率的降低主要发生在调节级与最后一级；背压式汽轮机，除了调节级外，最后几级的效率都要降低，且负荷变化范围越大，效率发生变化的级数越多；采用节流调节的汽轮机，没有调节级，效率的降低主要是由于节流损失及最末级效率的降低。

二、工况变动时级的反动度变化规律

工况变动时，如果级内的焓降发生变化，则焓降在喷嘴和动叶中的分配比例也会发生变化，也就是级的反动度要发生变化。工况变动时，利用弗留格尔公式虽然可以求出变工况下级前后气流压力的变化，但要了解级的全部热力过程，还必须知道级内反动度的变化。且为了计算工况变动时涡轮机某些零件强度以及轴向推力变化，也必须知道级内反动度的变化规律。

在工况变动时，通流部分的几何尺寸是不会改变的，即喷嘴与动叶的出口面积比不会变，因此级的反动度变化主要是由速比变化引起的，同时也受级的压比变化的影响。对定转速运行的涡轮机其圆周速度不变，只有级的焓降变化，才会引起速比变化，因此，定转速涡轮机的反动度变化主要是由级的焓降变化引起的。

当 h_t 减小即速比 v_a 增大时，$c_{11} < c_1$，如图 4-8(a)中虚线所示。由于 u 不变，故 $\beta_{11} > \beta_1$，w_1 减为 w_{11}，动叶进口实际有效相对速度为 $w_{11}\cos(\beta_{11}-\beta_1)$。由图可明显地看出，$\dfrac{w_{11}\cos(\beta_{11}-\beta_1)}{w_1} < \dfrac{c_{11}}{c_1}$。$w_{21} = \sqrt{2h_{b1} + [w_{11}\cos(\beta_{11}-\beta_1)]^2}$，是由动叶进口有效相对速度 $w_{11}\cos(\beta_{11}-\beta_1)$ 与动叶焓降 h_{b1} 共同产生的，若反动度不变，则上述不等式关系将使 $w_{21}/w_2 < c_{11}/c_1$。但喷嘴出口面积 A_n 与动叶出口面积 A_b 都未变，故喷嘴叶栅中以 c_{11} 流出的气流，来不及以 w_{21} 的速度流出动叶栅，这就在动叶通道内形成阻塞，造成动叶通道与叶栅轴向间隙中压力升高，也就迫使反动度增大。

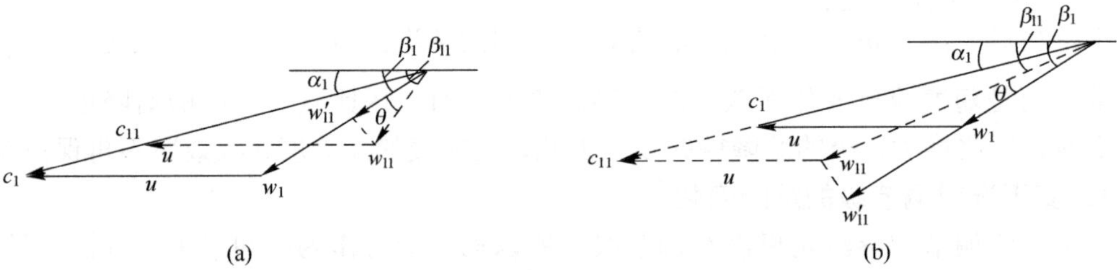

图 4-8　h_t 变化对动叶栅进口速度三角形的影响

（a）级的理想比焓降 h_t 减小时；（b）级的理想比焓降 h_t 增大时。

反动度增大将使 c_{11} 减小，使 w_{21} 增大，从而减轻动叶栅通道的阻塞。反动度增大还将使 υ_{11} 比 Ω_m 不变时更小，抵消了 c_{11} 减小的部分作用。但当 c_{11} 小于临界速度时，υ_{11} 的变化率小于 c_{11} 的变化率，仍使 c_{11}/υ_{11} 减小；若 c_{11} 大于临界速度不多，则 υ_{11} 的变化率虽略大于 c_{11} 的变化率，但两者仍差不多。然而，反动度变化对 υ_{21} 基本上没有影响，故 w_{21} 增大的影响未被抵消，仍可减轻 $w_{21}/w_2 < c_{11}/c_1$ 所引起的矛盾。当反动度增大到一定程度，使得

$$A_n c_{11}/\upsilon_{11} = A_b w_{21}/\upsilon_{21} = G_1 \tag{4-50}$$

则反动度不再增大，达到了平衡。

同理，h_t 增大即 v_a 减小时，由图 4-8（b）可见，$\dfrac{w_{11}\cos(\beta_{11}-\beta_1)}{w_1} > \dfrac{c_{11}}{c_1}$，因而，$w_{21}/w_2 > c_{11}/c_1$，故反动度必然降低。

以上分析表明了反动度的变化规律：在工况变动时，当级的焓降减小即速比增大时，级的反动度要增加。反之，当级的焓降增大时，则级的反动度就减小。如该级为纯冲动级或反动度很小的级，则有可能在工况变动焓降增大时产生负反动度，从而在动叶中产生压缩流量，造成较大的附加损失。当然，反动度变大后，将使喷嘴与动叶的间隙中的

漏气量增大，也会使损失增大。实际计算表明，焓降变化所引起的反动度变化的大小，取决于设计工况下反动度本身的大小。设计反动度较小的级，焓降变化引起的反动度变化较大；反之，变化较小；反动级的反动度基本不变。

对于凝汽式汽轮机末级，在蒸汽流量 G 不变且动叶出口气流流速已超过临界速度的条件下，若排气压力 p_c 下降，则 h_b 增大而 h_n^* 不变。这是因为末级动叶前压力 p_1 与动叶临界流量成正比，流量不变则 p_1 不变，末级喷嘴前滞止压力 p_0^* 与级的临界流量成正比，流量不变则 p_0^* 不变，故 h_b 增大而 h_n^* 不变。即级的焓降增大时反动度增大。同理，若 p_c 上升，级的焓降减小而反动度减小。对于调节级，当动叶流速超过临界速度时，也会如此。

第四节　轴向力的变化

由于结构上的不同，汽轮机的轴向推力对运行的影响远大于燃气轮机，以下主要讨论汽轮机的轴向推力对运行工况的影响。

当汽轮机的运行工况偏离设计工况时，轴向推力也会发生变化。为了保证推力轴承能安全可靠地工作，防止推力轴承由于过负荷而损坏，引起严重事故，必须了解轴向推力的变化规律。但是，引起轴向推力变化的因素很多，如负荷的变动、初终参数的变化、通流部分的结垢以及在运行中通流部分间隙的改变等。因此，汽轮机在任一工况下轴向推力的数值，只有经过详细的热力计算才能确定。这里只讨论负荷改变时，汽轮机轴向推力变化的一般规律。

一、冲动式汽轮机轴向推力的变化

根据第二章的讨论，一个级的轴向推力主要取决于级前后压差与反动度的乘积。因此，级在工况变化下的轴向推力 F_{a1} 与设计工况下的轴向推力 F_a 的比可用下式表示：

$$\frac{F_{a1}}{F_a} \approx \frac{\Omega_{m1}(p_{01}-p_{21})}{\Omega_m(p_0-p_2)} \tag{4-51}$$

1．凝汽式汽轮机轴向推力的变化

对采用节流调节的凝汽式汽轮机，当负荷变化时，除最末级外，其余各级由于焓降不变，反动度亦不变。各级前后压力差与流量成正比变化关系，即

$$\frac{G_1}{G} = \frac{p_{01}}{p_0} = \frac{p_{21}}{p_2} = \frac{(p_{01}-p_{21})}{(p_0-p_2)} \tag{4-52}$$

因此，汽轮机级的轴向推力与流量成正比变化关系：

$$\frac{F_{a1}}{F_a} \approx \frac{(p_{01}-p_{21})}{(p_0-p_2)} = \frac{G_1}{G} \tag{4-53}$$

汽轮机的轴向推力等于各级轴向推力之和。最末级由于级内压差不与流量成正比，且级内反动度也是变化的，故上述关系不成立。但其值对总轴向推力的影响不大，因此，仍然可以认为节流调节的凝汽式汽轮机的轴向推力随负荷增大而增加，且在最大负荷时达最大值，如图 4-9 中的曲线 1 所示。

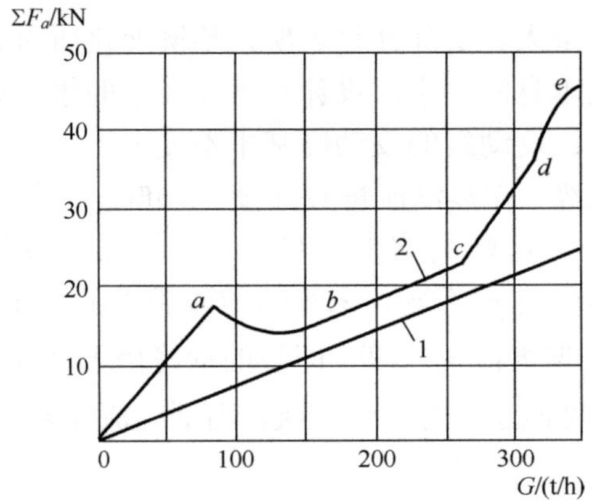

图 4-9 一台喷嘴配汽中压凝汽式汽轮机的轴向推力变化曲线

1—非调节级轴向推力与流量的关系；2—全机轴向推力与流量的关系。

对采用喷嘴调节的凝汽式汽轮机，在变工况下，各压力级轴向推力的变化规律与节流调节的汽轮机相同。

调节级轴向推力的变化比较复杂，它与部分进气度和前轴封漏气等因素有关。当有通道使调节级两侧的压力平衡时，可以不计作用在轮面上的轴向力，此时，调节级的轴向推力主要是动叶上的轴向推力，其值 $F_a \approx e\Delta p\ \Omega_m$。

图 4-9 中的曲线 2 表示一台具有 5 个喷嘴组单列调节级的中压汽轮机全机轴向推力与流量的关系，线 2 与线 1 之差值即调节级的轴向推力，当负荷由额定值减小时，调节级前后压差变大应使轴向推力变大，但由于：①调节级焓降变大引起反动度变小；②某个调节阀门关小时，该调节阀门后的那一喷嘴弧段所在的级前后压差迅速减小；③一个调节阀门全关时，调节级部分进气度减小，故承受 $(p_1 - p_2)$ 的动叶弧段减短且全关的调节阀门所控制的喷嘴组后的动叶通道成为叶轮前后的漏气通道，使叶轮前后压差变得更小。故蒸汽流量变小时，调节级的轴向推力大部分变小（如图 4-9 中 *eb* 段）。

但当第Ⅱ调节阀门关小时（图 4-9 中的 *ba* 段），调节级轴向推力反而增大，原因在于此时第Ⅰ喷嘴组后的动叶中气流速度达到或超过临界速度。当总流量继续减小，调节级后压力 p_{21} 继续下降时，第Ⅰ喷嘴组内的临界流量因 p_0' 未变而不变，第Ⅰ喷嘴组后动叶中的临界流量也不变，p_{11} 必然不变，故 p_{21} 下降时，$(p_{11} - p_{21})$ 变大，使轴向推力 F_a 变大。但对于凝汽式汽轮机，点 a 的 ΣF_a 比点 e 的 ΣF_a 小得多。可见，点 a 并非危险工况，最大轴向推力仍在负荷最大时。

因此，一般可近似认为，凝汽式汽轮机总的轴向推力与流量成正比变化，并且在最大功率时达最大值。

2．背压式汽轮机轴向推力的变化

背压式汽轮机调节级轴向推力的变工况特性与凝汽式汽轮机相同。其压力级在工况变动时，因级前后压力与流量不成正比，级内焓降和反动度亦相应发生变化，因此，级的轴向推力也不与流量成正比。例如，当流量增加时，级前后压力及压差增大，但反动度下降，故轴向推力不一定增加；当流量减小时，级前、后压力及压差减小，但反动度增加，级的轴向推力并不一定减小。因此，背压式汽轮机通流部分总的轴向推力的最大值并非在最大功率处，而是在某一中间功率时达到。

二、反动式汽轮机轴向推力的变化

对于反动式汽轮机，由于各级反动度很大，因此，在工况变动时，即使级内焓降变化很显著，反动度也大致保持不变。故级的轴向推力与级内压差成正比变化关系，最大轴向推力发生在最大负荷工况时。一般情况下，纯反动式汽轮机当工况变动时，其轴向推力的改变远小于冲动式汽轮机。

综上所述，汽轮机轴向推力的变工况计算相当复杂，且难以准确计算，故在实际运行中，常用测量推力轴承瓦块温升的方法监视轴向推力的变化。

第五节　扭矩的变化——级的外特性

对于舰船蒸汽涡轮和燃气涡轮，当其转速变化时，不仅涡轮的功率和效率变化，而且作用于涡轮动叶上的扭矩也发生变化。作用于涡轮上的扭矩与涡轮转速的变化关系 $M = f(n)$，称为涡轮的外特性。研究涡轮的外特性是研究船-机-桨配合工作的基础。

为了便于分析，我们只讨论转速变化时涡轮机级前后气体参数不随之改变的情况，并且只考虑亚临界工况条件，故有 $G_0 = G$，$c_{10} = c_1$，$w_{20} = w_2$。图 4-10 所示为转速变化时透平级的速度三角形。

设计工况时，气流作用于涡轮机级上的扭矩为

$$M_0 = G_0 r_m (c_{1u0} + c_{2u0}) \tag{4-54}$$

式中：r_m 是级的平均半径。转速发生变化（变工况）时的扭矩为

$$M = G r_m (c_{1u} + c_{2u}) \tag{4-55}$$

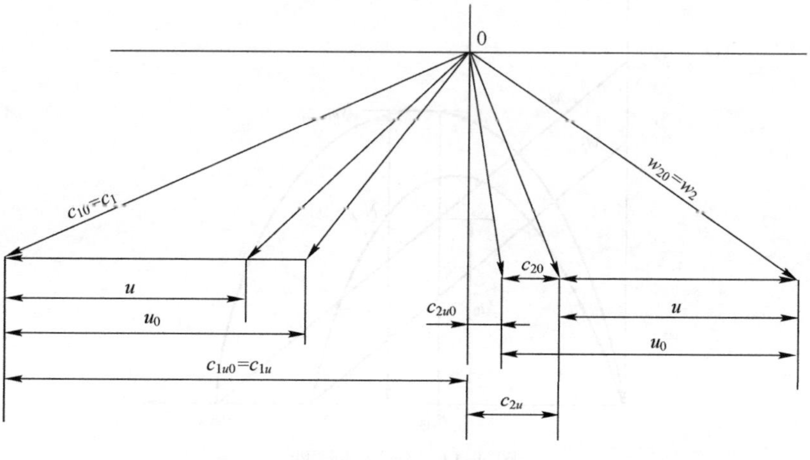

图 4-10　转速变化时透平级的速度三角形

根据图 4-10 的速度三角形，有

$$\begin{cases} c_{1u} = c_{1u0} \\ c_{2u} = c_{2u0} + (u_0 - u) \end{cases} \tag{4-56}$$

将式（4-56）代入式（4-55），得

$$M = G_0 r_m (c_{1u0} + c_{2u0} + u_0 - u) \tag{4-57}$$

由此可见，扭矩与轮周速度u呈线性关系，即随转速n减小而增大，呈线性关系。当$u=0$时，扭矩M有最大值，即

$$M_{\max} = G_0 r_m (c_{1u0} + c_{2u0} + u_0) \tag{4-58}$$

综合上述各式，并以$\dfrac{u}{u_0}=\dfrac{n}{n_0}$代入，整理得出

$$M = M_{\max} - (M_{\max} - M_0)\frac{n}{n_0} \tag{4-59}$$

令$\mu=\dfrac{M_{\max}}{M_0}$，称为最大相对扭矩，又称扭矩倍率。代入式（4-59）得

$$M = M_0\left[\mu - (\mu - 1)\frac{n}{n_0}\right] \tag{4-60}$$

当扭矩为零，即$M=0$时的转速称为级的最大转速$n_{\max}$，有

$$n_{\max} = \frac{\mu}{\mu - 1} n_0 \tag{4-61}$$

图4-11做出了涡轮机级的扭矩-转速变化曲线，称为级的外特性曲线，对应于一定的流量G，级的外特性曲线为一直线。图中还做出不同流量的轮周功率N_u的变化曲线。图中M和N_u的下标“1”“2”分别表示不同流量时的情况。由于

$$\frac{N_u}{N_{u0}} = \frac{Mn}{M_0 n_0} = [\mu - (\mu - 1)\frac{n}{n_0}]\frac{n}{n_0} \tag{4-62}$$

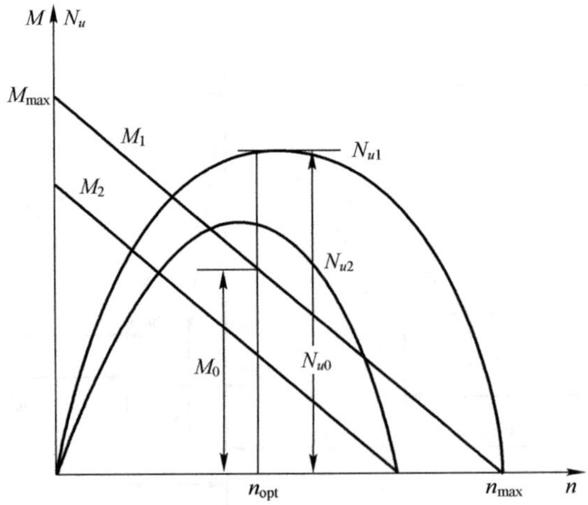

图4-11　级的外特性

可见，轮周功率与转速的关系为一抛物线。当$n=0$和$n=n_{\max}$时，$N_u=0$，其间有最大值。由一阶导数为零，得$N_u=N_{u\max}$时的最佳转速：

$$n_{\text{opt}} = \frac{\mu}{\mu-1}\frac{n_0}{2} = \frac{n_{\max}}{2} \tag{4-63}$$

此时的最大功率为

$$N_{u\max} = N_{u0}\frac{\mu^2}{4(\mu-1)} \tag{4-64}$$

设计工况为最佳工况时，$N_{u0} = N_{u\max}$，可得 $\mu = 2$。实际上，涡轮机级的扭矩倍率与此接近。在所研究的条件下，由于气体流量及焓降保持不变，功率之比即等于轮周效率之比，故

$$\frac{\eta_u}{\eta_{u0}} = \left[\mu - (\mu-1)\frac{n}{n_0}\right]\frac{n}{n_0} \tag{4-65}$$

式（4-58）与式（4-54）的比值为

$$\mu = \frac{M_{\max}}{M_0} = \frac{c_{1u0} + c_{2u0} + u_0}{c_{1u0} + c_{2u0}} = 1 + \frac{u_0}{c_{1u0} + c_{2u0}} \tag{4-66}$$

而级的设计工况轮周效率表示为

$$\eta_{u0} = \frac{u_0(c_{1u0} + c_{2u0})}{\dfrac{c_{1t0}^2}{2}} = \frac{2\left(\dfrac{u_0}{c_{1t0}}\right)^2}{\dfrac{u_0}{c_{1u0} + c_{2u0}}} \tag{4-67}$$

由此可得

$$\mu = 1 + \frac{2\left(\dfrac{u_0}{c_{1t0}}\right)^2}{\eta_{u0}} \tag{4-68}$$

利用式（4-68），可以根据级的设计特性计算扭矩倍率，再用式（4-60）得到转矩的变化。例如，对于冲动级，$u_0 / c_{1t0} = 0.5$，$\eta_{u0} \approx 0.8$，可得 $\mu = 1.6$；对于反动级，$u_0 / c_{1t0} \approx 0.7$，$\eta_{u0} \approx 0.85$，得 $\mu = 2.2$。

对于多级涡轮机，其输出扭矩即各级扭矩之和。涡轮机级外特性同样可用式（4-60）表示，功率随转速的变化也与式（4-62）相同。两式中的扭矩倍率应取为各级的平均值，即

$$\mu_t = \frac{\sum\limits_{i=1}^{z}\mu_i}{z} \tag{4-69}$$

利用式（4-69），并根据统计资料可以写成

$$\mu_t = 1.5 + \frac{1}{z}\sum_{i=1}^{z}\left[\frac{2\left(\dfrac{u_0}{c_{1t0}}\right)^2}{\eta_{u0}}\right]_i \tag{4-70}$$

实际上，对单级冲动式涡轮和速度级涡轮，$\mu \approx 2.0$；对多级冲动式或反动式涡轮，$\mu \approx 2.5 \sim 3.0$。

最后，需要说明的是，上述分析是在不太精确的假定下得到的，具有定性的意义。事实上，涡轮机级速比的改变，会引起流量的变化。另外，工况变动后，各叶栅在有冲角的情况下运行，性能可能改变，从而对上述结论有所影响。

图 4-12 是冲动式涡轮机级的试验曲线，图 4-12（a）是涡轮机级中任一基元级均处于亚临界流动下的特性，图 4-12（b）是超临界流动下的特性。在超临界状态下工作的级，由于速比改变不会引起涡轮机流量的改变，或者说，涡轮机的转速 n 不会对焓降产生影响，所以与上述简化分析很接近。对多级涡轮机而言，扭矩特性和单级涡轮机一致，不过特性线将更倾斜。为了使扭矩特性更准确，其应该从试验中获得。

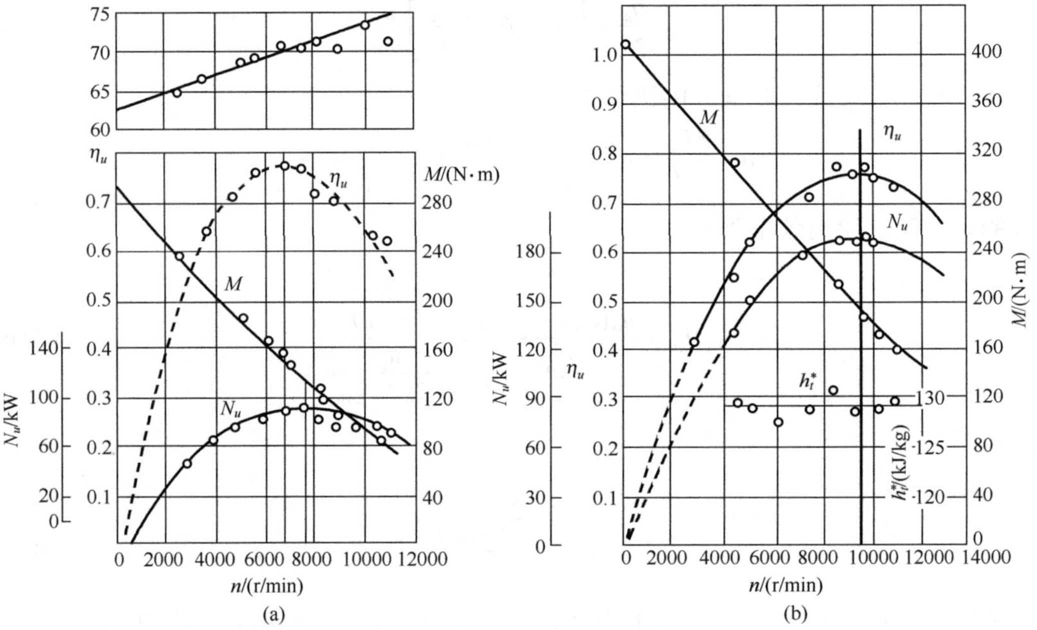

图 4-12　冲动式涡轮机级的外特性试验曲线

（a）亚临界流动；（b）超临界流动。

习　　题

1．什么是彭台门系数？有何使用价值？

2．试分析流量变化时，喷嘴调节凝汽式汽轮机的调节级、中间各级和最末级焓降和反动度变化的情况。

3．怎样划分级组？通过级组的流量与级组前后参数有何关系？

4．对于蒸汽涡轮，其调节级何时采用单列级或双列级？请说明原因。

5．汽轮机进气压力、温度为额定值的凝汽式汽轮机，其排气压力升高对汽轮机的经济性和安全性有何影响？

6．为什么凝汽式汽轮机高、中压各非调节级的功率可近似看成与涡轮机工质流量成正比？什么是弗留格尔公式？

7．机组中级前后压力不变时，机组前后温度的变化对流量有何影响?

8．简述冲动式蒸汽轮机在工况变化时轴向推力的变化情况。

9．何为涡轮机级的外特性？

10．渐缩喷嘴在设计工况下，喷嘴前的蒸汽压力 $p_0 = 2.16\text{MPa}$，温度 $t_0 = 350℃$，喷嘴后的蒸汽压力 $p_1 = 0.589\text{MPa}$，流量为 $G = 3\text{kg/s}$。

（1）若蒸汽流量保持为临界值，则最大背压可以为多少?

（2）若流量减小为设计流量的 $1/3$，则在初温、初压不变时，背压应为多少?

（3）若背压维持为0.589MPa不变，则初压应为多少才能使流量变为设计值的4/7?

11．过热蒸汽通过一渐缩喷嘴，其设计初压 $p_0 = 12.75\text{MPa}$，背压 $p_1 = 9.8\text{MPa}$。变工况后流量减为设计流量的 1/3，背压下降为 $p_{11} = 3.32\text{MPa}$。试求变工况喷嘴前的压力（忽略初温变化的影响）。

第五章　向心涡轮的工作原理

前面几章介绍了轴流式叶轮机械中一种重要的原动机——轴流涡轮的工作原理及特性。本章将讨论径流式叶轮机械中的另一种原动机——向心涡轮的结构与工作原理、应用领域、主要性能参数和特性曲线，可比较轴流涡轮来学习本章，从而对向心涡轮有比较清楚的了解。

按工质在叶轮中的主要流动方向，涡轮机可分为径流式、径-轴流式和轴流式。这 3 种涡轮通流部分的基本形式如图 5-1 所示。径流式涡轮中工质由外径向内径流动的涡轮，称为向心式涡轮，也称向心涡轮。由于向心式涡轮机结构的关系，其不便使用多级，已有的向心涡轮机绝大多数都是单级的。

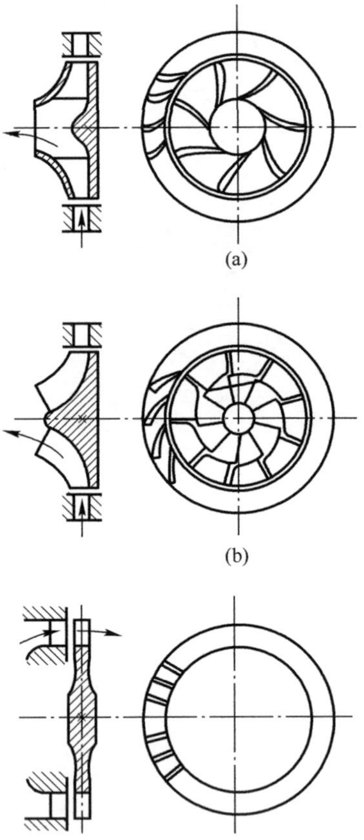

图 5-1　涡轮通流部分的基本形式
（a）径流式；（b）径-轴流式；（c）轴流式。

单级向心涡轮机与单级轴流涡轮机相比，大致有如下优点。

（1）在设计得当时，由于级中叶轮流动损失和余速损失均较小，向心涡轮机的效率比较高，在容积流量较小的情况下，这点表现更为明显。

（2）由于叶轮的流动损失对向心涡轮机效率的影响较小，通流部分的几何偏差对效率的影响不大，这样就可采用较简单、高效率的叶轮制造工艺。

（3）质量较轻，结构简单。特别是使用无叶蜗壳时，向心涡轮机的结构变得更为简单，降低了制造成本。

（4）可以利用可调的静叶（或喷嘴）来实现流量调节，使向心涡轮机具有较宽的运行范围。

（5）由于向心涡轮机允许较高的圆周速度，故一级中能转换较大的焓降。

向心涡轮机的缺点：径向外壳尺寸较大；工作转速高，特别是在流量小、焓降大的情况下，将降低轴承的可靠性，提高减速装置的传动比；大功率和多级的向心涡轮机较难实现；叶轮全部与做功气流接触，受热面积大，转子内温度梯度大，热应力大。

下面我们分几个方面来说明向心涡轮机。

第一节　向心涡轮的结构形式及应用

一、向心涡轮的结构形式

图 5-2 为向心涡轮机结构示意图。做功气流从外径流入后，经喷嘴（静叶）流入叶轮，在叶轮中做功，并转过 90° 呈轴向流出涡轮机。

在向心涡轮中从进气管到叶轮之间，需要一个圆环形的加速与导向的装置，以使气流具有一定大小的速度 c_1，按动叶进口角的要求具有一定的进气角 α_1，进入向心叶轮。这个加速导向装置有两种结构形式：一种是有叶喷嘴，又称环形静叶栅；另一种是无叶喷嘴，又称无叶蜗壳。

1．环形静叶栅

环形静叶栅，如图 5-3 所示，与轴流涡轮的静叶栅有相似之处，其进口和出口也有斜切部分，也有亚声速收缩喷管或超声速缩放喷管。不同之处是叶片的排列形式：轴流的圆环叶栅在平行于轴线的圆柱面上展开为平面直列叶栅，叶片高度位于径向方向上；向心的圆环叶栅在垂直于轴线的径向—周向平面上，为平面环列叶栅，这里叶片高度通常称为叶片宽度，位于轴向方向上。有关气流在静叶栅中的流动及气动参数的变化和几何参数的确定，与轴流式涡轮的相差不多，这里不再赘述。静叶栅的出气角 α_1 很少超过 25°，一般选取 $\alpha_1 = 14° \sim 20°$。

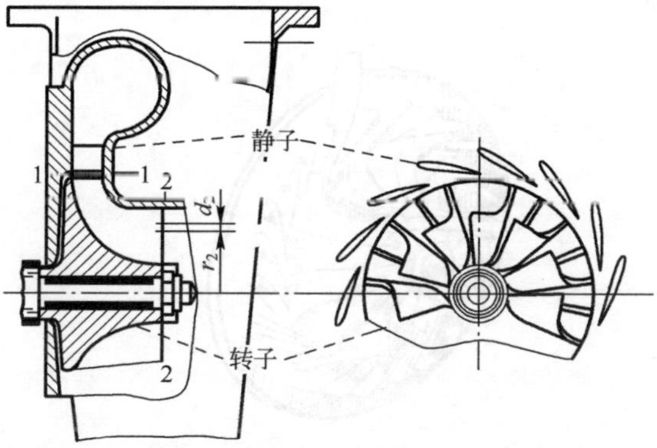

图 5-2　向心涡轮机结构示意图

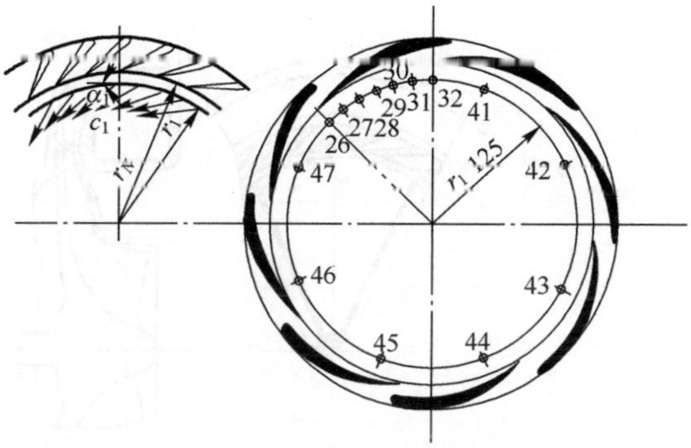

图 5-3　向心涡轮的环形静叶栅

2．无叶蜗壳

无叶蜗壳这种加速导向装置是没有安装喷嘴叶片的蜗壳，如图 5-4 所示。一侧为进气加速膨胀，另一侧为排气或略带有减速增压。虽然蜗壳中没有任何导向叶片，若设计合理，也能起到加速导向的作用，使蜗壳出口截面上的气流沿圆周均匀地配气，并获得所要求的气流速度 c_1 和出气角 α_1。通常在蜗壳中的流线上周向分速以接近等环量的规律加速到所要求的 c_{1u}，根据设计流量和出口面积，可计算径向分速 c_{1r}。

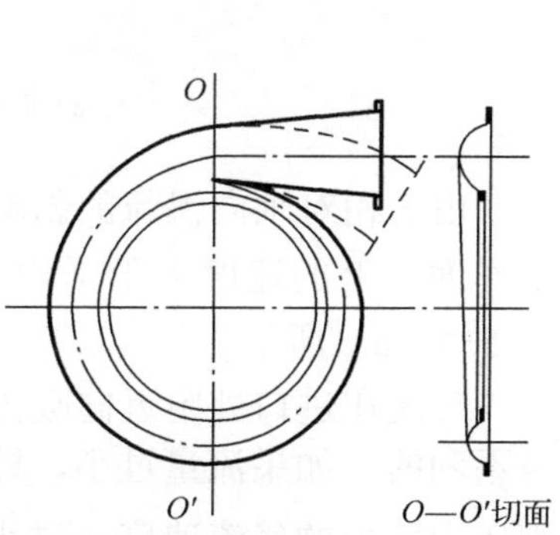

图 5-4　向心涡轮的无叶蜗壳

无叶蜗壳具有以下的一些特点。

（1）径向尺寸显著减小，比有叶喷嘴的径向尺寸可减小 10%～15%。

（2）结构简单，制造方便，重量轻，因而成本明显降低。

（3）消除了导向叶片的冲蚀现象，运行周期长，使用寿命长。

（4）改变了变工况的性能，扩大了流量的适应范围。

其不足之处如下。

（1）蜗壳的截面尺寸应有较严格的允许误差，以保证制造精度，否则，叶轮进口的流场周向分布不均匀，出现流场畸变，影响叶轮中的流动性能。

（2）在设计工况下的蜗壳流动效率比静叶栅的低，静叶栅的速度系数 φ 可达 0.98，而无叶蜗壳的速度系数仅达 0.95。

蜗壳截面的形状有许多种，如矩形、椭圆形、圆形、梯形和梨形。当进口直管改为如图 5-4 虚线所示的弯管时，其流动效率略有提高。

由于无叶蜗壳有许多优点，虽然它问世较迟，20 世纪 50 年代末才出现专利，但目前获得了相当广泛的应用。例如，杭州制氧机厂在 3350 空气分离设备透平膨胀机产品中就成功地采用了这种无叶蜗壳。

3．向心叶轮

图 5-5 所示为向心叶轮的结构示意图，根据动叶片的扭转程度，向心叶轮又有闭式、半开式和开式之分。向心叶轮的结构形式与其性能参数的关系将在第三节中介绍，这里只简单地讨论一下叶道中速度分布的不均匀性。

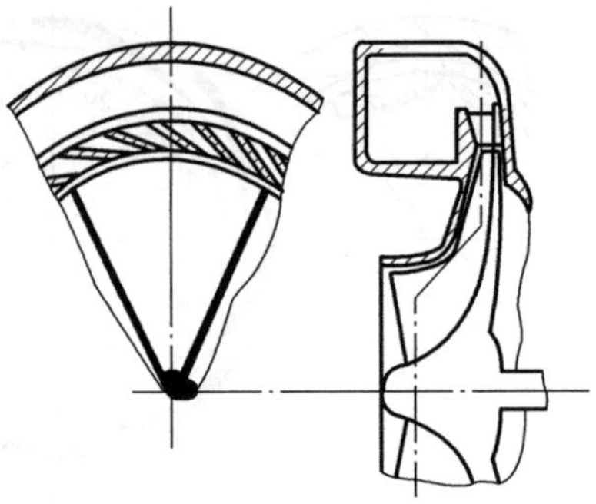

(a)

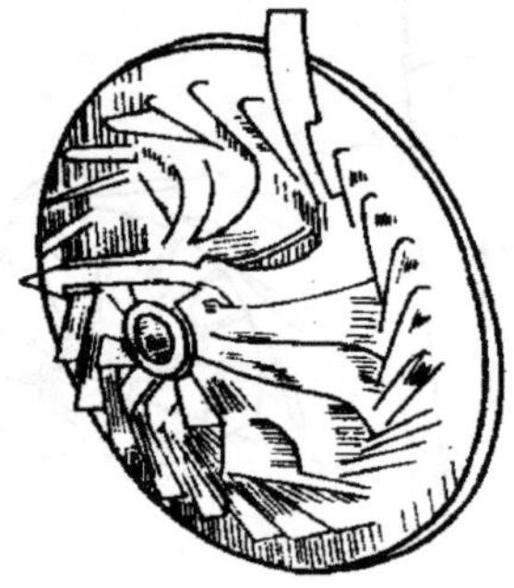

(b)

图 5-5　向心叶轮的结构示意图

（a）向心叶轮的剖面结构图；（b）向心叶轮的结构图。

由于相对轴向涡流的影响，气流沿叶道周向的速度分布不均匀，导致叶片吸力面（非工作面）上的速度大于平均速度；叶片压力面（工作面）上的速度小于平均速度，如图 5-6（a）所示。

气流在进口处附近向吸力面偏斜，这对吸力面的流动是有利的，但对压力面的流动是不利的。如果流量过小，即平均流速 w_m 过小，或叶片太少两叶之间的距离 a 过大，则压力面处的气流速度 w 过小，甚至出现负值，从而局部地区会出现倒流，产生旋涡区。这显然会引起较大的分离损失，应当力求避免，这表明叶轮中的叶片数不能太少。如果叶轮进、出口的直径相差较大，较多的叶片数又导致出口的流道过分狭窄，对出口附近的流动不利，这时可采用长、短叶片的结构形式，如图 5-6（b）所示。这样叶轮进、出口处的流动都予以兼顾了。

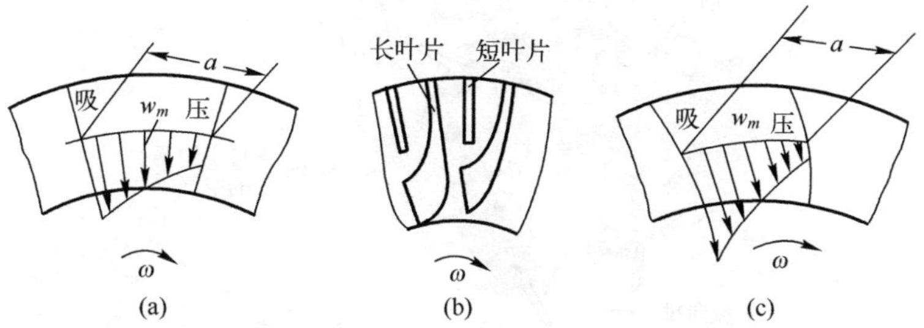

图 5-6　向心叶轮叶道中的速度不均匀分布

（a）向心叶轮叶道的周向速度分布；（b）采用长、短叶片的向心叶轮；（c）后弯式叶片叶道的周向速度分布。

在径向式叶轮中，若叶片不是径向直叶片，而是弯曲型的叶片，则还有叶道弯曲引起的离心力使气流沿叶道周向的速度分布不均匀。后弯型的叶片亦使叶片吸力面上速度增大，而叶片压力面上速度减少，但其作用相对轴向涡流的影响弱，两者的作用是叠加的，如图 5-6（c）所示。前弯型的叶片的作用相反，其轴向涡流与叶道弯曲所产生的影响相互抵消一部分。实际上，弯曲叶片多采用后弯式的叶片。为便于制造，可采用单圆弧型弯曲叶片。当叶轮的直径较大时，也可采用两个不同半径的圆弧连接而成的双圆弧型弯曲叶片。

4．导风轮

在叶轮接近出口由径向转为轴向的区域，叶片的形状十分复杂，加工制造较为困难。为此，这部分往往单独设计成一个导风轮，与具有径向叶片的叶轮相连接而组合成径-轴流型的叶轮。导风轮叶片的造型，即其型面的几何性质决定了叶片的气动性能、强度与工艺特性。过去的导风叶轮曾用圆柱面或圆锥面造型，这种曲面较易加工，但其气动性能较差，因此逐渐被抛物面造型所取代。目前使用的抛物面有直纹的和非直纹的、平基面的和圆柱基面的。有关导风轮叶片成型设计与加工制造，限于篇幅不可能详加讨论，如有需要可查专门的文献资料。

二、向心涡轮的应用及发展

1．向心涡轮的应用

单级向心涡轮结构简单紧凑，制造工艺简单方便，造价低廉，适用于高转速，在小流量的设计条件下可获得较大的做功能力和较高的效率，容易利用可调导向叶片进行流量调节。因此，在许多部门获得了越来越广泛的应用。

（1）作为中、小功率的燃气轮机动力装置，已成功地用于中、小型舰船。

（2）作为内燃机、柴油机的废气涡轮增压器，用来提高出力和热效率，如图 5-7 所示。

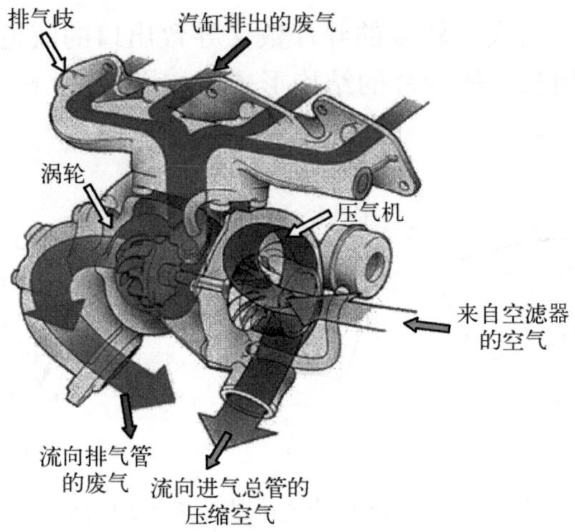

图 5-7　废气涡轮增压器

（3）作为液力变矩器的重要组成，安装在发动机和变速器之间，以液压油为工作介质，起传递转矩、变矩、变速和离合的作用，如图 5-8 所示。

（4）作为制冷低温装置中的膨胀机大量地被用来提高制冷量和循环热效率。

（5）单级向心涡轮还特别适用于工质能量回收、余热利用以及各种节能的场合，也可作为航空发动机的启动机和导弹的辅助动力装置。

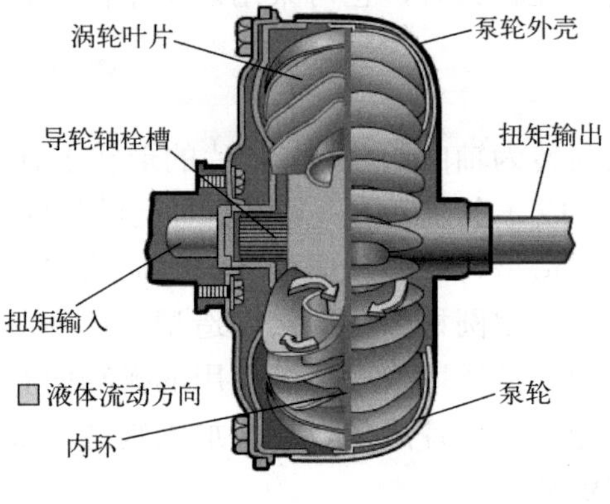

图 5-8　液力变矩器

2．向心涡轮的发展

由于大型航空发动机的流量较大，向心涡轮的发展受到了限制，但向心涡轮在微型涡轮发动机、火箭用涡轮泵、小型燃气透平辅助动力装置（APU）和航空发动机紧急备用动力装置（EPU）的应用越来越广泛。

微小型向心涡轮作为微型涡轮动力装置的核心部件之一，具有单级加功量大、工艺简单、成本较低的特点，在分布式发电、无人机推进、电动汽车等方面有着广泛的应用前景，已成为研究热点之一。国内外已有许多研究致力于厘米级向心涡轮的研制，这些微型发动机可用于计算机、机器人等提供可移动式的能源供应。

在液体火箭发动机中，燃料和氧化剂通常由涡轮泵直接送入燃烧室，但燃料预热温度受到了限制，燃气发生器系统和预燃循环系统可以将燃料加热到一定温度，但其燃料利用率低且增加了发动机质量，为了减重并提高发动机的稳定性，NASA 采用了膨胀机，通过离心泵的燃料全部在推力室冷却管中被加热，然后推动涡轮做功再送入燃烧室，由于其不需要额外燃料推动涡轮，从而提高了燃料利用率并减小了结构的复杂性和质量。

小型燃气透平辅助动力装置（APU）具有质轻、低排放、低噪声、结构紧凑、无震动运转等特点。已有设计开发了用于重型卡车反怠速的 APU，功率在 5kW 附近，其原理是压气机将空气送入燃烧室，产生的燃气推动涡轮直接带动压气机和空冷发电机，废气排出时将燃料预热。类似地，还有航空发动机紧急备用动力装置，利用 H_2O_2 燃气发生器产生的燃气推动涡轮带动压气机和发电机。

向心涡轮是涡轮增压器、微型涡轮发动机、涡轮泵等系统的做功元件，气流在向心涡轮叶轮流道中从径向转到轴向，三维特征十分显著，流道内的二次流和涡系十分复杂。同时，由于叶轮转速一般都较高，离心力和哥氏力的影响较大，从而增加了叶轮内部流动的复杂性，给向心涡轮的设计和实验研究带来了很大的困难。近年来，随着计算技术的快速发展，数值模拟日益成为研究叶轮机械内部流动的有力工具。

第二节　向心涡轮的工作原理

一、向心涡轮机的工作过程

当向心涡轮机工作时，其总压为 p_0^*、总温为 T_0^* 的工质，以流速 c_0 流入涡轮机的进气管。进入涡轮机的工质首先在径向静叶栅或无叶导向器中膨胀加速，使到达导向器（静叶）出口时速度增大到 c_1，其压力和温度分别降低到 p_1 和 T_1，接着工质以相对速度 w_1 进入高速旋转、入口圆周速度为 u_1 的叶轮，工质在叶轮中继续膨胀并做功，在叶轮出口气体压力降至 p_2，温度则降至 T_2，在叶轮出口平均直径 d_2 上的气流相对速度为 w_2，其绝对速度 c_2 为该点的牵连速度 u_2 与 w_2 的向量和。最后，工质通过扩压器或排气管排入大气，或输往后继的工艺管路。工质在叶轮进出口的流动情况用速度三角形表示，如图 5-9 所示。注意：在向心涡轮机中，进、出口处的工质已转过 90°，且 $d_1 \neq d_2$，u_1 与 u_2 有较大差别，这里为了分析方便仍把它们画到一起。u_1 与 u_2 的差别是向心涡轮机的特征之处。

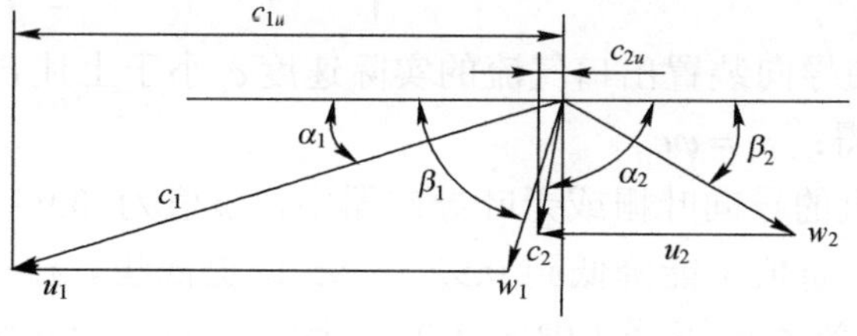

图 5-9　向心涡轮机的速度三角形

气流在向心涡轮机级内的热力过程，可以用 $h-s$ 图来表示，与轴流涡轮机没多大差异，如图 5-10 所示。

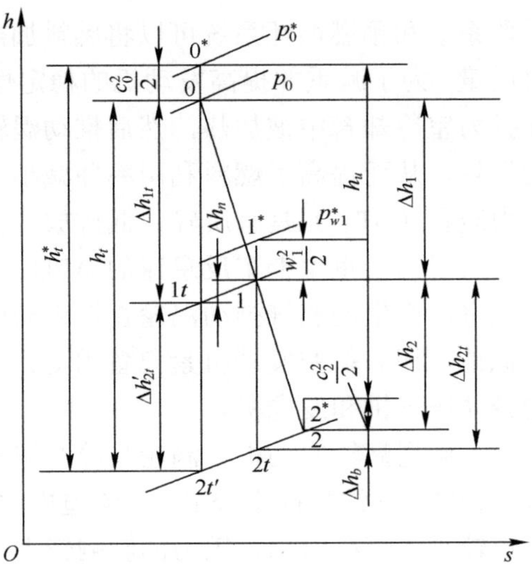

图 5-10　向心涡轮机工作过程的 $h-s$ 图

由图可知，$0^{*}1t2t$ 线表示气流在向心涡轮机中的等熵膨胀过程。但实际上，由于流动中存在着各种能量损失，气流在膨胀过程中的比熵将增加。因此，在 $h-s$ 图上，工质的实际膨胀过程将用 $0^{*}012$ 线来表示。考虑了损失后，叶轮入口处气流的焓降不再是 Δh_{1t} 而是 Δh_1；叶轮出口处气流的焓降不再是 Δh_{2t} 而是 Δh_2，其差值就是流动损失。因为流动是绝热的，所以损失的能量就转化为气流的焓升。

导向装置的流动损失为

$$\Delta h_n = \Delta h_{1t} - \Delta h_1 \tag{5-1}$$

叶轮中流动损失为

$$\Delta h_b = \Delta h_{2t} - \Delta h_2 \tag{5-2}$$

由于出口动能不能利用而引起的余速损失为

$$\Delta h_{c_2} = \frac{c_2^2}{2} \tag{5-3}$$

导向装置出口气流的理想速度与轴流涡轮机一样，可表示成下式：

$$c_{1t} = \sqrt{2\Delta h_{1t}^{*}} = \sqrt{2\left(h_0^{*} - h_{1t}\right)} = \sqrt{\frac{2k}{k-1} R T_0^{*} \left[1 - \left(\frac{p_1}{p_0^{*}}\right)^{\frac{k-1}{k}}\right]} \tag{5-4}$$

由于存在损失，使导向装置出口气流的实际速度 c_1 小于上述 c_{1t}，可通过导向装置的速度系数 φ 和 c_{1t}，求得：$c_1 = \varphi c_{1t}$。

一般在向心涡轮机的导向叶栅或无叶导向器中，φ 值为 0.95～0.97。当导向装置设计或制造得较粗糙时，φ 值可能降低到 0.92～0.95 或更低些。在一般情况下，φ 值每减小 1%，涡轮机的轮周效率 η_u 下降 1.0%～1.2%。因此，对于导向装置的设计和试验工作应给予充分的重视。

利用相对运动的能量方程（即滞止比焓不变）可求得叶轮出口截面上的理论相对速度 w_{2t}：

$$h_1+\frac{w_1^2}{2}-\frac{u_1^2}{2}=h_{2t}+\frac{w_{2t}^2}{2}-\frac{u_2^2}{2} \tag{5-5}$$

在叶轮内的流动也存在着能量损失，故叶轮出口实际速度 $w_2<w_{2t}$，可用叶轮的速度系数 ψ 来求出：

$$w_2=\psi w_{2t}=\psi\sqrt{2(h_1-h_{2t})+w_1^2+(u_2^2-u_1^2)} \tag{5-6}$$

定义导向器中的能量损失系数为

$$\varsigma_n=\frac{\Delta h_n}{\Delta h_{1t}^*}=\frac{\Delta h_n}{\frac{c_{1t}^2}{2}} \tag{5-7}$$

定义叶轮中的能量损失系数为

$$\varsigma_b=\frac{\Delta h_b}{w_{2t}^2/2} \tag{5-8}$$

则可得到

$$\varphi=\sqrt{1-\varsigma_n}\text{，}\ \psi=\sqrt{1-\varsigma_b}$$

ψ 值对轮周效率的影响较小，一般 ψ=0.8～0.9。在一般情况下，ψ 的绝对值每降低1%，η_u 仅下降 0.2%左右。

由于向心涡轮机中 $u_1^2\gg u_2^2$，因此，在叶轮进、出口气流参数相同的条件下，向心涡轮机的 w_2 将比轴流涡轮机的小得多。较小的 w_2 不但使涡轮机出口余速损失较小，而且在整个叶轮流道中各点的相对流速也都较低，从而降低了向心涡轮机叶轮中的流动损失，并使 ψ 对 η_u 的影响减小。

二、向心涡轮机的轮周功

由 2.3 节中计算轴流涡轮机级的轮周功公式，同理可推导向心涡轮中每千克工质所作的轮周功（比功）为 $h_u=u_1c_{1u}-u_2c_{2u}$，根据图 5-9 中的速度三角形并应用余弦定律，则

$$h_u=\frac{c_1^2-c_2^2}{2}+\frac{w_2^2-w_1^2}{2}+\frac{u_1^2-u_2^2}{2} \tag{5-9}$$

将式（5-9）与轴流涡轮机的轮周功表达式相比，多了一项 $(u_1^2-u_2^2)/2$，它是由于工质在叶轮通道中流动的哥氏力（地球的自转对运动物体产生的使其运动方向发生偏转的力）和离心力做功的结果。当各个参数都选择得较合理时，$(u_1^2-u_2^2)/2$ 这项数值相当大，达到涡轮机等熵功的 30%～40%，故可以把向心涡轮机设计得具有高的膨胀比和较大的比焓降。因这部分功是无损失直接转化过来的，与相对速度和流动损失无关。这也是向心涡轮机在小流量时仍具有较高的轮周效率的一个重要原因。

第三节　主要性能参数和特性曲线

一、向心涡轮的反动度

与轴流涡轮相同，这里也用反动度 Ω 来表示等熵比焓降在级内的分配情况，其定义为

$$\Omega = \frac{\Delta h_{2t}}{\Delta h_{1t}^* + \Delta h_{2t}} \tag{5-10}$$

由图 5-10 可知，$\Delta h_{2t} = h_1 - h_{2t}$，$h_t^* = \Delta h_{1t}^* + \Delta h_{2t}$，再将式（5-5）代入，则可得

$$\Omega = \frac{u_1^2 - u_2^2 + w_{2t}^2 - w_1^2}{2h_t^*} \tag{5-11}$$

仍以某一假想速度 c_a 来表示级的等熵焓降，则 $h_t^* = c_a^2/2$。

若设 $h_{\text{iner}} = \dfrac{u_1^2 - u_2^2}{2}$，$\Omega_{\text{iner}} = \dfrac{h_{\text{iner}}}{h_t^*} = \dfrac{u_1^2 - u_2^2}{2h_t^*} = x_a^2(1-\bar{d}^2)$ 及 $\Omega_{\text{gas}} = \dfrac{w_{2t}^2 - w_1^2}{2h_t^*}$，则可得到

$$\Omega = \Omega_{\text{iner}} + \Omega_{\text{gas}} \tag{5-12}$$

式中：x_a 为级的速比，$x_a = u_1/c_a$；$\bar{d}$ 为轮径比，$\bar{d} = \dfrac{d_2}{d_1} = \dfrac{u_2}{u_1}$。

这样，把反动度分成了两部分，Ω_{iner} 称为向心涡轮机的惯性反动度，它是工质依靠惯性作用所做的机械功 h_{iner} 与级的等熵膨胀功 h_t^* 之比值，是向心涡轮机所特有的，在轴流涡轮机中 Ω_{iner} 等于或接近于零。工质在向心涡轮中，很大程度要依靠惯性作用来做功。因此，Ω_{iner} 在总反动度中占很大比例，一般来说，$\Omega_{\text{iner}}/\Omega$ 超过 70%，Ω_{iner} 的绝对值也常达 0.30～0.40。

增大级的速比 x_a 和降低叶轮的轮径比 $\bar{d}$ 都使 Ω_{iner} 增加，而适当增大 Ω_{iner} 可使向心涡轮机在设计时获得较高的焓降。

Ω_{gas} 称为气动反动度，与轴流涡轮机反动度的意义一致，它决定了工质在叶轮中膨胀加速的情况。为了使叶轮流道内形成较好的流场，不致出现较大的扩压和脱流，在设计时就必须保证出口相对速度大于进口相对速度，即 $w_2 > w_1$。这样，不管向心涡轮机的 Ω_{iner} 等于多少，其气动反动度 Ω_{gas} 常取大于零。正如在轴流涡轮机中，常将反动度等于 0.03～0.05 或更大一些的级称为冲动级一样，在向心涡轮机中，把 w_2 略大于 w_1、气动反动度 Ω_{gas} 较小的级称为冲动级；Ω_{gas} 较大的向心涡轮机称为反动式。由于惯性反动度的存在，决定向心涡轮机叶轮流道中气流流动状况的参数已不是它的总反动度 Ω，而是它的气动反动度 Ω_{gas}。

二、向心涡轮机的轮周效率

1．轮周效率与速比的关系

定义涡轮机发出的轮周功与级的等熵比焓降的比值为轮周效率，即

$$\eta_u = \frac{h_u}{h_t^*} = \frac{u_1 c_{1u} - u_2 c_{2u}}{c_a^2/2} \tag{5-13}$$

由于

$$c_1 = c_{1t} = \sqrt{2\Delta h_{1t}^*} = \sqrt{2(h_t^* - \Delta h_{2t})} = c_a\sqrt{1-\Omega}$$

$$c_{1u} = c_1 \cos\alpha_1,\quad u_2 = \bar{d}u_1,\quad x_a = u_1/c_a$$

$$c_{2u} = w_{2u} - u_2 = w_2\cos\beta_2 - \bar{d}u_1$$

而由式（5-6）可知

$$w_2 = \psi w_{2t} = \psi\sqrt{\Omega c_a^2 + w_1^2 + (u_2^2 - u_1^2)}$$

其中

$$w_1^2 = u_1^2 + c_1^2 - 2u_1 c_1 \cos\alpha_1 = u_1^2 + \varphi^2 c_a^2 (1-\Omega) - 2u\ \ c_a\sqrt{1-\Omega}\cos\alpha_1$$

将以上各式代入轮周效率定义式（5-13）中，可得

$$\eta_u = 2x_a\left[\sqrt{1-\Omega}\cos\alpha_1 - \bar{d}^2 x_a + \bar{d}\psi\cos\beta_2 \times \sqrt{\varphi^2(1-\Omega) - 2\,x_a\sqrt{1-\Omega}\cos\alpha_1 + \Omega + \bar{d}^2 x_a^2}\right] \tag{5-14}$$

即

$$\eta_u = f(x_a, \Omega, \varphi, \psi, \alpha_1, \beta_2, \bar{d})$$

显然，向心涡轮的轮周效率的表达式比轴流涡轮的表达式复杂得多，它是以上 7 个参数的函数。实际上，这 7 个参数之间并不是相互独立的，其中有些参数又是相关的，因而，采用解析式求极值的办法找出最高效率与最佳速比或其他参数的关系是相当困难的。从式（5-14）可以看出，对轮周效率影响最大的仍然是速比 x_a，其次就是反动度Ω，其他几个参数的影响处于更为次要的地位。

在作轮周效率与诸参数之间的关系曲线时，还应以速比 x_a 做横坐标，以轮周效率 η_u 作为纵坐标绘制，而其他诸参数作为选定的参变量出现，如图 5-11 所示。

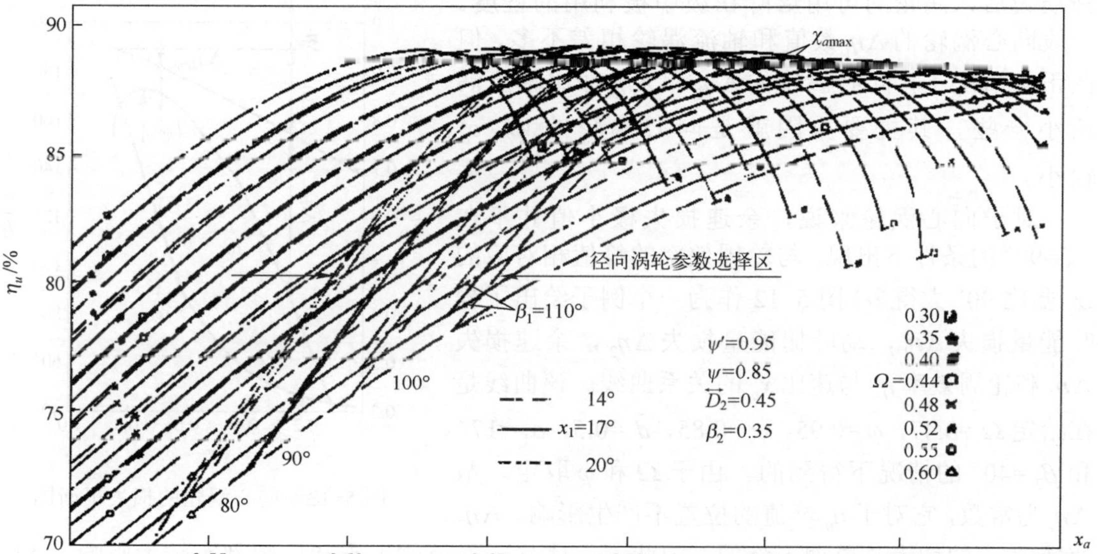

图 5-11　η_u 随 x_a 及 Ω 变化的关系曲线

由图可知，只有选择一个恰当的最佳速比 $(x_a)_{\rm opt}$，才能保证在设计工况下，具有较高的效率。当向心涡轮以部分负荷运行时，也常以速比来表示它的工况。此外，速比 x_a 也是向心涡轮模化设计与模化试验的一个重要的相似准则。

由图还可看出，当反动度较大时，轮周效率曲线的峰值 $\eta_{u\max}$ 将在较大的速比 x_a 下出现。其他参考值假定为独立变量，根据试验和生产中积累的资料选定，这些参数值可供设计参考。

2．轮周效率与各种损失的关系

轮周效率也可用下式简单地表示：

$$\eta_u = 1 - \Delta\eta_1 - \Delta\eta_2 - \Delta\eta_3 \tag{5-15}$$

式中：$\Delta\eta_1$ 为导向器或静叶栅中的能量损失与级的等熵焓降之比，再由式（5-7）得

$$\Delta\eta_1 = \frac{\Delta h_n}{h_t^*} = (1-\varphi^2)(1-\Omega) \tag{5-16}$$

$\Delta\eta_2$ 为动叶栅中的能量损失与级的等熵焓降之比，再由式（5-8）得

$$\Delta\eta_2 = \frac{\Delta h_b}{h_t^*} = \left(\frac{1}{\psi^2} - 1\right)\frac{w_2^2}{c_a^2} \tag{5-17}$$

$\Delta\eta_3$ 为叶轮出口的余速损失与级的等熵焓降之比，即

$$\Delta\eta_2 = \frac{c_2^2}{2}\Big/ h_t^* = \frac{c_2^2}{c_a^2} \tag{5-18}$$

由式（5-15）可以清楚地了解轮周效率 η_u 的物理意义：它表明在扣除了上述 3 种损失后，涡轮的可用焓降在级中被利用的程度。一般向心涡轮的 $\Delta\eta_1$ 数值和轴流涡轮相差不多，但在正常情况下，向心涡轮的 $\Delta\eta_2$ 和 $\Delta\eta_3$ 都比轴流涡轮小一些，其主要原因就是向心涡轮的 w_2^2/c_a^2 较小。

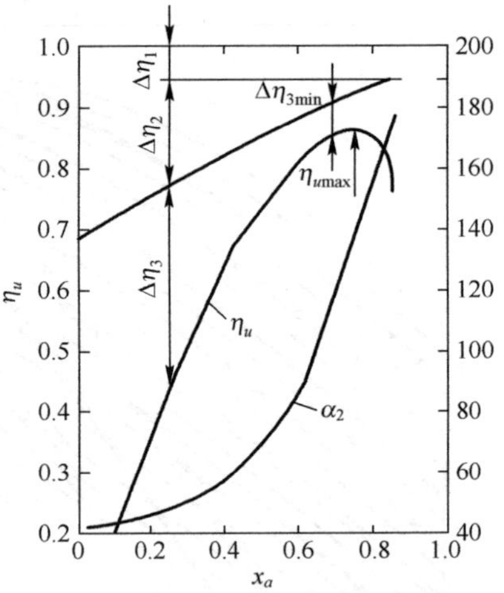

图 5-12　向心涡轮的损失平衡图

对于向心涡轮来说，余速损失极小值并不在 α_2=90° 的条件下出现，与轮周效率的峰值相对应的 α_2 要比 90° 大得多。图 5-12 作为一个例子绘出了静叶能量损失 $\Delta\eta_1$，动叶栅能量损失 $\Delta\eta_2$，余速损失 $\Delta\eta_3$ 和轮周效率 η_u 与速比 x_a 的关系曲线。该曲线是在给定 Ω=0.47，φ=0.95，ψ=0.85，$\bar{d}$=0.5，α_1=17° 和 β_2=40° 的情况下得到的。由于 Ω 和 φ 取定，故 $\Delta\eta_1$ 为常数，它对于 η_u 峰值的位置不产生影响。$\Delta\eta_2$ 随速比 x_a 的增大是单调下降的，因此 $\Delta\eta_2$ 对于 η_u 峰值的大小和位置都有较大影响。$\Delta\eta_3$ 随速比的变化较为复杂，由该图可以看出 $\Delta\eta_{3\min}$ 并不在 α_2=90° 处，而是在 α_2=118° 处。但仅有 $\Delta\eta_{3\min}$ 还未达到 η_u 的峰值，只有当 $(\Delta\eta_2+\Delta\eta_3)_{\min}$ 处才会有 η_u 峰值出现。在本例中相应于 $(\Delta\eta_2+\Delta\eta_3)_{\min}$ 处的速比 x_a=0.755，α_2=137°。

从图 5-11 和图 5-12 可以看到，向心涡轮具有较高的轮周效率，其 $\eta_{u\max}$ 达 86%以上。

习　　题

1．单级向心涡轮机与单级轴流涡轮机的优缺点是什么？

2．向心涡轮与轴流涡轮工作原理有什么不同？

3．向心涡轮在结构上是由哪几部分组成的？

4．向心涡轮机级的反动度是如何定义的？其组成部分的意义是什么？

5．向心涡轮机级的主要特征是什么？其主要应用在哪些叶轮机械上？

6．影响向心涡轮机级轮轴效率的因素有哪些？简要分析速比 x_a 与反动度 Ω 对轮周效率 η_u 的影响关系。

第六章　轴流式压气机基元级原理

叶轮机械按能量的转换方向可以分为工作机和原动机。前面第二章～第五章，以轴流式汽轮机为例，介绍了叶轮机械中原动机的工作原理。从本章开始，将以轴流式压气机为例介绍工作机的工作原理。

第一节　概　　述

一、压气机的功用

压气机，顾名思义，是用来压缩气体的机械。其主要的作用是提供一定压力的压缩气体，广泛应用于航空、船舶、发电及工业等领域。

在燃气轮机中，压气机是构成燃气发生器的三大部件之一，也是燃气轮机完成压缩过程的关键部件。压气机从大气中连续不断地吸入空气，按对外输出功率大小的要求，将一定流量的空气压缩到一定压力后，送到燃烧室中。

二、压气机的分类

根据不同的标准，压气机有不同的分类。

按工作原理和构造可分为活塞式压气机、叶轮式压气机；

按压缩气体范围大致可分为通风机（小于 110kPa）、鼓风机（110～400kPa）和压气机（大于 400kPa）。

按转子数目分为单转子压气机、多转子压气机。

按工质流动方向，又可以分为轴流式压气机、离心式压气机、斜流式压气机和混合式压气机。

（1）轴流式。气流轴向流入和流出，气流通过叶栅通道实现增压，主要应用于大中型燃气轮机。

（2）离心式。气流轴向流入，径向流出，离心增压，主要应用于小型航空发动机。

（3）斜流式。气流轴向流入，斜向流出，静压增加时通过扩压叶栅作用和离心增压实现，主要应用于工业鼓风机。

（4）混合式。上述任意几种压气机组合，主要应用于现代小型航空燃气轮机。

压气机的一个主要应用就是作为燃气轮机的主要部件，为燃烧室提供一定压力的压缩空气。大型燃气轮机的压气机一般为轴流式多级压气机。

三、压气机的结构组成

要研究轴流式压气机的工作原理，首先需要对它的通流部分结构有一定的认识。

图 6-1 所示为一个多级轴流式压气机的通流部分剖面简图，其结构与轴流式涡轮类似，主要包括静子部分和转子部分。

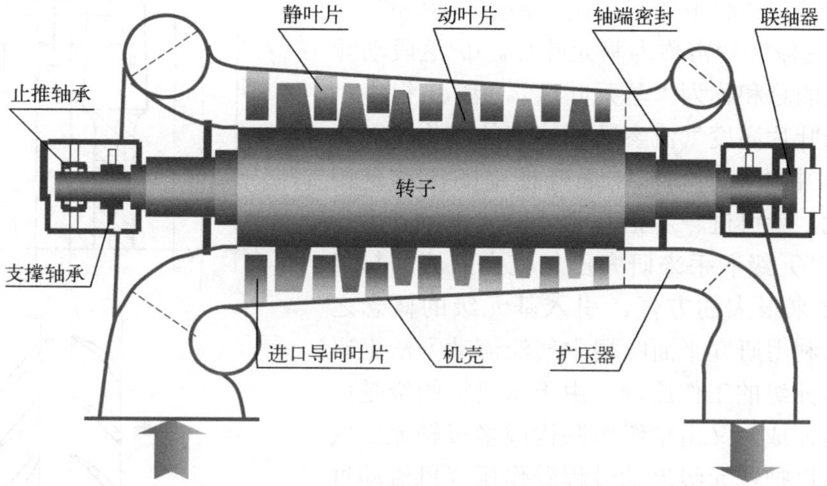

图 6-1　轴流式压气机通流部分剖面结构简图

静子部分：机壳及固定在其上的进出口导向叶片、静叶片等零件，这部分固定不动。

机壳：静子的核心，其他静子部件固定在上面。整台机组的承力骨架，承受机组的重量、压缩空气的内压力以及其他的作用力。

进口导向叶片：使空气沿一定方向，以一定流速进入第一列动叶栅。

静叶片：把气流动叶片获得的动能转变为压力能，以提高静压，同时使气流转弯以适应下一级动叶的进口方向。简单来说，就是实现扩压、导流的功能。

转子部分：主要指压气机的旋转部件，包括轮盘、轴、动叶以及装在一起的其他零件，如联轴器、气封等。

动叶片：加速流体，把输入的机械能转化成气流动能，并实现增压的作用。

其他部分：如止推轴承、支撑轴承、轴端密封及其他保证燃气轮机正常运行的零部件。

第二节　基元级及其速度三角形

一、基元级概念的引出

与涡轮类似，压气机的“级”也是指多级轴流压气机中能量交换的基本单元，一个工作叶轮加一组位于其后的静叶，就组成轴流压气机的一个级。由于单级轴流压气机可获得的增压比较低（单级增压比 1.15～1.35），通常轴流压气机多为由一级一级地串联在一起的多级轴流压气机，气体的增压过程顺次在各组成级中进行。

在多级轴流压气机中，由一级一级地串联在一起组成的流道，通常称为压气机的“通流部分”，如图 6-2 所示，它是轴流压气机的核心。

为了使讨论的问题简化，首先来分析一种简单的流动情况：认为气流是沿圆柱面流动的。用两个相邻近的圆柱面（相距 dr）切出一薄层气流和叶片（图 6-2），这段叶片常称为基元叶片。dr 这段动叶栅和静叶栅的总和称为“基元叶栅”。因 dr 很小，故可略去沿叶片高度气流参数和速度的变化，因而在基元叶栅中的流动和在平面叶栅中的流动是相同的。因此，就可进一步把基元叶栅展平得到“基元级”。从基元级着手来研究压气机中的流动与工作原理可带来很大的方便。引入基元级的概念之后，就可以利用研究平面叶栅中气流流动方法来研究压气机基元级的工作原理。由于压气机的级是由基元级叠合而成，又由单级串联构成多级轴流压气机，因此可以把基元级流动过程看作压气机流动过程的缩影，使一个复杂的压缩过程研究进行了切实的简化。

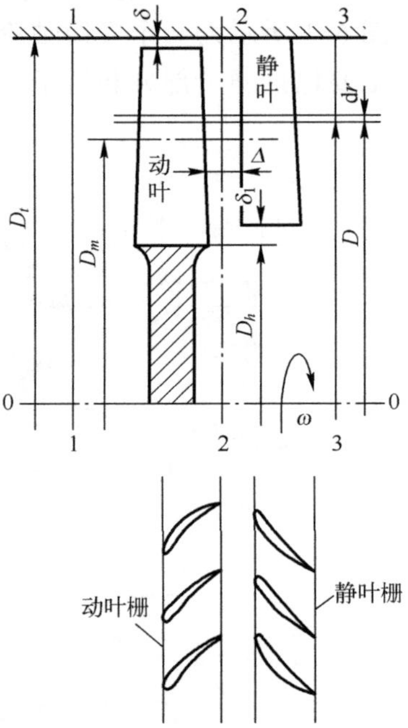

图 6-2　轴流式压气机基元级的示意图

为了说明级中气流参数的变化，在动叶前后和静叶后面各取一个与回转轴线垂直的截面作为参考截面。规定动叶前的截面为 1—1 截面，动叶后（或静叶前）的截面为 2—2 截面，静叶后的截面为 3—3 截面。对于处在这些截面上的气流参数各注以脚标 1、2、3。

级的主要特征尺寸：

（1）机匣的内径，即级的外径 D_t。

（2）轮毂直径，即级的内径 D_h。

（3）平均直径，即级的中径 D_m。D_m 有两种计算方法：

$D_m=\sqrt{\dfrac{D_t^2+D_h^2}{2}}$，$D_m$ 称为几何平均直径；

$D_m=\dfrac{D_t+D_h}{2}$，D_m 称为算术平均直径。

（4）在压气机计算中，一般常用算术平均直径，并且轮毂比为 $\bar{d}=\dfrac{D_h}{D_t}$。

（5）径向间隙 δ 为机匣内径与转子外径间的间隙。

（6）轴向间隙 Δ 为动、静叶片环之间沿轴向的间隙。

在压气机的方案设计中，常常以平均半径处的基元级参数计算代替整个级的计算。

此外，在分析基元级中的流动时，我们还略去气流参数沿周向的不均匀性，而认为在动叶和静叶的轴向间隙中的气流具有轴对称性。

二、基元级的气流速度三角形

研究轴流级的重要方法是：研究气流在基元级叶栅进出口截面上的速度变化，从而了解叶栅与气流之间的受力与能量转换关系。叶栅进出口截面上的速度变化可以用速度三角形表示。

从能量守恒和转化的观点来看，动能与压力能之间是可以互相转化的。例如，在图 6-2 中 2—2 截面上具有一定压力 p_2 的气流，以很高的速度 c_2 流过一个截面积不断增大的扩压流道时，假如这时与外界没有热量和机械功的交换，在亚声速流动情况下，那么，随着气流速度的逐渐降低，气体的压力就会逐渐增高。根据稳定流动能量方程可以得到它们之间的转化关系，即

$$\frac{p_2}{\rho_2}+\frac{c_2^2}{2}=\frac{p_3}{\rho_3}+\frac{c_3^2}{2} \tag{6-1}$$

$$\frac{p_2}{\rho_2}+\frac{c_2^2}{2}=\frac{p_3}{\rho_3}+\frac{c_3^2}{2}+\Delta h_f \tag{6-2}$$

式（6-1）适用于可逆的理想流动过程，式（6-2）则适用于有不可逆的能量损失 Δh_f 的实际流动情况。在上述的两种流动过程中，假如气流流动的起始条件一样，而且最后都减速到同一流速 c_3，显然，在实际的流动过程中所能达到的压力 p_3，就要比理想的流动过程低一些。压气机级的基元级静叶栅通流截面就是设计成截面积不断增大的扩压流道。因此，假如能向压气机的基元级的静叶栅连续不断地提供高速流动的气流，显然，这就可以使气体达到增压的目的。这个任务就是由装在静叶栅前做高速旋转的动叶栅来完成的。

下面就让我们从气流流过基元级动叶栅时气流流速的变化关系出发，来讨论这个问题。

如图 6-3（a）所示，在基元级所包含的两排叶栅中，动叶栅以圆周速度 $\boldsymbol{u}$ 运动，静叶栅则是静止不动的。对于静叶栅中的气体流动，在静止的绝对坐标系上观察较方便。然而，在研究动叶栅中的气体流动时，则必须分析气流相对于动叶栅的运行，这时采用随动叶栅一起运动的相对坐标系更为合适。

$\boldsymbol{c}$ 表示站在静止的绝对坐标系上观察到的气流速度，称绝对速度；$\boldsymbol{w}$ 表示站在相对坐标（动坐标）系上观察到的相对于它的气流速度，称相对速度；$\boldsymbol{u}$ 表示动叶栅的圆周速度，也称牵连速度。由理论力学可知，绝对速度等于牵连速度和相对速度的矢量和，即

$$\boldsymbol{c}=\boldsymbol{w}+\boldsymbol{u} \tag{6-3}$$

为了说明气流和叶栅之间的关系，下面简略地介绍气体是如何流入动叶栅和静叶栅的。受外界动力源的拖动，压气机工作轮高速旋转，动叶前的外界空气不断地被压气机抽吸进来。由于动叶以圆周速度 $\boldsymbol{u}$ 运动，因而气流不是以绝对速度 $\boldsymbol{c}_1$ 流入动叶，而是以相对速度 $\boldsymbol{w}_1$ 的大小和方向流入动叶的。因此，动叶叶栅的前缘应对准相对速度 $\boldsymbol{w}_1$ 的方向

上。同样，动叶出口的相对速度为 $\boldsymbol{w}_2$，它也是静叶叶栅的进口气流相对速度。然而，气流不是以相对速度 $\boldsymbol{w}_2$，而是以绝对速度 $\boldsymbol{c}_2$ 流入静叶叶栅的，为此，静叶叶栅的前缘安装时应对准绝对速度 $\boldsymbol{c}_2$ 的方向上。

图 6-3（b）表示轴流压气机的动、静叶栅及气流流过叶栅时的速度三角形，也称基元级速度三角形。由此可知，基元级速度三角形是由动叶栅进、出口绝对速度 $\boldsymbol{c}$、相对速度 $\boldsymbol{w}$ 和牵连速度 $\boldsymbol{u}$ 矢量合成的。

为了便于分析计算基元级中速度三角形的各速度分量，有必要用标量的形式来表示速度三角形诸量之间的关系，即将基元级中的气流速度矢量 $\boldsymbol{c}$ 和 $\boldsymbol{w}$ 分解成轴向和周向两个方向的分速，并分别加注脚标 a 和 u。人为地规定 $\boldsymbol{c}$ 和 $\boldsymbol{u}$ 之间的夹角（锐角）为绝对气流角，以 α 表示；$\boldsymbol{w}$ 和 $\boldsymbol{u}$ 之间的夹角（锐角）为相对气流角，以 β 表示。

为了便于分析气流流过动叶栅的过程，常把动叶栅和静叶栅进口、出口的速度三角形画在一起，称为基元级速度三角形，如图 6-3（b）所示。

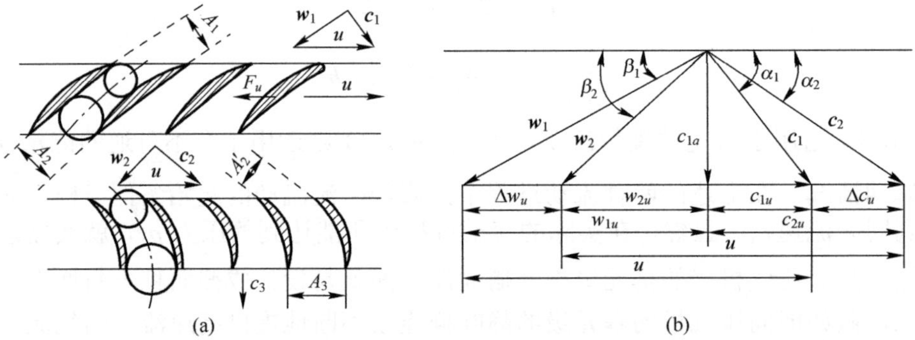

图 6-3　轴流式压气机动、静叶栅及其速度三角形

（a）轴流式压气机基元级；（b）轴流式压气机基元级速度三角形。

设定圆周速度的方向为 u 轴正方向，气体沿压气机轴向的运动方向定为 a 轴正方向。各速度矢量的方向角 α_1、β_1 和 α_2、β_2 等规定为：从圆周速度 $\boldsymbol{u}$ 的正方向顺时针转到绝对速度矢量 $\boldsymbol{c}_1$、$\boldsymbol{c}_2$ 间的夹角分别为绝对气流角 α_1、α_2（皆为锐角）。从圆周速度 $\boldsymbol{u}$ 的负方向逆时针转至相对速度矢量 $\boldsymbol{w}_1$、$\boldsymbol{w}_2$ 间的夹角分别为相对气流角 β_1、β_2（皆为锐角），如图 6-3（b）所示。

基元级速度三角形中各矢量、标量和气流方向角之间的关系如下：

$$c_{1a} = \boldsymbol{c}_1 \sin\alpha_1 \qquad c_{2a} = w_{2a} = \boldsymbol{c}_2 \sin\alpha_2 = \boldsymbol{w}_2 \sin\beta_2$$

$$c_{1u} = \boldsymbol{c}_1 \cos\alpha_1 \qquad c_{2u} = \boldsymbol{c}_2 \cos\alpha_2$$

$$w_{1u} = \boldsymbol{w}_1 \cos\beta_1 \qquad u_2 = c_{2u} + w_{2u}$$

$$w_{1a} = c_{1a} = \boldsymbol{w}_1 \sin\beta_1 \qquad \boldsymbol{c}_1 = \sqrt{c_{1a}^2 + c_{1u}^2}$$

$$u_1 = c_{1u} + w_{1u} \qquad \boldsymbol{c}_2 = \sqrt{c_{2a}^2 + c_{2u}^2} = \sqrt{c_{1a}^2 + (c_{1u} + \Delta c_u)^2}$$

$$\tan\alpha_1 = c_{1a} / c_{1u} \qquad \tan\alpha_2 = c_{2a} / (c_{1u} + \Delta c_u)$$

$$\boldsymbol{w}_1 = \sqrt{c_{1a}^2 + (u - c_{1u})^2} \qquad \boldsymbol{w}_2 = \sqrt{c_{2a}^2 + (c_{2u} - u)^2} = \sqrt{c_{1a}^2 + (c_{1u} + \Delta c_u - u)^2}$$

$$\tan\beta_1 = c_{1a} / (u - c_{1u}) \qquad \tan\beta_2 = c_{2a} / (u - c_{2u})$$

从上述诸式可见，在同一截面上 c 和 w 的轴向分量完全相等，即 $c_a = w_a$。一般说来，当气流流过一个基元级时，c 或 w 的周向分速有很大变化，而轴向分速的变化并不很大，故可近似地认为 $c_{1a} = c_{2a} = c_a$。

第三节　基元级增压原理、各种压缩功和效率

一、基元级的理论功

从图 6-3 所示的基元级叶栅及其速度三角形可以看出，当气流流过平面叶栅时，其速度的方向和大小都发生改变。气流流经基元级叶栅通道时相对速度降低，即 $w_2 < w_1$，而在静叶栅中气流绝对速度降低，即 $c_3 < c_2$。

图 6-4 示出了气流对压气机平面叶栅的绕流情况。根据理论计算和试验结果可知，叶片背面（叶背）上的速度比其腹面（叶盆）上要高，背面上相应的静压要比腹面上的低。由于叶片表面上静压分布的差异，结果产生了气流对叶片的作用力 F，该作用力在圆周方向上的分力为 F_u。当动叶栅沿图上所示的 u 方向运动时，由于作用力和叶片的运动方向相反，叶片必须为克服此力而做功，即压气机需要消耗机械功。

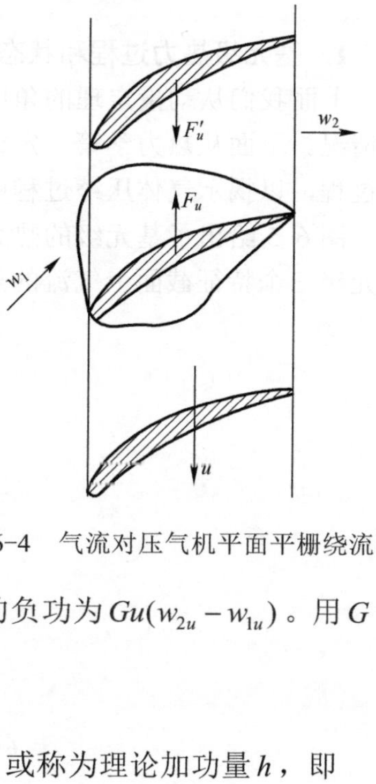

图 6-4　气流对压气机平面平栅绕流图

利用动量原理，可以确定气流作用于基元级动叶栅叶型上的周向分力 F_u，即

$$F_u = G(w_{2u} - w_{1u}) \tag{6-4}$$

在单位时间内动叶栅沿周向移动的距离为 u，因而，单位时间内流量为 G 的气流气动力对叶栅叶型作的负功为 $Gu(w_{2u} - w_{1u})$。用 G 除以此式就得到了每千克气体对动叶栅叶型做的功为

$$h' = u(w_{2u} - w_{1u})$$

因而，动叶栅叶型对每千克气体做的功——理论功，或称为理论加功量 h，即

$$h = u(w_{1u} - w_{2u}) = u\Delta w_u \tag{6-5}$$

由速度三角形可知

$$w_{1u} - w_{2u} = c_{2u} - c_{1u}$$

式（6-5）可写为

$$h = u(c_{2u} - c_{1u}) = u\Delta c_u \tag{6-6}$$

式中：Δc_u 和 Δw_u 称为扭速，理论功 h 的单位为 J/kg。

式（6-5）表明增大动叶的周向速度或增大气流流经动叶栅时的速度差 Δw_u 可以提高基元级增压能力。

根据基元级速度三角形，并利用余弦定理可以写出

$$
\begin{aligned}
c_1^2 &= w_1^2 - u^2 + 2c_1 u\cos\alpha_1 = w_1^2 - u^2 + 2c_{1u}u \\
c_2^2 &= w_2^2 - u^2 + 2c_{2u}u
\end{aligned}
\tag{6-7}
$$

从上面两式解出 $c_{1u}u$ 和 $c_{2u}u$ 代入式（6-6）中，则得

$$
h = \frac{w_1^2 - w_2^2}{2} + \frac{c_2^2 - c_1^2}{2}
\tag{6-8}
$$

式（6-8）表示，加给气流的理论功必然使流经叶栅的气流动能发生变化，即对气流的加功体现为气流动能的变化。此式等号右端第一项表示仅仅由于相对动能的变化，工作叶轮对气体的加功量，这部分功量体现为动叶栅中气流静压的升高。第二项表示由于绝对动能的变化引起的工作叶轮的加功量。

二、基元级的增压原理

1. 基元级热力过程和状态参数变化规律

上面我们从动量定理的角度分析了基元级的加功增压以及基元级中的气流参数的变化情况。下面从热力学第一定律，即从能量守恒与转化的角度来研究轴流式压气机的压缩过程，以揭示气体压缩过程中，各种能量之间的转化规律。

图 6-5 给出了基元级的热力过程在 $h-s$ 图上的表示方法。图中点 1、2、3 分别代表基元级三个特征截面上气流的热力状态点。

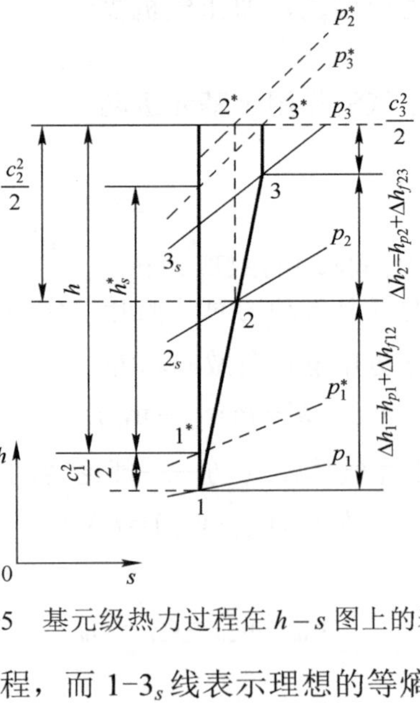

图 6-5　基元级热力过程在 $h-s$ 图上的表示

1-3 线表示了实际压缩过程，而 $1\text{-}3_s$ 线表示理想的等熵压缩过程。

由气体动力学可知

$$p^* = p + \frac{1}{2}\rho c^2$$

$$c_p T^* = c_p T + \frac{c^2}{2}$$

$$p_w^* = p + \frac{1}{2}\rho w^2$$

式中：p^* 为绝对滞止压力；p_w^* 为相对滞止压力；T^* 为滞止温度；ρ 为气体密度；c_p 为定压比热；c 为气流绝对速度；w 为气流相对速度。

动叶栅中的流动损失：

$$\Delta h_{f12} = \frac{1}{\rho}(p_{1w}^* - p_{2w}^*)$$

静叶栅中的流动损失：

$$\Delta h_{f23} = \frac{1}{\rho}(p_2^* - p_3^*)$$

由压缩过程分析可知

$$T_2^* = T_1^* + \frac{h}{c_p}$$

$$T_3^* = T_2^*$$

图 6-6 中给出了压气机级中热力学参数的变化情况。

2．增压原理

当把动叶栅与静叶栅组合在一起作为一个整体来研究时，可以看出1kg气体的理论功为

$$h = (h_3^* - h_1^*) = h_3 - h_1 + \frac{c_3^2 - c_1^2}{2} \tag{6-9}$$

或

$$h = c_p(T_3^* - T_1^*) = c_p(T_3 - T_1) + \frac{c_3^2 - c_1^2}{2} \tag{6-10}$$

式（6-9）和式（6-10）表明，在基元级中加给气流的理论功用于增加气流的焓和动能。在理论功相同时，气流动能增加得越多，则气流焓（或静温）就增加得越少。这种热焓形式的能量方程优点是便于使理论功与基元级中气流的热力参数相联系。

实际上，气体在压气机级中的增压过程，是与其顺序流过动叶栅和静叶栅时状态参数的变化密切相关的。

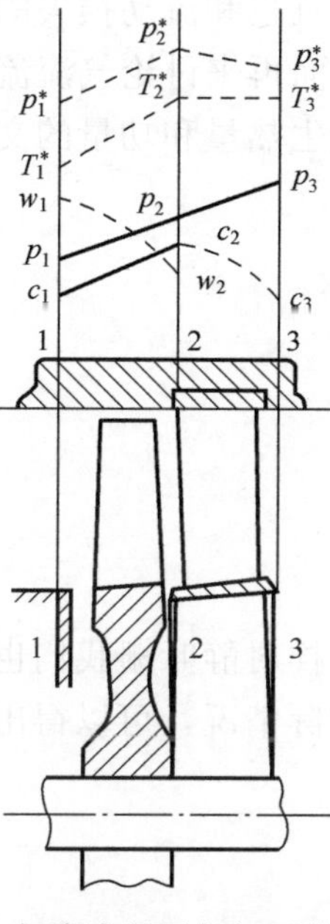

图 6-6　气流流经压气机平均半径处基元级的气流参数变化图

首先来讨论气体流过动叶栅时的情况，在此过程中，我们认为并没有与外界发生热量交换。因而，在动叶栅前后，对 1kg 气体而言，能量之间的转化关系可以表示为

$$h = (h_2^* - h_1^*) = h_2 - h_1 + \frac{c_2^2 - c_1^2}{2} \tag{6-11}$$

为了更直观地表示基元级中的能量转换关系，我们可以写出适合于轴流式压气机基元级中动叶栅绝对坐标系下的广义伯努利方程：

$$h=\int_{1}^{2}\frac{\mathrm{d}p}{\rho}+\frac{c_2^2-c_1^2}{2}+\Delta h_{f12} \tag{6-12}$$

式中：h为理论功；$\int_{1}^{2}\frac{\mathrm{d}p}{\rho}$为动叶栅中气流的多变压缩功；$\frac{c_2^2-c_1^2}{2}$为动叶栅中气流的绝对动能变化量；$\Delta h_{f12}$为动叶栅中的摩擦损失。

比较式（6-12）和式（6-8），则得

$$\frac{w_1^2-w_2^2}{2}=\int_{1}^{2}\frac{\mathrm{d}p}{\rho}+\Delta h_{f12} \tag{6-13}$$

式（6-13）称为轴流式压气机动叶栅相对坐标下的伯努利方程。

式（6-13）表明，动叶栅中相对动能的减小，所转换的能量等于动叶栅中气流增加压力所消耗的压缩功$\int_{1}^{2}\frac{\mathrm{d}p}{\rho}$和克服流体阻力消耗功$\Delta h_{f12}$之和。

由此可以看出，动叶栅中气流静压的升高是由于相对速度降低的结果，这就是亚声速压气机动叶栅增压的基本原理。

从式（6-13）可知，在动叶栅中对气流的加功，其压力的升高不仅与速度的降低有关，而且也和流动损失的大小有关。

下面再来讨论气流流过静叶栅时的情况。对于气流流过静叶栅时，由于气体与外界并不发生热量和功量的交换，因而，在静叶栅的前后能量之间的关系可以表示为

$$h_2^*=h_3^*$$

即

$$h_2+\frac{c_2^2}{2}=h_3+\frac{c_3^2}{2}$$

所以

$$\frac{c_2^2-c_3^2}{2}=h_3-h_2 \tag{6-14}$$

同样对静叶栅我们也可以写出绝对坐标下的伯努利方程，并考虑静叶栅对气流不做功的实际情况，可以得出

$$0=\int_{2}^{3}\frac{\mathrm{d}p}{\rho}+\frac{c_3^2-c_2^2}{2}+\Delta h_{f23} \tag{6-15}$$

或

$$\frac{c_2^2-c_3^2}{2}=\int_{2}^{3}\frac{\mathrm{d}p}{\rho}+\Delta h_{f23} \tag{6-16}$$

式中：Δh_{f23}为静叶栅中气流的摩擦损失；$\int_{2}^{3}\frac{\mathrm{d}p}{\rho}$为静叶栅中的多变压缩功；$\frac{c_2^2-c_3^2}{2}$为静叶栅中气流的绝对动能变化量。

式（6-15）和式（6-16）表明，在静叶栅中虽然不加入机械功，但绝对速度却发生了变化，由c_2降低到c_3，相应地，使气流的静压继续升高并克服流动损失Δh_{f23}。

基元级中的能量转换为动叶栅和静叶栅中能量转换的总和。将式（6–12）和式（6–15）相加得

$$h=\int_1^3\frac{\mathrm{d}p}{\rho}+\frac{c_3^2-c_1^2}{2}+\Delta h_f \tag{6-17}$$

式中：$\int_1^3\frac{\mathrm{d}p}{\rho}$ 为基元级中的多变压缩功；$\frac{c_3^2-c_1^2}{2}$ 为基元级动能的变化；$\Delta h_f=\Delta h_{f12}+\Delta h_{f23}$ 为基元级中的摩擦损失功。

式（6–17）称为基元级的广义伯努利方程。此式表明，在基元级中外界加给气流的理论功用于提高气体的压力、克服流动阻力，并且使气流的动能（绝对动能）发生变化，这就是亚声速基元级的加功增压的基本原理。

三、基元级的压缩功率

但要进一步了解基元级中的增压过程和气流参数间的关系并评价增压过程的优劣，尚需讨论基元级的压缩功和效率。

由上面的分析可知，利用欧拉动量方程式（6–4）、式（6–5）以及伯努利方程式（6–17）可以分析基元级增压原理。但在工程设计中，还需要把理论功和气流状态参数联系起来，由式（6–9）并结合工程热力学中的知识，可得

$$\begin{aligned}h&=h_3^*-h_1^*=c_p(T_3^*-T_1^*)\\&=c_pT_1^*\left(\frac{T_3^*}{T_1^*}-1\right)\\&=c_pT_1^*\left[\left(\frac{p_3^*}{p_1^*}\right)^{\frac{n-1}{n}}-1\right]\\&=\frac{k}{k-1}RT_1^*\left[\left(\frac{p_3^*}{p_1^*}\right)^{\frac{n-1}{n}}-1\right]\end{aligned} \tag{6-18}$$

或

$$\begin{aligned}h&=h_3-h_1+\frac{c_3^2-c_1^2}{2}\\&=\frac{k}{k-1}RT_1(\pi^{\frac{n-1}{n}}-1)+\frac{c_3^2-c_1^2}{2}\end{aligned} \tag{6-19}$$

式中：$\pi=\frac{p_3}{p_1}$ 为基元级压比；n 为多变压缩的多变指数。

多变指数 n 由压缩过程的起、止参数确定：

$$\frac{n}{n-1}=\frac{\ln\frac{p_3}{p_1}}{\ln\frac{T_3}{T_1}} \tag{6-20}$$

当基元级的进、出口处的绝对气流速度相同时，即 $c_1 = c_3$，式（6-19）变为

$$h = \frac{k}{k-1} RT_1 (\pi^{\frac{n-1}{n}} - 1) \tag{6-21}$$

通常把完成压缩气体和增加动能那一部分能量称为级的有效功 h_e，于是，当 $c_3 = c_1$ 时，将得到

$$h_e = \int_1^3 \frac{\mathrm{d}p}{\rho} = h_p \tag{6-22}$$

式中：$h_p = \int_1^3 \frac{\mathrm{d}p}{\rho}$ 为级的多变压缩功。

当 $c_3 \neq c_1$ 时，有

$$h_e = \int_1^3 \frac{\mathrm{d}p}{\rho} + \frac{c_3^2 - c_1^2}{2} = h_p^* \tag{6-23}$$

式中：h_p^* 为级的滞止多变压缩功。

当采用气体参数来代替多变压缩功后，可得

$$h_e = h_p = \frac{n}{n-1} RT_1 \left[\left(\frac{p_3}{p_1} \right)^{\frac{n-1}{n}} - 1 \right] \tag{6-24}$$

$$h_e = h_p^* = \frac{n}{n-1} RT_1^* \left[\left(\frac{p_3^*}{p_1^*} \right)^{\frac{n-1}{n}} - 1 \right] \tag{6-25}$$

式中：n 为实际过程中的多变指数，通常 n=1.45～1.52；p_1、p_1^* 为级前压力和滞止压力；p_3、p_3^* 为级后压力和滞止压力。

为了便于对实际的压缩过程进行评价，经常是把它与一个理想的等熵压缩过程进行比较，这时就把等熵压缩功作为一理想的数值，滞止等熵压缩功可写成

$$h_s^* = \left(\int_1^3 \frac{\mathrm{d}p}{\rho} \right)_s + \frac{c_3^2 - c_1^2}{2} \tag{6-26}$$

等熵压缩功为

$$h_s = \left(\int_1^3 \frac{\mathrm{d}p}{\rho} \right)_s \tag{6-27}$$

用气体参数表示上两式，则

$$h_s = \frac{k}{k-1} RT_1 \left[\left(\frac{p_3}{p_1} \right)^{\frac{k-1}{k}} - 1 \right] \tag{6-28}$$

$$h_s^* = \frac{k}{k-1} RT_1^* \left[\left(\frac{p_3^*}{p_1^*} \right)^{\frac{k-1}{k}} - 1 \right] \tag{6-29}$$

或

$$h_s = c_p (T_{3s} - T_1) \tag{6-30}$$

$$h_s^* = c_p(T_{3s}^* - T_1^*) \tag{6-31}$$

式中：T_{3s} 为等熵压缩时级后的温度；T_{3s}^* 为等熵压缩时级后的滞止温度。

压气机的压缩功可以通过 $T-s$ 图上的面积来表示，在图 6-7 中，曲线 13 是实际的多变过程线，按此过程压缩气体由 p_1 升高到 p_3 所需要的实际压缩功 h 用面积 $ae3d$ 表示。

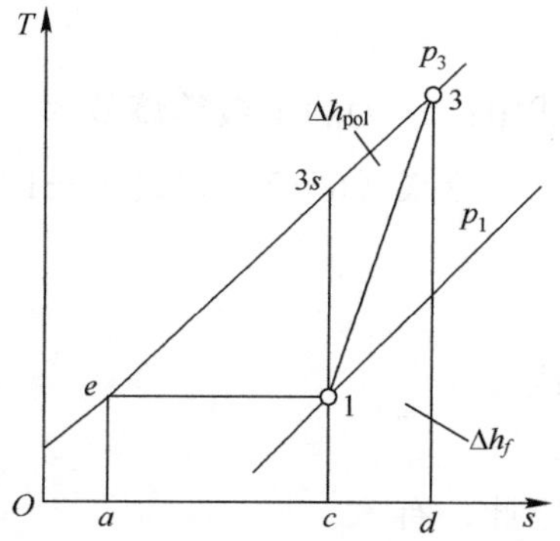

图 6-7　基元级压缩过程的 T-s 图

假若气流由压力 p_1 升高到 p_3 是在无损失的条件下进行的，那么，多变压缩过程线 13 就变成了等熵压缩过程线 13_s，等熵压缩功是理想的基元级中使气体压力由 p_1 提高到 p_3 时所需要的理论功，用 h_s 表示。在图中等熵压缩功用面积 $ae3_s1c$ 来表示。

摩擦损失功 Δh_f 则可用面积 $c13d$ 表示。由式（6-22）可以得出

$$\int_1^3 \frac{\mathrm{d}p}{\rho} = \text{面积 } ae3d - \text{面积 } c13d$$

因此，多变压缩功 $\int_1^3 \frac{\mathrm{d}p}{\rho}$ 为图 6-7 中的面积 $ae31ca$ 所示。需要指出，上述的讨论只适用于绝热和 $c_3 = c_1$ 的条件。由此不难看出，多变压缩功和等熵压缩功之差为面积 $13s31$，即

$$\Delta h_{pol} - \int_1^3 \frac{\mathrm{d}p}{\rho} - \left(\int_1^3 \frac{\mathrm{d}p}{\rho}\right)_s \tag{6-32}$$

$$\Delta h_{pol} = \text{面积 } 13s31$$

在此图中，按多变过程 13 压缩使气体压力由 p_1 升高到 p_3 需要的理论功用面积 $ae3d$ 表示，按等熵过程 $13s$ 压缩需要的理论功则用面积 $ae3_sc$ 表示。很明显，这两种过程需要的理论功之差为面积 $c3_s3d$，它是由 Δh_{pol} 和 Δh_f 两部分组成的。可见，按多变过程压缩比等熵过程压缩不仅要消耗摩擦损失功 Δh_f，而且还要多消耗一部分 Δh_{pol}，称为附加热阻损失。Δh_{pol} 的物理含义是：在多变压缩过程中，除了直接为克服摩擦阻力耗功之外，由于摩擦加热使气体比容增加还需要多消耗一部分附加功，这就是 Δh_{pol}。

四、基元级效率

由于在基元级中，实际的气流压缩过程是一个不可逆的热力过程，有损失存在。因此，表征基元级中减速扩压的完善程度在工程上用基元级效率来衡量。压气机基元级效率的定义是对气流压缩的有效功和实际耗功的比值。基元级中的实际耗功一般认为是加给气体的理论功。随着对有效功的定义不同，基元级的效率又可分为等熵效率和多变效率。各种效率又可分为静参数效率和滞止参数效率。

1. 等熵效率

理想基元级中压缩气体必须耗用的功称为等熵压缩功。在定义静参数等熵效率时，

有效功取理想基元级中静参数等熵功，而实际耗用功则取实际基元级中静参数多变压缩功与摩擦损失功之和，即

$$\eta_s = \frac{h_s}{h_p + \Delta h_f} \tag{6-33}$$

式中：η_s为静参数等熵效率。

令式（6-17）和式（6-10）等号右端项相等，可以得到

$$\int_1^3 \frac{\mathrm{d}p}{\rho} + \Delta h_f = c_p(T_3 - T_1) \tag{6-34}$$

或

$$h_p + \Delta h_f = c_p(T_3 - T_1)$$

因此，有

$$\begin{aligned}\eta_s &= \frac{h_s}{h_p + h_f} = \frac{c_p(T_{3s} - T_1)}{c_p(T_3 - T_1)} \\ &= \frac{T_{3s} - T_1}{T_3 - T_1} = \frac{\Delta T_s}{\Delta T} \\ &= \frac{\left(\dfrac{p_3}{p_1}\right)^{\frac{k-1}{k}} - 1}{\dfrac{T_3}{T_1} - 1}\end{aligned} \tag{6-35}$$

在压气机的设计计算和实验研究中，常常采用滞止参数，因而，相应地还使用滞止等熵效率η_s^*。即在效率的定义中，有效功取滞止等熵功，而实际耗用功取理论功，即

$$\begin{aligned}\eta_s^* &= \frac{h_s^*}{h} = \frac{T_{3s}^* - T_1^*}{T_3^* - T_1^*} = \frac{\Delta T_s^*}{\Delta T^*} \\ &= \frac{(T_{3s} - T_1) + \left(\dfrac{c_3^2 - c_1^2}{2c_p}\right)}{(T_3 - T_1) + \left(\dfrac{c_3^2 - c_1^2}{2c_p}\right)}\end{aligned} \tag{6-36}$$

在燃气轮机的循环计算中常采用滞止等熵效率。

显然，当$c_3 \approx c_1$时，$\eta_s^* \approx \eta_s$。

等熵效率不仅考虑了流动损失，而且还考虑了附加热阻损失。若只考虑流动损失的影响，常采用多变效率作为表征压缩过程的完善程度。

2．多变效率

在定义静参数多变效率时，有益功取基元级静参数多变压缩功，而实际耗用功取基元级中静参数多变压缩功与摩擦损失功之和，即

$$\eta_p = \frac{h_p}{h_p + \Delta h_f} \tag{6-37}$$

式中：η_p为静参数多变效率。

由于

$$h_p + \Delta h_f = c_p(T_3 - T_1) = \frac{k}{k-1} RT_1(\pi^{\frac{n-1}{n}} - 1)$$

所以，将 $h_p + \Delta h_f$ 的表达式和式（6–24）代入式（6–37）可得

$$\eta_p = \frac{n}{n-1} \frac{k-1}{k} \tag{6-38}$$

从式（6–38）可清楚地看出，多变效率 η_p 只与压缩过程的平均多变指数 n 有关。

根据静参数等熵效率关系式（6–35），并利用温度和压力之间的等熵和多变关系式，可以方便地导出静参数等熵效率和静参数多变效率之间的关系：

$$\eta_s = \frac{\pi^{\frac{k-1}{k}} - 1}{\pi^{\frac{k-1}{k\eta_p}} - 1} \tag{6-39}$$

式（6–39）表明，当基元级压比 π 趋近于 1 时，η_s 就与 η_p 趋于相等。由于基元级中的压比不高，属于亚声速基元级，所以用静参数表示的等熵效率和多变效率在数值上是可以不加区别的。

第四节　基元级的反动度

在基元级中，由于动叶栅给气流加入了理论功，从而使气流在动叶栅和静叶栅中的静压都得到了提高。若固定基元级动叶栅进口 1—1 截面和静叶栅出口 3—3 截面的气流参数，即基元级理论功定值，则在动叶栅和静叶栅中的静压升高可以有不同的分配比例。也就是说，理论功转变成压力位能，在动、静叶栅中的分配比例可以不同。实践和理论皆可证明，基元级中加给气流的总功在动叶栅和静叶栅中能量转化如何分配对基元级的性能有较大影响。这就是为什么在压气机基元级气动设计时，人们不但关心理论功的大小，而且特别关心能量在动叶栅和静叶栅中的分配比例的重要原因，因此，对基元级中能量转化和分配问题作深入的分析很有必要。为此，引用了基元级反动度的概念。

轴流式压气机基元级的反动度 Ω 定义为在动叶栅中的理论压力势能的增升值与在整个级中的理论压力势能增升值之比。

图 6-5 中，表示了基元级内流动压缩过程的 $h-s$ 图。h 表示基元级的理论功，h_s^* 表示基元级的滞止等熵功，Δh_1 和 Δh_2 分别表示在动叶栅和静叶栅中的静参数实际功。所谓实际功包括摩擦损失功和多变压缩功，即在级进、出口速度相同的条件下，为提高压力实际耗用的功。因此，有

$$\Delta h_1 = h_{p1} + \Delta h_{f12}$$

$$\Delta h_2 = h_{p2} + \Delta h_{f23}$$

式中：h_{p1} 为动叶栅中气流的多变压缩功；h_{p2} 为静叶栅中气流的多变压缩功；Δh_{f12} 为动叶栅中气流的摩擦损失功；Δh_{f23} 为静叶栅中气流的摩擦损失功。

根据反动度的定义：

$$\Omega=\frac{\Delta h_1}{h}=\frac{w_1^2-w_2^2}{2h} \tag{6-40}$$

由于

$$h=\frac{w_1^2-w_2^2}{2}+\frac{c_2^2-c_1^2}{2}$$

即

$$\frac{w_1^2-w_2^2}{2}=h-\frac{c_2^2-c_1^2}{2}$$

所以

$$\Omega=1-\frac{c_2^2-c_1^2}{2h} \tag{6-41}$$

已知

$$h=u(c_{2u}-c_{1u})$$

并考虑到

$$c_1^2=c_{1a}^2+c_{1u}^2$$
$$c_2^2=c_{2a}^2+c_{2u}^2$$
$$c_2^2-c_1^2=c_{2u}^2-c_{1u}^2$$

这时，式（6-41）变为

$$\begin{aligned}\Omega&=1-\frac{c_{2u}^2-c_{1u}^2}{2u(c_{2u}-c_{1u})}\\&=1-\frac{c_{1u}+c_{2u}}{2u}\end{aligned} \tag{6-42}$$

在式（6-42）中，等号右端加、减一项$\frac{c_{1u}}{u}$，则得

$$\Omega=1-\frac{c_{1u}}{u}-\frac{c_{2u}-c_{1u}}{2u}=1-\frac{c_{1u}}{u}-\frac{\Delta c_u}{2u} \tag{6-43}$$

由式（6-43）可以看出，反动度Ω只与u、c_{1u}和$\Delta c_u=c_{2u}-c_{1u}$有关。所以反动度Ω只和基元级速度三角形有关，故又称其为运动反动度。采用运动反动度的优点是把反动度（能量分配）与基元级速度三角形直接地联系起来，一定的反动度就对应着一定的速度三角形。当速度三角形一定时，压气机级中的反动度也就完全确定了。既然反动度是与速度三角形有关的重要参数，它必定是影响基元级性能的重要参数之一。

从反动度的大小可以看出动、静叶栅中扩压程度的大小，即

$$\Omega\approx\frac{p_2-p_1}{p_3-p_1}$$

即反动度近似等于在动叶中的压力增升值与在整个级中的压力增升值之比。

下面讨论几种典型反动度的基元级及其速度三角形。

1．Ω=0 的冲动式基元级

将 Ω=0 代入式（6-42）中，可得

$$\frac{c_{2u}+c_{1u}}{2u}=1 \tag{6-44}$$

因为

$$c_{1u}=u-w_{1u}, c_{2u}=u-w_{2u}$$

所以

$$w_{1u}=-w_{2u}$$

图 6-8（a）示出 Ω=0 时，基元级的速度三角形及其动、静叶栅。因为 $w_{1u}=-w_{2u}$，所以在 $c_{1a}=c_{2a}$ 的条件下，$|w_1|=|w_2|$。

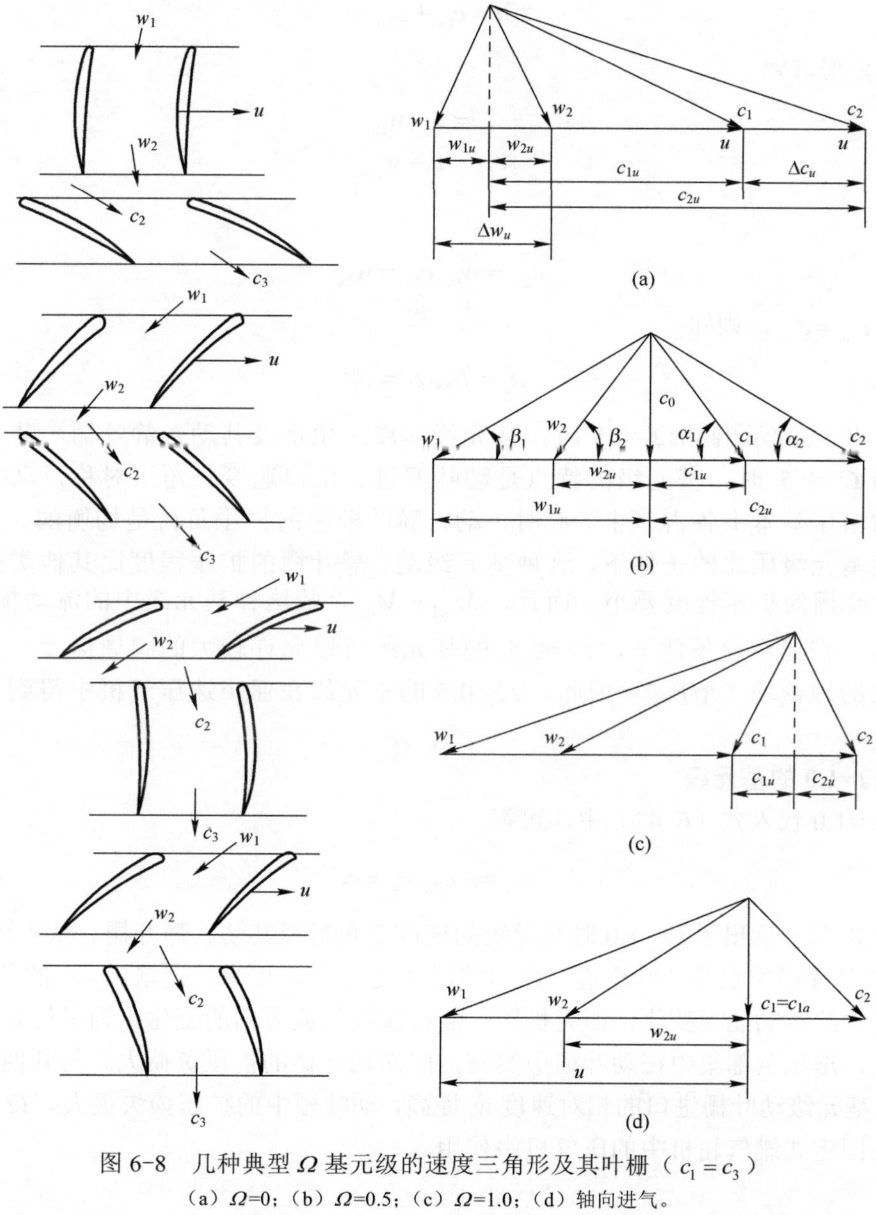

图 6-8　几种典型 Ω 基元级的速度三角形及其叶栅（$c_1=c_3$）

（a）Ω=0；（b）Ω=0.5；（c）Ω=1.0；（d）轴向进气。

从上述分析可知，$\Omega=0$ 的基元级的特点是动叶栅进、出口相对速度的模相等，即 $|w_1|=|w_2|$。这说明，气流流经动叶栅时，相对速度的大小并没发生变化，因此静压也不发生变化。在这种情况下，动叶栅中只提高气流的绝对动能，而无增压。在静叶栅中，当 $c_1=c_3$ 时，被提高的绝对动能转变成压力位能。很明显，在具有这种反动度的基元级中，增压全部在静叶栅中实现。为了达到基元级要求的压比，必须使静叶栅具有很大的扩压程度，静叶栅的扩压负荷大，容易引起较大的能量损失。所以这种 $\Omega=0$ 的冲动式基元级在轴流式压气机中很少采用。

2．Ω=0.5 的基元级

将 $\Omega=0.5$ 代入式（6-42）中，可得

$$u=c_{1u}+c_{2u} \tag{6-45}$$

由速度三角形可知

$$\begin{cases}c_{1u}=u-w_{1u}\\ c_{2u}=u-w_{2u}\end{cases}$$

可得

$$c_{2u}=w_{1u},c_{1u}=w_{2u} \tag{6-46}$$

由于 $c_{1a}=c_{2a}$，则知

$$\alpha_1=\beta_2,\alpha_2=\beta_1$$

图 6-8（b）示出了 $\Omega=0.5$ 时，基元级速度三角形及其动、静叶栅。从上述分析可知，当 $\Omega=0.5$ 时，基元级的特点是动叶栅进、出口速度三角形对称，动叶栅和静叶栅中的增压基本上各占一半。此时，动、静叶栅中的扩压负荷是均衡的。显然，在具有相同基元级压比的条件下，这种基元级动、静叶栅的扩压程度比其他类型基元级的动、静叶栅的扩压程度要小。而且，$M_{w1}=M_{c2}$，故这种基元级中的流动损失较小、效率最高。在亚声速条件下，$\Omega=0.5$ 的基元级可以允许较大的圆周速度，从而可以获得较大的理论功（增压）。因此，$\Omega=0.5$ 的基元级在亚声速压气机中得到了广泛的应用。

3．Ω=1.0 的基元级

将 $\Omega=1.0$ 代入式（6-42）中，可得

$$c_{1u}=-c_{2u},c_1=c_2 \tag{6-47}$$

图 6-8（c）示出了 $\Omega=1.0$ 时基元级的速度三角形及其动、静叶栅。从上述分析知，$\Omega=1.0$ 的基元级特点是动叶栅进、出口绝对速度 c_1、c_2 相等。根据 $c_1=c_3$ 的条件可知，在静叶栅中绝对动能无变化，即无扩压，而仅仅有气流方向的变化。为了达到要求的基元级压比，增压全部集中在动叶栅中实施，因而动叶栅的扩压负荷大。与其他基元级比较，这种基元级动叶栅进口的相对速度 w_1 提高，动叶栅中的扩压损失很大。$\Omega=1.0$ 的基元级常在固定式燃气轮机中的压气机中使用。

4．轴向进气的基元级

在轴流式压气机设计中，有时将进入动叶的气流安排成轴向进气，这样在第一级之前不必设置前置静叶导流器，从而减小整机的轴向尺寸。分析这种级的速度三角形时，将轴向进入条件 $c_{1u}=0$ 代入式（6-43），则可得

$$\Omega = 1 - \frac{\Delta c_u}{2u} \tag{6-48}$$

在压气机设计中，如果取 $\frac{\Delta c_u}{u}$=0.4～0.6，则相应的反动度 Ω=0.7～0.8。

图 6-8（d）示出了 Ω=0.7～0.8 时基元级的速度三角形及其动、静叶栅。这种基元级叶栅及速度三角形介于 $\Omega=1$ 和 $\Omega=0.5$ 之间，其工作特点也介于两者之间。

由上面对基元级反动度和速度三角形的分析讨论，使我们清楚地看到，表征动、静叶栅中能量分配关系的反动度是与速度三角形一一对应的。

第五节　基元级的特性数

基元级气动设计的主要关键是解决提高基元级加功量和减少能量损失这两方面的问题。提高圆周速度 u 可使加功量有效地增加。但是，增大圆周速度 u 受到材料强度的限制。当圆周速度 u 取定后，为达到高加功量和高的基元级效率，速度三角形中各气流速度还必须与圆周速度具有相应地匹配关系。工程上引用无因次参数来研究这种匹配关系。基元级的无因次参数主要有反动度、流量系数以及比功系数。

反动度在前面已经讨论过，下面分别介绍流量系数和比功系数。

一、基元级进口流量系数

通过基元级的气体容积流量 V 可以表达为

$$V = Ac_a = G/\rho \tag{6-49}$$

式中：V 为容积流量（m^3/s）；G 为质量流量（kg/s）；A 为垂直于气流轴向速度 c_a 的通流截面积（m^2）；c_a 为轴向气流速度。

根据流量公式可知，在工作叶轮进口面积和空气状态一定的条件下，轴向分速 c_{1a} 决定了空气流量。如果要求压气机迎风面积小，则 c_{1a} 要尽量取大值。

基元级进口流量系数为基元级进口气流绝对速度的轴向分速与动叶圆周速度之比，用 ϕ 表示，即

$$\phi = c_{1a}/u \tag{6-50}$$

它表示着压气机的通流能力。

对轴流式压气机平均半径上基元级的流量系数一般取 0.5～0.75。

流量系数对压气机的工作状态有较大影响。具体将在第十章介绍。

二、比功系数

比功系数也称能量头系数，它的定义为理论功h与圆周速度平方u^2的比值，用$\bar{h}$表示，即

$$\bar{h} = h/u^2 \tag{6-51}$$

由欧拉方程$h = u\Delta c_u$可知，当$\Delta c_u = u$时，理论功$h = 2u$。因此，比功系数就是理论功和扭速等于圆周速度时的理论功的比值。

在实际的压气机中，沿半径各基元级的比功系数不同，其变化范围一般为0.2～1.0，而平均半径处一般为0.4～0.6。

第六节　平面叶栅试验数据

基元级平面叶栅是由一定数量的相同叶型，相隔一定距离，按照给定的要求排列起来组成的。要了解气流在叶栅中的流动，必须先对叶型及叶栅有所了解。下面介绍一下基元级叶型与叶栅的一些主要几何参数。

一、平面叶栅的几何参数和气动参数

1. 叶型几何参数

一个典型的叶型由下列一些基本几何参数表示，如图6-9所示。

型面——叶型型线所包围的切面；

中线——叶型型线内切圆圆心的连线；

b——叶弦，连接中线两端点的直线；

C_{max}——叶型最大厚度；

$\bar{C} = C_{max}/b$——叶型最大相对厚度；

f——叶型中线最大挠度；

$\bar{f} = f/b$——相对最大挠度；

e——叶型前缘至最大厚度处的距离；

$\bar{e} = e/b$——最大厚度处的相对距离；

a——叶型前缘至最大挠度处的距离；

$\bar{a} = a/b$——至最大挠度处的相对距离；

χ_1——前缘方向角，叶型前缘点处中线的切线与叶弦间的夹角；

χ_2——后缘方向角，叶型后缘点处中线的切线与叶弦间的夹角；

$\theta = \chi_1 + \chi_2$——叶型弯曲角；

r_1——叶型前缘小圆半径；

r_2——叶型后缘小圆半径。

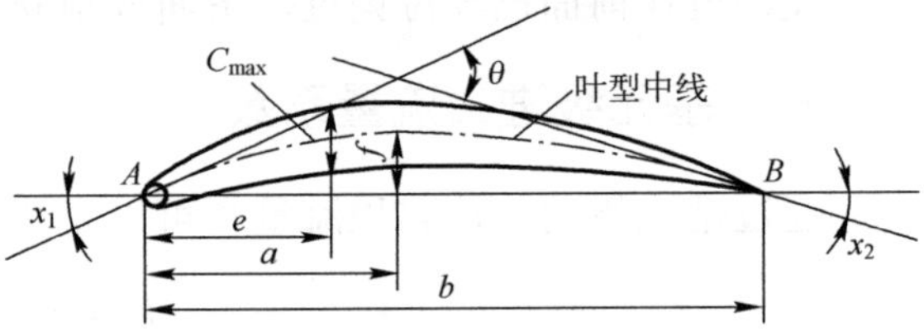

图6-9　叶型的基本几何参数

当给定了弦长b、叶型最大厚度C_{max}、叶型弯曲角θ、叶型的最大厚度点和中弧线

顶点（即最大挠度点）的位置后，整个叶型的基本形状就确定了。亚声速压气机叶型的成形过程大都是：先画出中弧线，然后将原始叶型的相应厚度移到中弧线上来。所谓的原始叶型，是经过大量吹风实验研究获得的。

现将中弧线和原始叶型形状分别介绍如下：

1） 叶型中弧线

（1）抛物线形中弧线（图 6-10），即

$$\frac{1}{y}=\frac{\cot\chi_1}{x}+\frac{\cot\chi_2}{b-x}$$

当 $a/b=0.45$ 时，$\chi_1=0.6\theta$，$\chi_2=0.4\theta$。

（2）双圆弧形中弧线（图 6-11）。这种中弧线是由两段圆弧在最大挠度点相衔接组成的，各圆弧半径应为

$$r_1=\frac{a}{\sin\chi_1},\quad r_2=\frac{b-a}{\sin\chi_2}$$

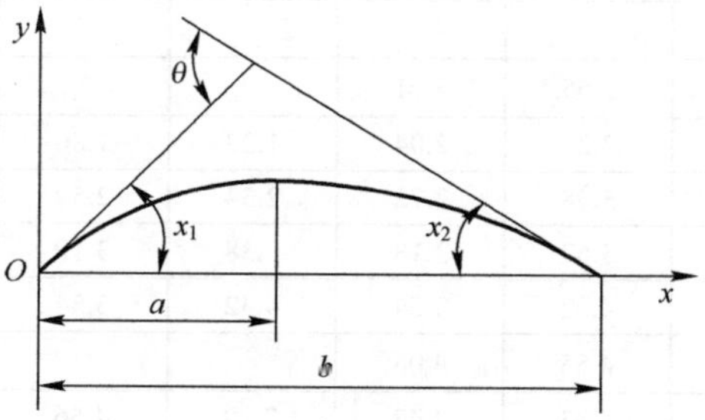

图 6-10　抛物线型中弧线

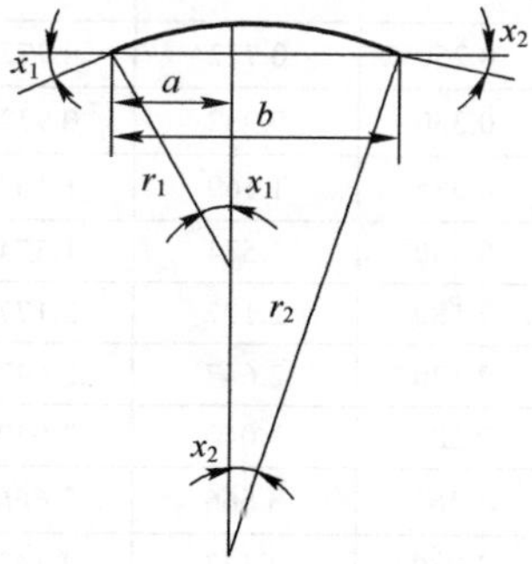

图 6-11　双圆弧型中弧线

当 $a/b=0.5$ 时，$\chi_1=\chi_2=\dfrac{\theta}{2}$。

如果 $r_1=r_2$，则中弧线为一单圆弧。这时，$a/b=0.5$，$\chi_1=\chi_2=\theta/2$ 和 $r_1=r_2=\dfrac{b}{2\sin(\theta/2)}$。

（3）NACA-65 系列叶型中弧线（图 6-12）。NACA-65 系列叶型中弧线是用坐标给定的。其中弧线方程为

$$\frac{y}{b}=\frac{c_{L0}}{4\pi}\left[\left(1-\frac{x}{b}\right)\ln\left(1-\frac{x}{b}\right)+\frac{x}{b}\ln\frac{x}{b}\right]$$

式中：c_{L0} 为与 NACA-65 系列相关叶型的升力系数，表示中弧线不同的弯曲度。

NACA-65 系列叶型之中弧线其前端和后段都是对称的，最大弯度在中点上，即在 $a/b=0.5$ 的位置上。NACA-65 系列中弧线是配合 NACA-65 系列叶型使用的。

2）原始叶型

原始叶型是给实用叶型提供沿其中弧线的厚度分布的，常用的原始叶型相对于弦是对称的，如图 6-13 所示。最常见的亚声速原始叶型（表 6-1）有英国的 C4 叶型、美国的 NACA-65 叶型。此外，还有苏联的 10C 和 BC-6 叶型等。

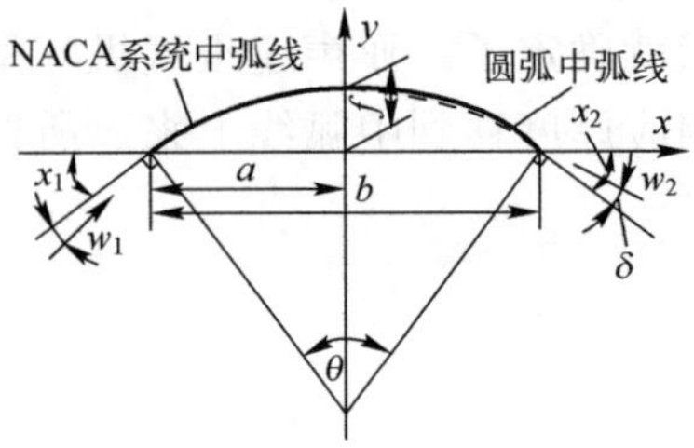

图 6-12　NACA-65 系列中弧线

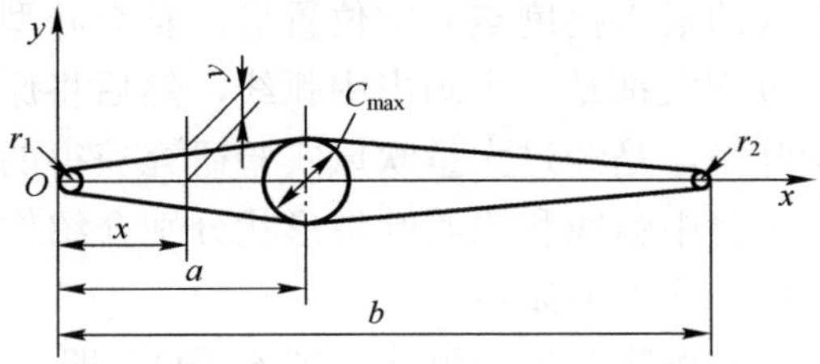

图 6-13　对称叶型基本几何参数

表 6-1　亚声速原始叶型半厚度分布

x/b/%	NACA-65 中弧线 $(y/b)_{10}$ /%	NACA-65 $(y/b)_{10}$ /%	NACA-65 加厚 $(y/b)_{10}$ /%	C-4 $(y/b)_{10}$ /%	C-5 $(y/b)_{10}$ /%	C-7 $(y/b)_{10}$ /%	BC-6 中弧线 $(y/b)_{10}$ /%	BC-6 $(y/b)_{10}$ /%	10C
0	0	0	0	0	0	0			0
0.25									0.712
0.5	0.250	0.772	0.772				0.25	0.8	
0.75	0.350	0.932	0.932						1.232
1.25	0.535	1.169	1.169	1.65	1.65	1.51			1.564
2.50	0.930	1.574	1.574	2.27	2.27	2.04	1.22	1.86	2.519
5.00	1.580	2.177	2.177	3.08	3.08	2.72	2.34	2.59	2.935
7.50	2.120	2.647	2.647	3.62	3.62	3.18	3.38	3.10	3.459
10.00	2.582	3.040	3.040	4.02	4.02	3.54	4.32	3.54	3.874
15.00	3.365	3.666	3.666	4.55	4.55	4.05			4.432
20.00	3.980	4.143	4.143	4.83	4.83	4.43	7.29	4.56	4.761
25.00	4.475	4.503	4.510						
30.00	4.860	4.760	4.775	5.00	5.00	4.86	9.10	4.92	5.0
35.00	5.150	4.924	4.945						
40.00	5.355	4.996	5.00	4.89	4.89	5.00	9.92	5.0	4.856
45.00	5.475	4.963	4.945						
50.00	5.515	4.812	4.782	4.57	4.58	4.86	9.88	4.86	4.446
55.00	5.475	4.530	4.513						
60.00	5.355	4.146	4.159	4.05	4.09	4.42	9.08	4.45	3.876
65.00	5.150	3.682	3.754						
70.00	4.860	3.156	3.349	3.37	3.48	3.73	7.26	3.78	3.151
75.00	4.475	2.584	2.944						
80.00	3.980	1.987	2.539	2.54	2.74	2.78	5.58	2.86	2.316
85.00	3.365	1.385	2.134						1.855
90.00	2.585	0.810	1.729	1.60	1.95	1.65	3.02	1.74	1.368
95.00	1.580	0.306	1.324	1.06	1.52	1.09	1.566	1.15	0.8485
99.47							0.172	0.63	
100.00	0	0	0	0	0	0			0.30
$\bar{r}_1$		0.068 7	0.068 7	0.120	0.120	0.120	0.104		0.120
$\bar{r}_2$			0.100	0.060	0.120	0.060	0.063		0.030

2．平面叶栅的几何参数

在平面叶栅中决定叶型位置的几何参数称为平面叶栅的几何参数。图 6-14 示出了我国惯用的以叶栅额线为基准的叶栅几何参数表示方法，所谓的额线即叶型同名点的连线，与圆周速度 u 的方向相同。叶栅几何参数如下：

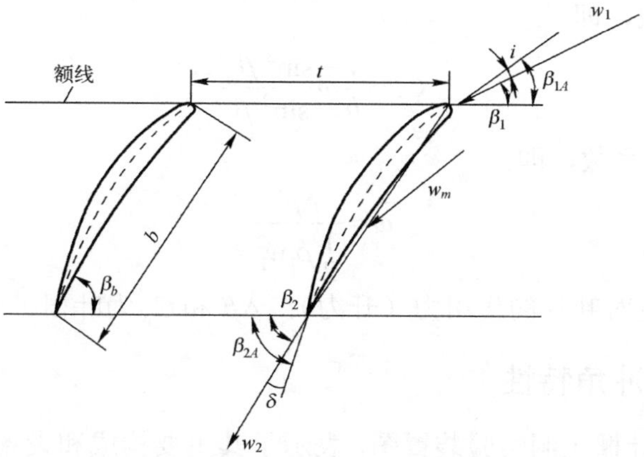

图 6-14　平面叶栅几何参数

叶栅前额线——叶型前缘点之连线；

叶栅后额线——叶型后缘点之连线；

t ——栅距，叶栅中相邻叶型对应点间在圆周方向之距离；

$\bar{t}=t/b$ ——相对栅距；

$\tau=b/t$ ——叶栅稠度；

β_b ——叶型安装角，叶弦与圆周方向之夹角；

β_{1A} ——叶型进口几何角，叶型前缘点中线切线与圆周方向夹角；

β_{2A} ——叶型出口几何角，叶型后缘点中线切线与圆周方向夹角；

$\theta=\beta_{2A}-\beta_{1A}$ ——叶型弯曲角。

3．平面叶栅的气动参数

平面叶栅的主要气动参数如下：

β_1 ——气流进气角，是气流进口相对速度 w_1 与叶栅前额线的夹角；

β_2 ——气流出气角，是气流出口相对速度 w_2 与叶栅后额线的夹角；

i ——气流进口冲角，$i=\beta_{1A}-\beta_1$；

δ ——气流出口落后角，$\delta=\beta_{2A}-\beta_2$，由于气流的黏性影响，气流出气角 β_2 小于叶型出口角 β_{2A}；

$\Delta\beta$ ——气流转折角，$\Delta\beta=\beta_2-\beta_1$，它表示气流流过叶栅时流动方向的改变量，即

$$\begin{aligned}\Delta\beta&=\beta_2-\beta_1=(\beta_{2A}-\delta)-(\beta_{1A}-i)\\&=\beta_{2A}-\beta_{1A}+i-\delta\\&=\theta+i-\delta\end{aligned}$$

C_y ——升力系数，即

$$C_y=\frac{P_y}{\rho_m\dfrac{w_m^2}{2}b}$$

其中

$$\rho_m = \frac{1}{2}(\rho_1 + \rho_2)$$

$$w_m = \frac{1}{2}(w_1 + w_2)$$

C_z——阻力系数，即

$$C_z = \frac{t}{b}\bar{\omega}\frac{\sin^3\beta_m}{\sin^2\beta_1}$$

$\bar{\omega}$——总压损失系数，即

$$\bar{\omega} = \frac{\Delta p^*}{\frac{1}{2}\rho_1 w_1^2}$$

式中：P_y 为气流对叶片的作用力（升力）；$\Delta\beta$ 和 C_y 为叶栅扩压能力的气动参数。

二、平面叶栅冲角特性

图 6-15 是平面叶栅风洞实验装置图，表示了其主要构成和设备。叶栅一般固定在转盘上，借助转盘的转动可以改变叶栅的气流进口角 β_1，通过测量叶栅前后的气流速度大小和方向及总压和静压，可计算得到升力系数和阻力系数。对一个特定叶栅试验时，通过改变不同的进气角即改变进气冲角，获得相应的升力系数、阻力系数和气流转折角值，将它们和冲角的关系绘制成如图 6-16 和图 6-17 所示的曲线，这些曲线称为平面叶栅的冲角特性。从图上可以看出，$\Delta\beta$ 和 C_y 两者与冲角 i 的关系有类似的结果，即两者反映的实质是一样的，但用 $\Delta\beta$ 给计算和试验数据处理上可以带来许多方便。

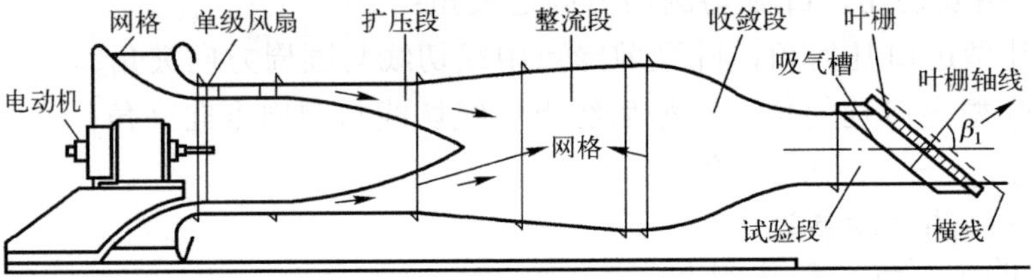

图 6-15　平面叶栅风洞实验装置

平面叶栅的冲角特性表征了一个特定叶栅不同工况下的气动力状态。从所示特性线可以看出，当冲角 i 在一定范围内变化时，升力系数和转折角则随冲角增加而增加，但阻力系数变化很小。这是因为这时气流还没有从叶片表面上分离，气流落后角变化很小。当冲角增加到某值后，它们的这种趋势慢下来，而叶型阻力系数开始增加，冲角继续增加到某一临界值时，升力系数和转折角不再增大，甚至会减小，而阻力系数和总压损失系数急剧上升。这是因为在大的正冲角下，气流在叶型背面的附面层迅速增厚，甚至产生分离，这一工况称为失速工况。可以按最大气流转折角 $\Delta\beta_{\max}$ 来定义这一工况（图 6-17 中的 a、a'点），相应

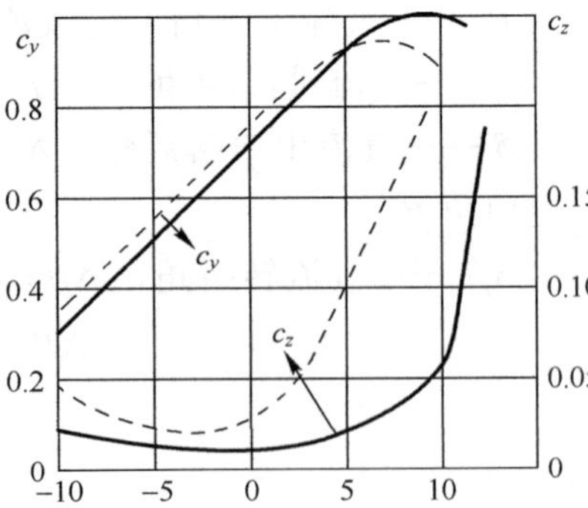

图 6-16　平面叶栅冲角特性（一）

（$b/t=1.33$；$\theta=25^\circ$；$\bar{e}=0.1$；$\beta_{2A}=60^\circ$）

—— $M_1=0.3$；------ $M_1=0.7$。

的冲角称为临界冲角 i_{cr} 。叶栅在 $i > i_{cr}$ 下叶型背面附面层脱离，这是与叶栅流道的扩张度有关。为衡量扩张的程度，定义扩压因子为

$$D = \frac{w_{s\max} - w_2}{w_1}$$

式中：$w_{s\max}$ 为叶型背面最大速度；w_1、w_2 分别为叶栅进、出口速度。

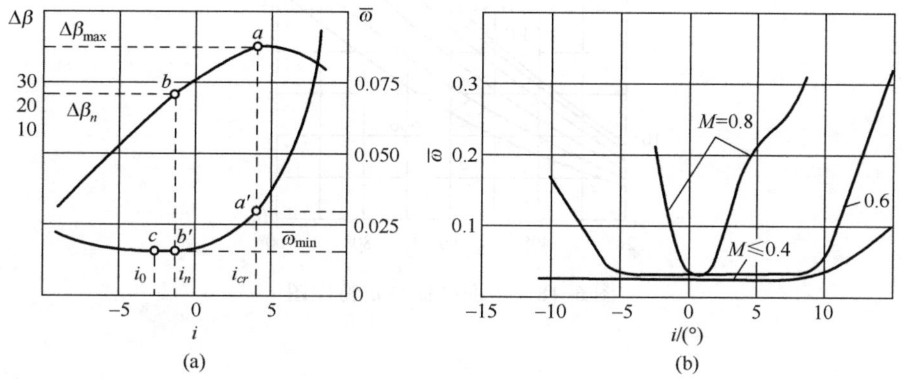

图 6-17　平面叶栅冲角特性（二）

（a）$\Delta\beta$、ϖ 和 i 的关系示例；（b）不同 M 数下 ϖ 和 i 的关系。

三、霍维尔（Howell）平面叶栅的综合实验数据

上面介绍的冲角特性是在叶栅几何参数确定不变的情况下获得的，假若改变了叶栅的几何参数，则获得的就为另一叶栅的冲角特性了。冲角特性是对某一几何参数确定的叶栅而言的，不同的叶栅对应有不同的冲角特性，冲角特性线上的不同点代表着同一叶栅的不同工况点。对不同几何参数的叶栅进行平面叶栅吹风实验即获得了大量的工况点，叶栅吹风实验为压气机设计提供了实验数据。

压气机设计只能针对某一工况点进行，而且希望在此工况点工作时，有较高的加功扩压能力或较大的转折角 $\Delta\beta$ ，又有较高的叶栅效率或 ϖ 较小，也就是说，希望设计点的工况是优化工况。因此，为给设计者提供设计通用数据，必须对冲角特性上的优化工况点上的数据进行综合整理。霍维尔认为，从提高叶栅的扩压能力的观点看，应当取最大转折角的工况点来作为综合实验数据的依据。但从冲角特性上可以看出，在该点总压损失系数 ϖ 已较高，这意味着气流已经开始分离，损失较大，叶栅效率下降。因此，他建议取 $\Delta\beta$ =0.8 $\Delta\beta_{\max}$ 的工况点为综合实验数据的依据。这样既照顾了大的加功量又照顾了适当的效率要求，同时叶栅工作又留有余地，不致因冲角的稍许变化而造成气流的分离，这一点一般称为叶栅的额定工况点或名义工况点。

为了区别其他工况点，叶栅的额定工况点的一切参数都加下标“n”，如 $\Delta\beta_n$ 、i_n 、δ_n 、β_{1n}、 β_{2n} 等。为了提供通用数据，显然需在大量叶栅的冲角特性中取出 $\Delta\beta_n$=0.8 $\beta_{\max}$ 数据，从而汇集整理出平面叶栅额定特性，如图 6-18 所示。

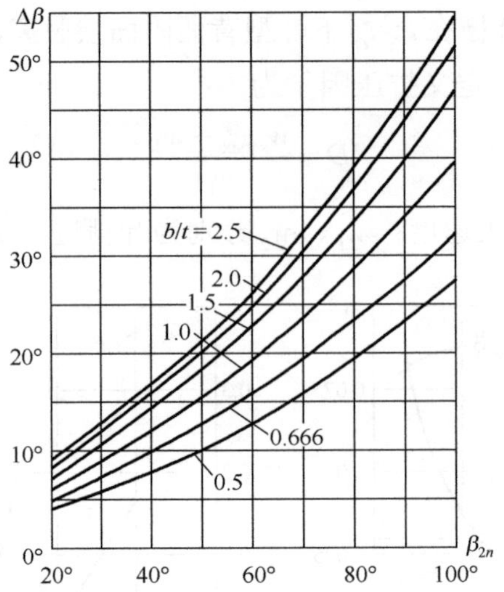

图 6-18　平面叶栅额定特性图

习　题

1．将基元级的理想和实际热力过程画在 h-s 图上。

2．在压气机级中，反动度 Ω 是怎么定义的?

3．在反动度 $\Omega=1$、$\Omega=0.5$ 和 $\Omega=0$ 的压气机级中，其动、静叶栅及其气流速度三角形各有什么特点？3 种级中气流压力的增升将是在哪个部件中完成?

4．用大于、等于、小于符号表示气体流经压气机动叶进口（1—1）截面、动叶出口和静叶入口（2—2）截面、静叶出口（3-3）截面上的气流参数的相对大小关系。

（1）T_1^*、T_2^*、和 T_3^*；

（2）p_1^*、p_2^* 和 p_3^*；

（3）p_1、p_2 和 p_3；

（4）c_1、c_2 和 c_3；

（5）w_1 和 w_2。

5．分析亚声压气机级增压比不可能很高的原因。

6．某亚声速轴流压气机第一级平均半径处的基元级参数为 $u_1=u_2=250\text{m/s}$，$c_{1a}=c_{2a}=125\text{m/s}$，$c_{1u}=30\text{m/s}$，$h_u=20.1\text{kJ/kg}$。

（1）计算 M_{w1}（$T_1^*=288\text{K}$）、M_{c2}、β_1、β_2 和 α_2。

（2）画出这个基元级的速度三角形。

7．在某压气机的级中，有动叶栅进、出口气流速度分别为 $c_1=216\text{m/s}$（$\alpha=90°$）和 $c_2=410\text{m/s}$（$\alpha_2=43°$），圆周速度 $u=380\text{m/s}$，气体流量 $G=45\text{kg/s}$。问该级反动度 Ω 和动叶栅施加给气体的理论功 h 各为多少?

第七章　轴流式压气机的扭曲规律

前面我们已经介绍了气流在轴流式压气机基元级中的工作原理，但基元级中研究的只是沿叶片高度某一半径截面上气流的工作情况（一般取平均半径处的基元级为代表）。一个级是由无数不同半径处的基元级叠加而成的。沿叶高各基元级是在不同的条件下工作的，其进、出口的气动参数和速度三角形各不相同。将具有不同进、出口气流角的基元级沿叶高叠加起来，便形成了压气机的扭曲叶片级。探讨叶片不同的扭曲规律的目的就是研究如何组织级内的气体流动，使得沿叶片高度各基元级内气体流动合理，以期达到较高的扩压效率。

第一节　等环量扭曲规律

一、叶片的共同工作条件

图 7-1 和图 7-2 表示了一个轴流式压气机的动叶形状，这个叶片不是等截面的直叶片，而是沿叶片高度相对扭转一定角度的。从叶片的根部截面、平均半径截面及叶片顶部界面的相互位置可以看出，各截面处叶型安放的斜度不同，即叶型安装角 β_b 不同，它是从叶根到叶顶逐渐减小的。此外，各截面上叶型的弯曲度也不同，叶根截面叶型的弯曲角最大，叶顶截面叶型的弯曲角最小。从叶根到叶顶，叶型的厚度是逐渐变薄的。由此可见，整个叶片沿叶高是变截面有扭曲的，其形状相当复杂。

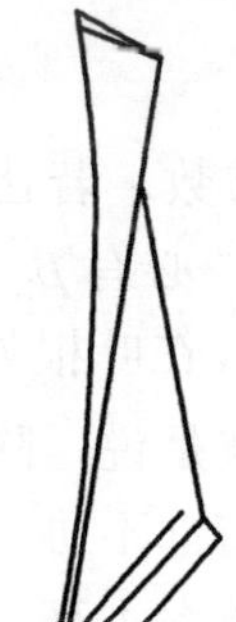

图 7-1　变截面扭曲叶片

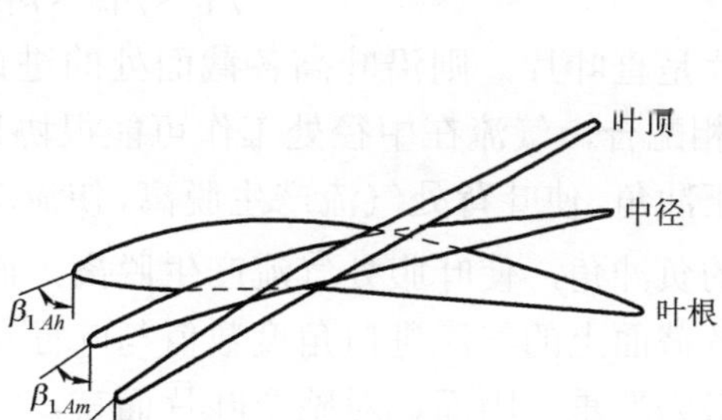

图 7-2　动叶顶视图

沿叶高基元叶型有上述这些变化，是因为在不同半径处基元级的工作条件不同，其速度三角形也不同。为了适应这种不同的工作条件与速度三角形，就需要配上不同的叶型与叶栅。因此，就把叶片做成变截面和扭曲的。下面我们就以轴向进气的第一级动叶工作为例，说明叶片扭曲的道理。

首先来分析动叶叶顶、叶中和叶根 3 个基元级的进口速度三角形，如图 7-3 所示。在轴向进气条件下，沿叶片高度各截面切向分速度 $c_{1u}=0$。假定轴向分速度 c_{1a} 沿叶高不变，即

$$c_{1at}=c_{1am}=c_{1ah}$$

这里下角标 t、m、h 各表示叶顶、叶中及叶根截面的参数符号。圆周速度 u 是与半径成正比，且沿叶高增大的，即

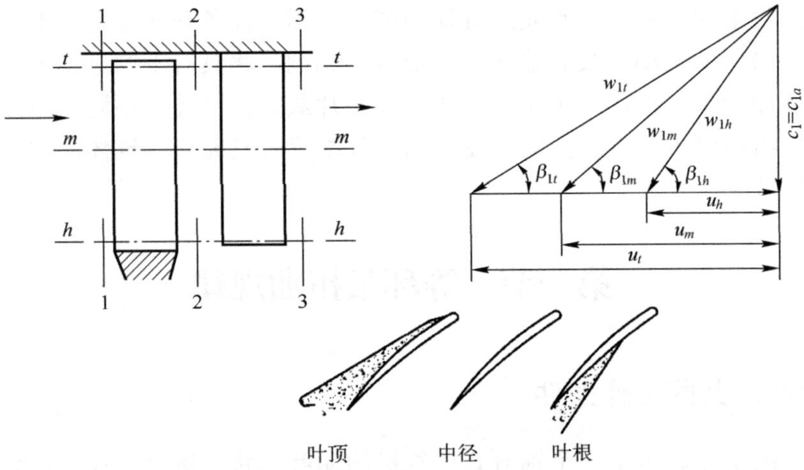

图 7-3　级 3 个半径上的速度三角形

$$u_t>u_m>u_h，\quad c_1=c_{1a}$$

于是，由图 7-3 所示的动叶进口三角形可以看出，由于级中切线速度沿叶高不同，虽然进口气流绝对速度沿叶高相同，但气流相对速度沿叶高相差很大。沿叶高相对气流角的变化规律是叶顶小叶根大，即

$$\beta_{1t}<\beta_{1m}<\beta_{1h}$$

假设叶片是直叶片，则沿叶高各截面处的进口几何角 β_{1A} 为常数。若让中径截面处的 β_{1A} 与 β_{1m} 相配合，气流在中径处工作可能很协调，但在叶顶处，必有 $\beta_{1t}<\beta_{1A}$，因而存在较大的正冲角，使叶背处气流产生脱离，使流动损失增大。反之，在叶根处，$\beta_{1h}>\beta_{1A}$，而存在较大的负冲角，使叶腹处气流产生脱离，而损失增大。这就是说，除了中径外，沿叶高方向各截面上的气流进口角度数值与叶栅进口几何角的数值都不协调，尤其以叶顶与叶根处最为严重。因而，对整个叶片而言，流动情况不佳，效率不高。故为了避免上述情况，沿叶高各截面叶型的进口几何角 β_{1A} 就应各自与气流的 β_1 角相配合，这样，就要求动叶叶型的进口几何角沿叶高也作相应变化，即 β_{1A} 沿叶高逐渐减小，叶根处的应最大，叶顶处的应最小。

下面再来分析气流流出动叶时的情况。

假设动叶进口几何角已适应了进口速度三角形的变化，而动叶出口几何角仍是沿叶高不变的。如图 7-4 所示，如无明显的气流分离，这时沿叶高气流的出气角 β_2 基本相同，则由速度三角形可知，扭速 Δw_u 将沿叶高明显增大：

$$\Delta w_{ut} > \Delta w_{um} > \Delta w_{uh}$$

根据 $h = u\Delta w_u$，由于叶顶 u 与 Δw_u 都最大，而叶根的 u 与 Δw_u 都最小，则沿叶高各基元级的加功量 h 变化极大，这势必使动叶出口截面上各参数沿叶高有很大差别，而形成相互间强烈的动能和能量交换，带来巨大的能量损失。为了避免出现这种现象，一般希望沿叶高各基元级加功量 h 要大致相等或差别不太大。因为 u 沿叶高增大是无法改变的，这就要求 Δw_u 沿叶高有所下降，于是，相应地需要有

$$\beta'_{2t} < \beta'_{2m} < \beta'_{2h}$$

$$\Delta w'_{ut} < \Delta w'_{um} < \Delta w'_{uh}$$

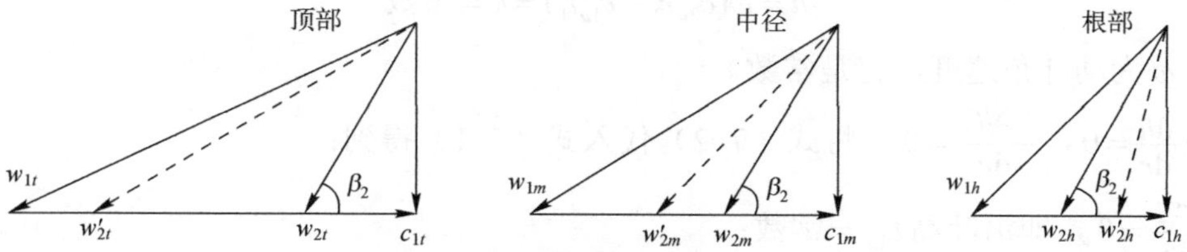

图 7-4　不同半径上的 w_1 变化

则出口气流相对速度 w_2 的方向也将沿叶高有所变化，如图 7-4 中虚线所示。为了达到上述目的，就必须将叶片的出气角做成是沿叶高变化，且要做到

$$\beta_{2At} < \beta_{2Am} < \beta_{2Ah}$$

这样，叶片沿叶高的进气、出气角都要变化，都沿叶高减小，而叶型的安装角 β_b 也必然要沿叶高减小，则整个叶片自然由叶根至叶顶产生扭转。此外，由于扭速 Δw_u 沿叶高减小，则气流转折角 $\Delta\beta$ 沿叶高也减小。于是，叶型的弯曲角 θ 也将与气流的角度变化 $\Delta\beta$ 相适应，由叶根至叶顶逐渐减小。

以上，我们从定性的角度分析了必须对叶片进行扭曲设计和怎样进行扭曲设计。下面我们比较深入地分析研究压气机沿叶高不同半径上气流参数间必须遵循的共同工作条件。

在第二章中，我们推导过涡轮长叶片级的共同工作条件，建立了简化的简单径向平衡方程：

$$\frac{1}{r^2}\frac{\mathrm{d}(c_u \cdot r)^2}{\mathrm{d}r} + \frac{\mathrm{d}c_a^2}{\mathrm{d}r} = 0 \tag{7-1}$$

它把不同半径上各种气流速度联系起来。由该式可以看到，为了满足径向平衡的要求，环量 $c_u \cdot r$ 沿叶高分布的规律必须和轴向速度沿叶高的分布规律相配合。式中 c_u 及 c_a 两个速度是相互约束的，在设计时只能有一个可由设计者自行选取，一般是取定 c_u 沿叶高的变化规律，也即可以得出一种绝对速度 c_a 沿叶高的变化规律，进而就可以得出一种相应的叶片沿叶高的扭转规律。由此可见，根据简化径向平衡条件得出的叶片扭转规律

可以是很多的。如果用式（7-1），还考虑到加功量h的沿径向变化，那么能采用的叶片扭转规律就更多了。

二、叶片的等环量扭曲规律

1. 等环量扭曲规律

在叶轮机械中，习惯上称$c_u \cdot r$为环量。把动叶前后沿叶片高度$c_u \cdot r$=常数的扭曲设计规律称为等环量扭曲规律。

在等环量设计中动叶前后轴向间隙中的气流的变化规律为

$$\begin{cases} c_{1u} \cdot r_1 = k_1 = \text{常数} \\ c_{2u} \cdot r_2 = k_2 = \text{常数} \end{cases} \tag{7-2}$$

将式（7-2）代入理论功公式中，得到理论功沿叶高的变化：

$$h = \omega(c_{2u} r_2 - c_{1u} r_1) = k = \text{常数} \tag{7-3}$$

式中：ω为动叶角速度，它是常数。

当$\dfrac{\mathrm{d}h}{\mathrm{d}r}=0$，$\dfrac{\mathrm{d}\Delta h_f}{\mathrm{d}r}=0$，将式（7-2）代入式（7-1）得到：

$\dfrac{\mathrm{d}c_{1a}}{\mathrm{d}r}=0$，即沿叶高$c_{1a}=$常数；

$\dfrac{\mathrm{d}c_{2a}}{\mathrm{d}r}=0$，即沿叶高$c_{2a}=$常数。

等环量扭曲规律在轴流式压气机后面级和轴流式通风机以及在空气螺旋桨中获得了广泛的应用，因为这样的等环量级具有较高的效率。由于在$c_r=0$和“轴对称”假设条件下，等环量扭曲规律与级的工作叶轮前后空气的无旋涡位流相适应，空气在无旋涡的流动中，不存在气流之间的滑移变形，气流中没有内摩擦，因而效率较高。此外，在等环量扭曲规律中，气流轴向分速c_a沿叶高不变的规律和实验测量吻合很好，因而计算可靠。

2. 等环量级参数沿径向的变化

为了讨论等环量级各参数沿径向的变化规律，先以中径处的参数为基准，假定已知中径上的u、c_u及c_a，则中径上其他的气流参数都可求得，如：

$$\Delta w_u = \Delta c_u = c_{2u} - c_{1u}\text{；}\quad w_{1u} = u - c_{1u}\text{；}\quad w_{2u} = u - c_{2u}$$

$$w_1 = \sqrt{w_{1u}^2 + c_{1a}^2}\text{；}\quad w_2 = \sqrt{w_{2u}^2 + c_{2a}^2}$$

$$c_1 = \sqrt{c_{1u}^2 + c_{1a}^2}\text{；}\quad c_2 = \sqrt{c_{2u}^2 + c_{2a}^2}$$

$$\tan\beta_1 = \frac{c_{1a}}{w_{1u}}\text{；}\quad \tan\beta_2 = \frac{c_{2a}}{w_{2u}}\text{；}$$

$$\tan\alpha_1 = \frac{c_{1a}}{c_{1u}}\text{；}\quad \tan\alpha_2 = \frac{c_{2a}}{c_{2u}}$$

这样，中径上的基元级速度三角形就完全可以确定，如图 7-5 所示。各参数沿径向的变化规律如下。

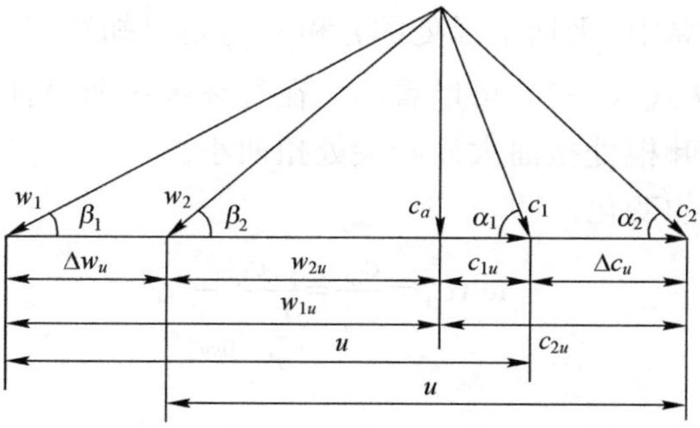

图 7-5　基元级速度三角形

（1）气流速度 w_1 和 c_2 沿半径的变化。由式（7-2）、式（7-3）可知

$$\begin{cases} c_{1u}=\dfrac{r_m}{r}(c_{1um}) \\ c_{1a}=c_{1am} \\ c_{2u}=\dfrac{r_m}{r}(c_{2um}) \\ c_{2a}=c_{2am} \end{cases} \tag{7-4}$$

式（7-4）表明轴向速度沿径向不变，而切向速度则随半径增大而减小。

对于气流速度 w_1，有

$$\begin{aligned} w_1&=\sqrt{c_{1a}^2+(u-c_{1u})^2} \\ &=\sqrt{c_{1a}^2+\left(\frac{r}{r_m}u_m-\frac{r_m}{r}c_{1um}\right)^2} \end{aligned} \tag{7-5}$$

此式表明，M_{w_1} 沿半径增加得比较快。因为等环量扭曲设计时，c_{1u} 是沿半径增加而减小的，而切向速度 u 是沿半径增加而增加的，因而沿叶高 w_1 是增加的。由于前面级声速值较小，故动叶片顶部 M_{w1t} 容易超限。

对于气流速度 c_2，有

$$\begin{aligned} c_2&=\sqrt{c_{2a}^2+c_{2u}^2} \\ &=\sqrt{c_{2a}^2+\left(c_{2um}\frac{r_m}{r}\right)^2} \end{aligned} \tag{7-6}$$

此式表明，M_{c_2} 沿半径变化也是比较快的。因为 c_{1u}、Δc_u 随 r 的减小而增大，故会使叶片根部 c_2 值增大，由于前面级的声速值较小，故静叶片 M_{c2h} 容易超限。

（2）扭速沿半径的变化。因为沿叶高方向 h=常数，则有

$$r\cdot\Delta w_u=r\cdot\Delta c_u=rc_{2u}-rc_{1u}=\text{常数}$$

所以

$$r\cdot\Delta w_u=r_m\cdot\Delta w_{um}$$

或

$$\Delta w_u=\frac{r_m}{r}\cdot\Delta w_{um} \tag{7-7}$$

在压气机的方案计算中，平均半径处的r_m和Δw_{um}是已知数，故不同半径处的扭速Δw_u可由式（7-7）求得。从式（7-7）可以看出，在等环量扭曲设计时，扭速随半径的增大而减小，这说明叶片在叶根处扭曲大而叶尖处扭曲小。

（3）气流角沿半径的变化，即

$$\tan\alpha_1 = \frac{c_{1a}}{c_{1u}} = \frac{c_{1a}}{\dfrac{r_m}{r}c_{1um}}$$

或

$$\tan\alpha_1 = \frac{r}{r_m}\tan\alpha_{1m} \tag{7-8}$$

由此可知，当r增大时，α_1角增大，即

$$\tan\alpha_2 = \frac{c_{2a}}{c_{2u}} = \frac{c_{2a}}{\dfrac{r_m}{r}c_{2um}}$$

或

$$\tan\alpha_2 = \frac{r}{r_m}\tan\alpha_{2m} \tag{7-9}$$

因此，当r增大时，α_2角增大，即

$$\tan\beta_1 = \frac{c_{1a}}{w_{1u}} = \frac{c_{1a}}{u - c_{1u}} = \frac{c_{1a}}{\dfrac{r}{r_m}u_m - \dfrac{r_m}{r}c_{1um}} \tag{7-10}$$

当r增大时，β_1减小，即

$$\tan\beta_2 = \frac{c_{2a}}{w_{2u}} = \frac{c_{2a}}{u - c_{2u}} = \frac{c_{2a}}{\dfrac{r}{r_m}u_m - \dfrac{r_m}{r}c_{2um}} \tag{7-11}$$

因此，当r增大时，β_2减小。

图 7-6 示出了等环量扭曲设计时，α、β角沿半径r变化的示意图。

（4）反动度Ω沿半径的变化。由$\Omega = 1 - \dfrac{c_{1u}}{u} - \dfrac{\Delta c_u}{2u}$可知，将此式两边各乘以$u^2$并移项则得

$$u^2(1-\Omega) = uc_{1u} + \frac{\Delta c_u}{2}u = \omega\left(rc_{1u} + \frac{r\Delta c_u}{2}\right) = \text{常数}$$

或写成

$$u^2(1-\Omega) = u_m^2(1-\Omega_m)$$

最后可得

$$\Omega = 1-(1-\Omega_m)\left(\frac{r_m}{r}\right)^2 \tag{7-12}$$

从式（7-12）可知，若选定了平均半径r_m上的平均反动度Ω_m值，则反动度Ω随半径的增加而增加，在叶顶处达最大值，而在叶根处为最小值。当选定不同的Ω_m时，反动

度Ω沿半径的变化如图 7-7 所示。当$\Omega_m=1$时，Ω沿半径为常数且等于 1，而当Ω_m较小时，如$\Omega_m \leqslant 0.5$，则Ω沿半径变化很大，特别在小轮毂比时，可能在叶根处出现负的反动度，这时，根部叶栅处呈涡轮工作状态，这种负反动度现象的出现是压气机不允许的。因此，在设计时必须有效地防止。

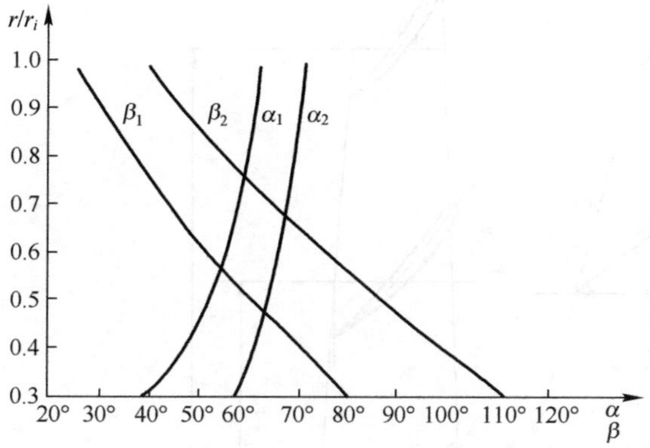

图 7-6 α、β沿半径r变化关系

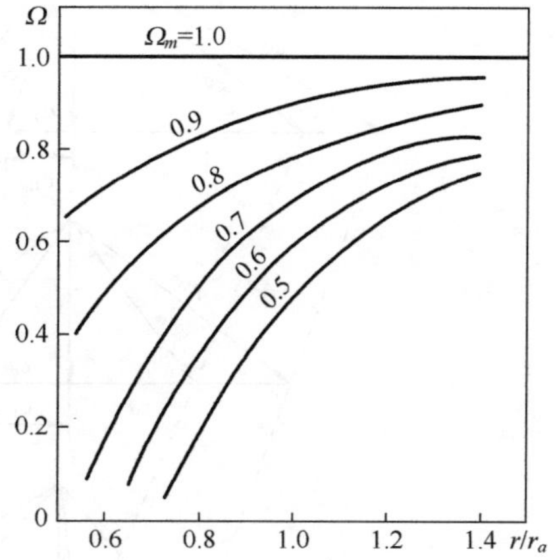

图 7-7 等环量级中反动度沿半径变化图

（5）流量系数ϕ的变化。轴流式压气机级的流量系数定义为气流轴向速度c_a与圆周速度u的比值，即

$$\phi=\frac{c_{1a}}{u} \tag{7-13}$$

经过变换，可得

$$\phi=\frac{c_{1a}}{u}=\frac{c_{1a}}{r\omega}$$

$$r\phi=\frac{c_{1a}}{\omega}=\text{常数}$$

或

$$\phi=\frac{r_m}{r}\phi_m \tag{7-14}$$

此式说明，流量系数将随r增大，成反比地下降，叶顶处ϕ最小，叶根处最大。

（6）能量差系数$\bar{h}$的变化。能量差系数也称为比功系数。它定义为理论功h与圆周速度的平方u^2的比值，即

$$\bar{h}=\frac{h}{u^2} \tag{7-15}$$

将理论功代入式（7-15），可得

$$\bar{h}=\frac{\Delta w_u}{u}=\frac{(r_m/r)\Delta w_{um}}{(r/r_m)u_m}=\left(\frac{r_m}{r}\right)^2\cdot\bar{h}_m \tag{7-16}$$

说明$\bar{h}$与r的平方成反比，随r的增大，$\bar{h}$将急速减小。

等环量扭曲设计的缺点是叶片扭曲较厉害，M_{w_1}沿半径增大较快，特别是轮毂比很

小时更为突出，并且在叶根处可能出现过小的甚至负的反动度。所以在高压比、大流量的情况下，压气机第一级或前几级不宜采用等环量的级。图 7-8 所示为等环量扭曲设计时，沿半径速度三角形的变化。

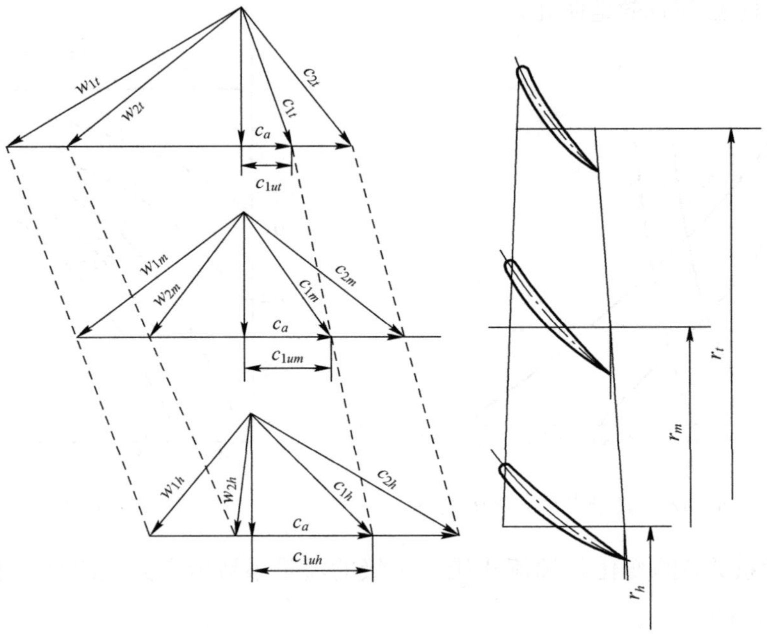

图 7-8　等环量扭曲规律时，沿半径速度三角形的变化

3．等环量扭曲规律的讨论

设计中在确定扭曲规律时，主要着眼点是希望级效率及压比高，变工况性能好、便于计算，叶片制造工艺性好等几个方面。那么，等环量流型的级是否满足上述要求呢？先分析如下。

（1）由等环量级的速度三角形可知，速度最大的一般为 w_1 或 c_2 。w_1 随半径增大而增大，所以叶顶处 M_{w1} 最易达到或超过声速值，产生很大损失。这个问题对第一级更为突出，因为第一级容积流量最大，叶片长，轮毂比 $\overline{d}$ 小，M_{w_1} 沿半径变化的幅度大，M_{w1t} 可能比 M_{w1h} 大得多。此外，第一级温度 T_1 低，声速小，故第一级动叶顶处最易达到或超过声速。同样分析可知，静叶的 M_{c2h} 问题也较大，不过一般较少用 $\Omega_m < 0.5$ 的级，故 M_{w1t} 的问题比 M_{c2h} 的更严重些。

为了保证级有较高效率，则应限制 M_{w1}，这时只有减小圆周速度 u，但这就使级加功量下降，使整个压气机级数增加。故 M_{w1} 沿叶高增大过快是等环量级的一个主要缺点，因而，对亚声速多级轴流式压气机的第一级或前几级，都应当避免采用这种流型。后面的级，由于气流温度 T 大，声速增大，故矛盾不太突出。

（2）由能量差系数 $\overline{h}$ 或扭速 Δw_u 沿叶高的变化情况来看，都是叶顶处最小。这样，虽然叶顶的 u 最大，但 Δw_u 、$\overline{h}$ 小，实际上 h 仍不大。也就是说，这种流型并没有充分利用叶顶处 u 大，以获得较大的加功量的作用，这也是该流型不足之处。

（3）由式（7-12）可知，反动度Ω是随r增大而增大的，而且其变化幅度的大小还与中径处的Ω_m有关。Ω_m越小，反动度Ω随半径r的变化越明显。

对叶根的基元级的反动度Ω_h，有

$$\Omega_h = 1-(1-\Omega_m)\left(\frac{r_m}{r_h}\right)^2 \tag{7-17}$$

考虑到$r_m=\sqrt{(r_t^2+r_h^2)/2}$，上式经过变换还可以改写成

$$\Omega_h = 1-(1-\Omega_m)\left(\frac{1}{2\bar{d}^2}+\frac{1}{2}\right) \tag{7-18}$$

由式（7-18）可知，当Ω_m较小而叶片又较长时，即r_m/r_h较大，$\bar{d}$较小时，有可能使Ω_h变成负值。Ω出现负值意味着基元级动叶栅中静压非但不增加，反而有所下降，出现了气流膨胀的所谓“涡轮机工况”，这当然与设计压气机的目的相反，是要尽量防止的。

（4）由图7-8速度三角形沿叶高的变化情况来看，可以发现等环量级沿叶高叶片扭曲的比较厉害，叶型形状变化较明显，因此加工工艺比较复杂。

（5）一般情况下，等环量级的Ω是沿叶高变化的，但有一种特殊情况，即当$\Omega_m=1$时，这时沿叶高Ω不变，都等于1，这从式（7-12）中可以看得很清楚。这种等加功量、等环量又等反动度（$\Omega=1$）的级，以往在固定式轴流式压气机中采用的较多，特别在u不太高，Ω虽然等于1而M_{w1t}仍在许可范围之内时，这种级比$\Omega_m<1$的级可有更高的$\bar{h}$，因而加功量可能大一些。

综合起来看，等环量级的优点是沿叶高h、c_a不变，计算简便。实践表明，除叶片顶部、根部附近，由于附面层较厚，流动情况较复杂，计算结果与实际情况出入较大外，其余部分二者比较符合。由于不同半径上气流能量交换不厉害，故可望有较高的效率。其缺点是沿叶高反动度Ω变化明显，并且在叶根处可能出现过小甚至负的反动度。M_{w1}沿半径增大较快，特别是轮毂比很小时更为突出，所以在高压比、大流量的情况下，压气机第一级或前几级不宜采用等环量的级。此外，叶片扭曲较厉害，工艺性较差。

等环量扭曲设计常用于u不太大，压比较低的固定式轴流式压气机中，或多级压气机的靠后的级中。对流量大、压比高、要求u较大的压气机，则不宜采用，特别是前面几级应尽可能采用其他的流型。

例题 7-1　压气机某级的根部半径和顶部半径分别为$r_h=0.252\text{m}$和$r_t=0.4073\text{m}$。该级经初步计算（按平均半径的基元级计算）的结果是：动叶进口的轴向分速$c_{1am}=c_{2am}=182.2\text{ m/s}$，$c_{1um}=71.9\text{m/s}$；动叶出口绝对周向速度$c_{2um}=125.1\text{m/s}$；动叶进口总温$T_1^*=347.46\text{K}$。试按等环量扭曲设计动叶前后气流参数沿半径的分布。计算时，不考虑动叶前气流滞止参数沿半径的变化。气体常数R=287.3 J/(kg·K)，c_p=1005.5 J/(kg·K)。

解：计算步骤列表说明（表7-1）。

此例题一方面使我们知道由平均半径处的速度三角形和参数确定其他半径处速度三角形和参数，另一方面也可以使我们熟悉等环量扭曲设计时参数沿半径的变化规律。

三、其他几种扭曲规律

1. 等反动度扭曲规律

由上面分析可知，等环量级的主要缺点是 w_1、Ω 沿叶高变化太大，使 M_{w1} 过大而限制了 u，也即限制了利用较大 u 来加大加功能力。随着科学技术的发展，希望压气机尽可能有较高的级压比，以减小级数并提高整机的总压比，同时，高强度的叶片材料也容许使用较大的 u，因此等环量级对 u 限制的矛盾就更大了。为了采用较高的圆周速度，而又能不带来等环量所具有的缺点，就促使人们去寻找更合适的扭曲规律，等反动度就是其中的一种。

等反动度扭曲规律是指沿叶高反动度 $\Omega=$ 常数、沿叶高理论功 $h=$ 常数。根据上述两个条件，即

$$\Omega = 1-\frac{c_{1u}}{u}-\frac{\Delta w_u}{2u}=\Omega_m=\text{常数}$$

$$h=u\Delta w_u=u(c_{2u}-c_{1u})=\text{常数}$$

联立解上两式，可得

$$c_{1u}=u(1-\Omega)-\frac{\Delta w_u}{2}=u(1-\Omega)-\frac{h}{2u}=\omega(1-\Omega)r-\frac{h}{2\omega r} \tag{7-19}$$

$$c_{2u}=u(1-\Omega)+\frac{\Delta w_u}{2}=u(1-\Omega)+\frac{h}{2u}=\omega(1-\Omega)r+\frac{h}{2\omega r} \tag{7-20}$$

由式（7-19）可知，当 Ω、h 为常数时，随着半径增大，圆周速度 u 增大，则 c_{1u} 增大较快。

表 7-1　等环量扭向叶片沿半径参数计算

序号	名称	符号	计算公式或由来	单位	计算结果				
1	半径	r		m	0.252	0.2899	0.3279	0.368	0.4037
2	半径比	$\overline{r}$	$\overline{r}=\frac{r}{r_t}$	—	0.6242	0.7181	0.8122	0.9061	1.0000
3	半径比	$\overline{r'}$	$\overline{r'}=\frac{r}{r_m}$	—	0.7685	0.8841	1.0000	1.1156	1.2313
4	圆周速度	u	$u=u_m\overline{r'}$	m/s	171.58	198.54	224.57	250.53	276.49
5	动叶进口绝对切向分速	c_{1u}	$c_{1u}=\frac{c_{1um}}{\overline{r'}}$	m/s	93.56	81.32	71.90	64.45	58.40
6	动叶出口绝对切向分速	c_{2u}	$c_{2u}=\frac{c_{2um}}{\overline{r'}}$	m/s	162.78	141.50	125.10	112.14	101.01
7	动叶进口轴向分速	c_{1a}	$c_{1a}=c_{1am}$	m/s	182.2	182.2	182.2	182.2	182.2
8	动叶出口轴向分速	c_{2a}	$c_{2a}=c_{2am}$	m/s	182.2	182.2	182.2	182.2	182.2
9	动叶进口相对切向分速	w_{1u}	$w_{1u}=u-c_{1u}$	m/s	79.2	117.22	152.67	186.08	218.09
10	动叶出口相对切向分速	w_{2u}	$w_{2u}=u-c_{2u}$	m/s	9.80	57.04	99.47	128.39	174.88
11	反动度	Ω	$\Omega=\frac{w_{1u}+w_{2u}}{2u}$	—	0.2573	0.4388	0.5614	0.6476	0.7106
12	理论功	h	$h=u(c_{2u}-c_{1u})$	J/kg	11900	11900	11900	11900	11900

（续）

序号	名称	符号	计算公式或由来	单位	计算结果				
13	动叶进口相对速度方向角	β_1	$\beta_1=\arctan\frac{c_{1a}}{w_{1u}}$	°	66°33′12″	57°14′37″	50°2′20″	44°23′41″	35°52′31″
14	动叶出口相对速度分向角	β_2	$\beta_2=\arctan\frac{c_{2a}}{w_{2u}}$	°	85°55′6″	72°36′58″	61°2′5″	52°46′48″	46°10′22″
15	动叶进口绝对速度方向角	α_1	$\alpha_1=\arctan\frac{c_{1a}}{c_{1u}}$	°	62°49′9″	65°56′50″	68°27′51″	70°31′10″	72°13′41″
16	动叶出口绝对速度方向角	α_2	$\alpha_2=\arctan\frac{c_{2a}}{c_{2u}}$	°	48°13′18″	52°9′56″	55°31′32″	58°23′16″	60°51′6″
17	动叶进口相对速度	w_1	$w_1=\sqrt{c_{1a}^2+w_{1u}^2}$	m/s	189.59	216.65	237.70	260.42	284.18
18	动叶出口相对速度	w_2	$w_2=\sqrt{c_{2a}^2+w_{2u}^2}$	m/s	182.46	190.92	207.58	228.80	252.55
19	动叶进口绝对速度	c_1	$c_1=\sqrt{c_{1a}^2+c_{1u}^2}$	m/s	204.81	199.52	195.87	193.26	191.33
20	动叶出口绝对速度	c_2	$c_2=\sqrt{c_{2a}^2+c_{2u}^2}$	m/s	244.33	230.69	221.01	231.94	208.61
21	动叶进口静温度	T_1	$T_1=T_1^*-\frac{c_1^2}{2c_p}$	K	326.6	327.7	328.4	328.9	329.3
22	动叶进口声速	a_1	$a_1=\sqrt{kRT_1}$	m/s	363.72	364.33	364.72	365.08	365.21
23	动叶进口相对速度马赫数	M_{w_1}	$M_{w_1}=\frac{w_1}{a_1}$	—	0.5459	0.5947	0.6517	0.7134	0.7781

由式（7-20）可知，当半径增大时，该式右边第一项是增大的，而第二项则减小，所以 c_{2u} 虽然也随 r 增大而增大，但沿 r 的变化比较缓和。

由速度三角形可知

$$w_1=\sqrt{c_{1a}^2+(u-c_{1u})^2}$$

当半径增大时，圆周速度 u 增大，而 c_{1u} 也将增大，经计算还表明，c_{1a} 沿叶高是显著下降的，则综合起来其结果使 w_1 沿叶高的变化很少，而避免动叶顶部 M_{w1} 超过许可值。

等反动度流型适用在高圆周速度的压气机中，适宜于运输式压气机的低压级（$\overline{d}$ 小）使动叶顶部的 M_{w1t} 得以控制。

在实际设计中，常选稍高于 0.5 的等反动度级，因为动叶的效率稍高于静叶，这样可使整个级的效率提高。

2．中间扭曲规律

在轴流式压气机中，由于各级所处的工作条件不同，所以采用的扭曲设计规律往往也是不同的。为了适应各种扭曲设计规律，在截面 1—1 和 2—2 求解式（7-1）时，采用下列通用式来规定切向分速沿半径的变化，即

$$c_{1u}=Ar+\frac{B}{r} \tag{7-21}$$

$$c_{2u}=Cr+\frac{D}{r} \tag{7-22}$$

式中：A、B、C、D 均为常数。

将式（7-21）和式（7-22）代入欧拉公式，则任意半径处的理论功为

$$h = u\left[(C-A)r + \frac{D-B}{r}\right] = \omega\left[(C-A)r^2 + (D-B)\right] \tag{7-23}$$

只要适当地控制 A、B、C、D 4 个任意常数的数值，就可以得到各种不同的 c_{1u} 和 c_{2u} 沿径向分布的规律。

由式（7-21）、式（7-22）和式（7-23）可以看出，前面讨论的等环量、等反动度扭曲规律则是上述中间扭曲规律的特殊情况。

（1）当 $A=C=0$ 时，为等环量规律。因为 $A=C=0$ 时，$c_{1u}=\frac{B}{r}$，$c_{2u}=\frac{D}{r}$；$A=C$ 时，由式（7-23）可知，满足等功条件，故为等环量设计。

（2）当 $A=C\neq 0$，$B=-D$，且 $D>0$ 时，则得

$$c_{1u} = Ar - \frac{D}{r} \tag{7-24}$$

$$c_{2u} = Ar + \frac{D}{r} \tag{7-25}$$

可得

$$A=\omega(1-\Omega), D=\frac{h}{2\omega}$$

由于 $A=C$，故满足等功条件，为等反动度扭曲设计。

第二节　轴流压气机级中的流动损失

轴流式压气机接受从外界加入的机械功，这外功不可能全部转化为压气机中气体的压力能，而有一部分将消耗于级组中的流动损失。

对基元级平面叶栅而言，其流动损失只是指叶型损失。但从压气机级的角度来看，由于叶片具有一定的高度，在流动损失中还应当包含叶栅两端面上的环形端面损失和由流动空间三元性带来的所谓二次流损失。

所以轴流式压气机级中流动损失不但包括叶型损失，而且还包括叶栅的端部损失和二次流损失。

一、叶型损失

基元级的叶型损失可分为摩擦损失、分离损失及尾迹损失 3 个部分。

由于气体的黏性，使靠近叶型表面一层气流的流动情况有异于主流，这样的流层称为附面层。在附面层内，流速沿法向各不相同，从紧贴表面处的流速为零，一直到最外层流速接近主流的速度值。一般认为，黏性的影响只限于很薄的附面层内。这些表面附面层在叶片后缘汇合，同时形成叶片尾迹，如图 7-9 所示。

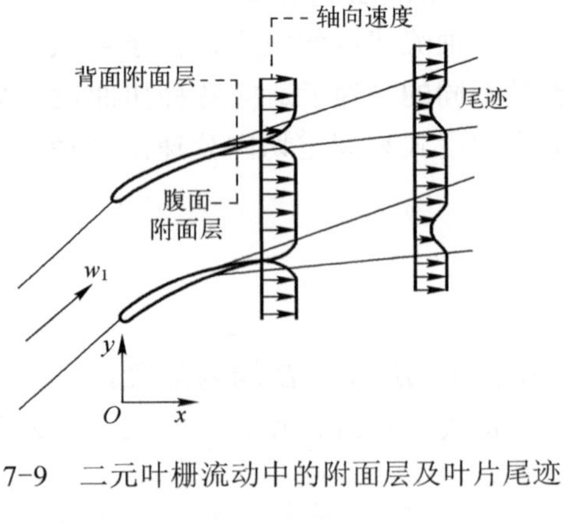

图 7-9　二元叶栅流动中的附面层及叶片尾迹

在叶片后面受阻滞的尾迹气流与主流相混合，并在流动的方向上逐渐扩大，在下游足够远处，将发生完全混合，因而流动变得均匀。

1．摩擦损失

由于气体有黏性，气流流过叶栅叶型表面时，在附面层内气体的摩擦消耗了能量造成的损失。摩擦损失与叶型表面的附面层的结构类型有关，在叶型表面上所发生的附面层有两种类型，即层流附面层与紊流附面层。它们主要与来流的雷诺数 *Re*、自由紊流度及叶栅、叶型的几何参数有关。

图 7-10 所示为有层流和紊流情况下附面层中的速度分布图形。在紊流层中，由于流体质点间动量交换比较强烈，具有高能量的质点进入附面层内，其速度较大。在层流附面层中，动量的交换仅仅靠两相邻流层间剪切力作用，所以速度较小。由于两者速度分布图谱不同，因此层与层间所产生的摩擦情况与摩擦损失也不同。当主流减速，在附面层中存在逆向压力梯度时，这两种附面层之间的差别就显示出来了。

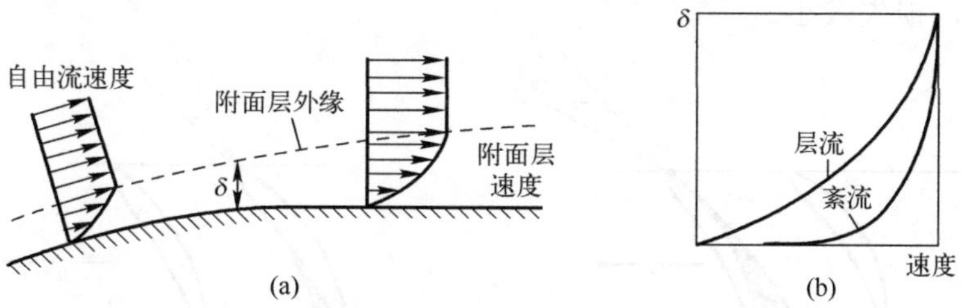

图 7-10 附面层中的速度分布

（a）固定壁面附近的速度分布；（b）层流与紊流附面层典型速度分布。

紊流附面层由于有足够的脉动动量加入，使它在发生分离之前仍能逆着压力梯度前进某段距离。层流附面层只有很少的动量加入，使它不能沿升压方向前进很远，而且接近壁面的质点由减慢到停止，最后终于逆着主流的方向开始向上游流动，导致附面层从表面上分离（图 7-11）。

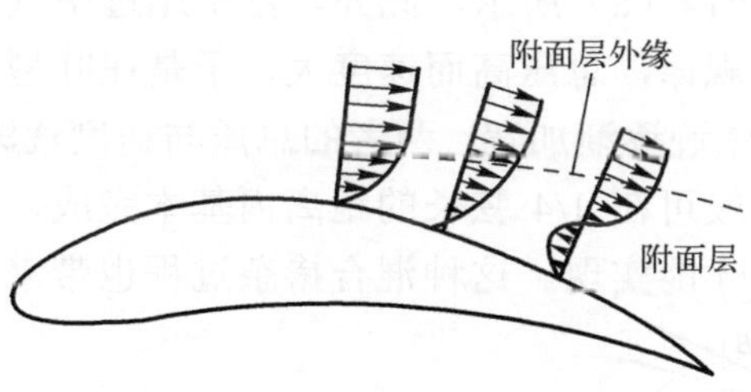

图 7-11 附面层内速度分布图

当气体流过叶型时，黏性摩擦损失仅产生于附面层内，而主流可以作为理想气体来处理。

2．分离损失

当叶型表面附面层增厚到一定程度，而逆向的压力梯度又较大时，由于附面层中流速低，附面层内的动量往往不足以克服顺流压力的增加，因而会发生分离，形成大的分离涡流损失。这种分离显然与叶型形状，附面层状况及流道扩度等因素有关。此外，工况变化对分离损失也影响很大。分离对绕叶型的速度分布影响可参见图 7-12。叶背处气流分离较明显，这主要是由于叶背处压力梯度较大的缘故。

工况变化会使叶栅进口速度三角形发生变化，当导致正冲角增大时，叶栅流道出口面积与进口面积之比，要比变工况前增大，即流道扩压度增大，此时叶背处气流分离明显，可参见图 7-13（a）。在叶背上产生的这种分离，又由于气流在叶栅流道中的折转时所产生的离心力场而加剧，所以分离点将向上游移动，分离易扩大。当工况变化使气流冲角变为负值时，参见图 7-13（b）。这时，在叶腹处将可能发生分离，但此时由于流道扩压度减小，而且由于折转气流离心力场的作用，使分离不易扩大，损失较小。

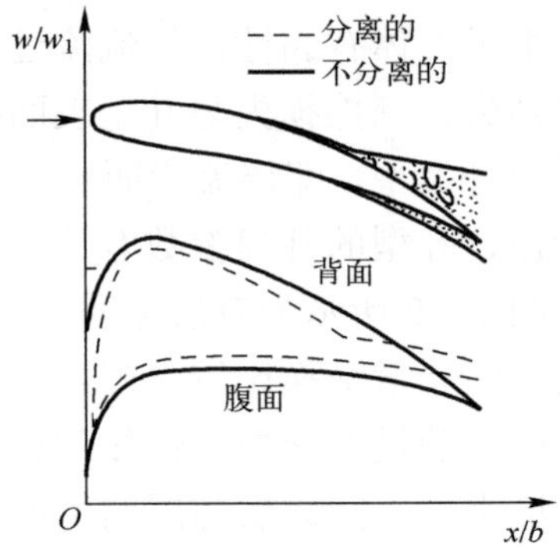

图 7-12　分离对绕叶型的速度分布的影响

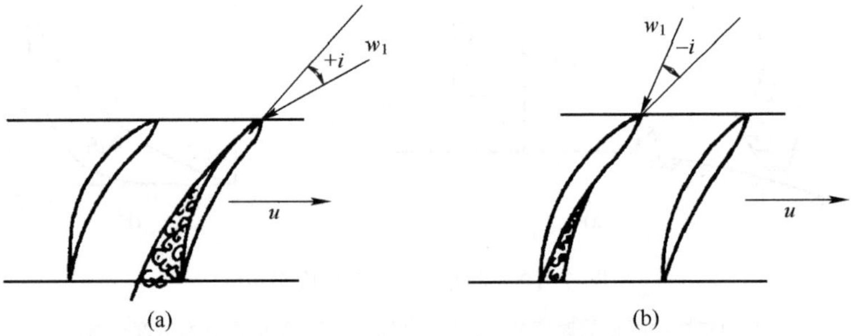

图 7-13　叶栅、叶片、叶背、叶腹上附面层分离

（a）冲角为正；（b）冲角为负。

3．尾迹损失

由于叶型上下表面附面层在叶型后缘汇合，形成停滞涡流区，动能消耗了，转化为热能而形成损失，如图 7-14（a）所示。此外，由于尾迹中气流规律性差，总压低而速度小，主流中气流流动有规律，总压高而速度大，于是在叶型后这两部分气流相互掺杂混合，随着向下游发展，尾迹逐渐加宽，两者的总压与速度逐渐拉平，最后达到均匀化。这种混合均匀化的过程一般可在 1/4 弦长的距离内基本完成，但是要做到真正均匀化，则要在几倍弦长的距离后才能实现。这种混合掺杂过程也带来能量损耗。

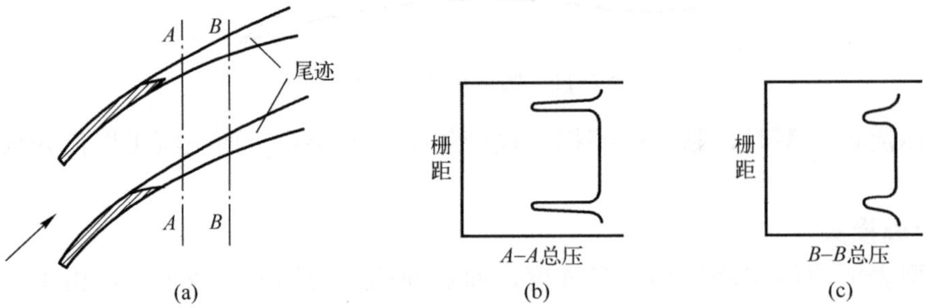

图 7-14　叶型尾迹损失示意图

（a）附面层与尾迹简图；（b）沿 A–A 的总压分布；（c）沿 B–B 的总压分布。

图 7-14（b）、（c）表示叶型后在一个栅距内，离叶型后缘不同距离处总压分布和拉平情况。

二、端部损失

由于叶片不是无限长，在压气机级实际的环形叶栅中，由于气流空间流动的特点，叶片上下的两个端表面，就存在着附面层摩擦，如图 7-15 所示，这样所形成的损失称为端部损失，端部损失与环壁的形状表面质量及叶栅中的扩压程度等因素有关。这种损失影响到轴向速度的分布。

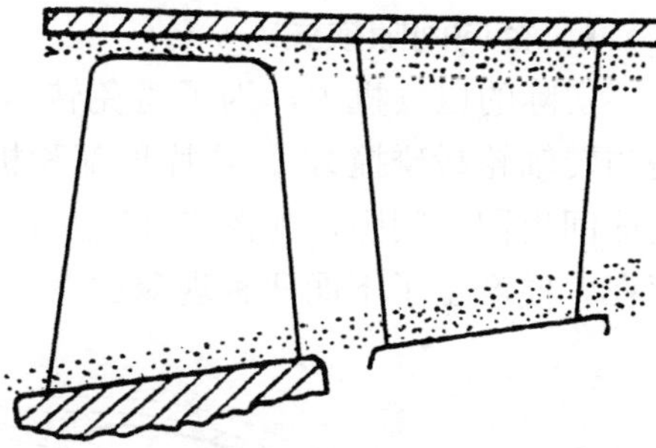

图 7-15　端部损失

美国 GE 公司对一台 12 级的压气机进行了实验，测定的轴向速度及总温沿叶高的变化如图 7-16 所示。从图 7-16（a）可得出的结论如下。

第一，在后继级中，轴向速度分布并没有逐级不断恶化下去，而是保持了相当稳定的形态。

第二，人们能够把流场分成 3 个部分，即一个主流流动部分和两个端壁附面层部分。图 7-16（b）上展示了壁面附近的损失大于通道中部的损失。当然，壁面附面层流动的细节是十分复杂的，如存在漏气流动、间隙流动、黏性的三元流动等。

通过实验研究表明，影响端壁附面层流态的参数是叶栅几何形状、叶顶间隙/弦长、轴向间隙/弦长、动叶弦长/静叶弦长、叶弦雷诺数 *Re* 及气动负荷等。通过观察发现，对附面层增长起支配作用的是叶片动力负荷，而轴向速度分布也是影响附面层增厚的一个重要因素。

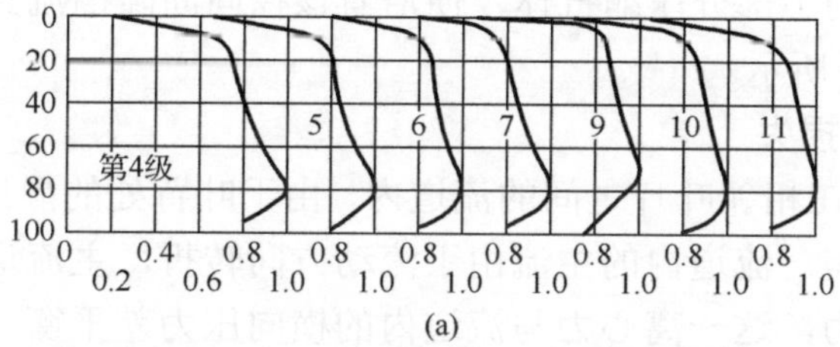

(a)

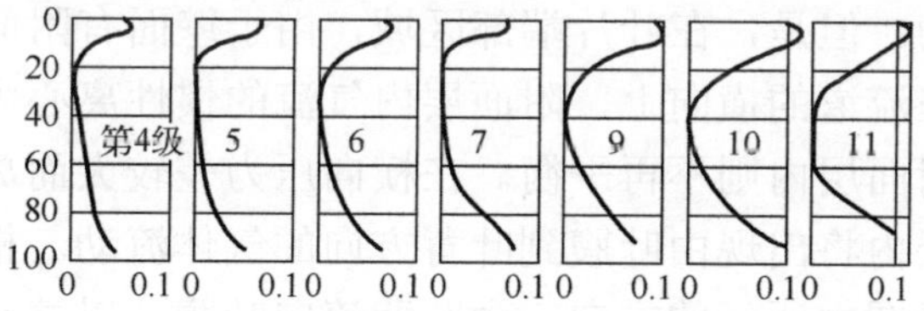

(b)

图 7-16　实测的各级动叶出口的参数

（a）轴向速度；（b）温度。

三、二次流损失

有限长叶片与无限长叶片不同的另一现象就是流过叶栅流道内的气流在叶片的两端

还存在着与主流方向不相同的所谓二次流动。它所形成的损失，称为二次流损失。二次流损失包括下述几项。

1．径向间隙损失

实际的压气机中，为了避免转子叶片顶部和压气机机匣间发生碰撞（对静叶来说则是与转轴轮毂碰撞），在叶片顶部和机匣间总留有一定的径向间隙。同样，静叶片与转子壁面间也留有间隙，如图 7-17 所示。此间隙一般为 0.5～2.0mm。由于这一径向间隙的存在，便产生了下面两种现象。

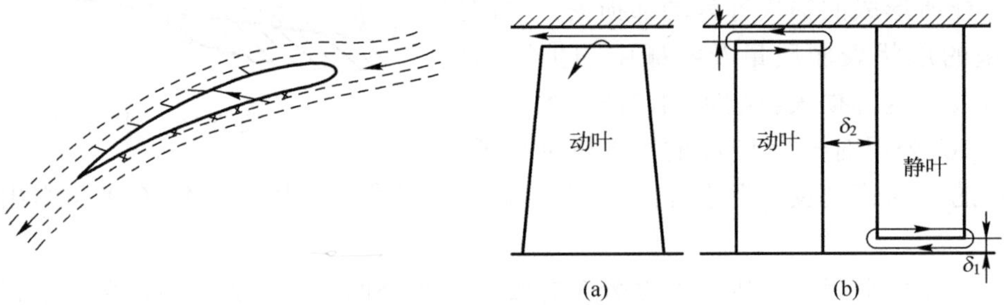

图 7-17　径向间隙的端部流动

（a）由叶腹流向叶背；（b）由叶栅后流向叶栅前。

（1）在叶片叶顶处的叶栅中，由于叶背处压力低，而在叶腹处压力高，因而，在此压力差的作用下，叶顶处的气流便沿着径向间隙，从叶腹处流向叶背处，这种潜流也引起潜流损失，如图 7-17（a）所示。

（2）由于压气机叶栅是扩压式叶栅，栅后压力高于栅前压力。在前后压力差的作用下，处在叶顶附近处的小部分压缩气体，便沿着该径向间隙倒流到栅前，从而引起倒流损失，如图 7-17（b）所示。

2．对涡（双涡）损失

如图 7-18 所示，在相邻叶片之间的流道内，由于叶背处的静压低于叶腹，因此在流道的横向上存在压力差。流道内的主流由于流动方向转折，主流道内的气体微团存在着指向叶腹的惯性离心力，这一离心力与流道内的横向压力差平衡，所以主流中的气体微团只沿主流线方向流动。但是，在叶片端部区域，由于壁面有附面层，附面层内气流运动速度下降。因此，在流道的横向上，附面层内气流的惯性离心力也下降。这时，在主流内存在着平衡，在附面层内则不再平衡。在横向压力差较大而离心惯性力很小或接近于零的情况下，附面层内将出现由叶腹到叶背方向的气体流动。根据连续流动的要求，主流中一部分气体便沿图中所示的方向，由叶背流向叶腹，以填补已经流向叶背的那部分气流的位置。这种流动与主流相加，因而形成了两个反方向的涡线，分布在叶片背部附近。这一对涡线称为双涡线，它消耗了主流能量，形成一定损失，称为对涡损失。

这种二次流的存在，将导致主气流偏离正常方向，产生对后排叶栅的不利冲角。

3．叶身附面层径向流动的潜移损失

级的流道中，由于气流切向分速度 c_u 的存在而形成离心力，使气体有从动叶栅内径向外径流动的趋势。为了保持气流基本上沿着圆柱面流动，则要使级外径处的压力大于内径处的压力，也即径向要有压力差来平衡离心力，以满足“径向平衡”条件。但在贴近动叶身上的附面层中，气体几乎与叶片一起以相同的圆周速度旋转，一般情况下，$u \gg c_u$。因此，贴近叶身附近气体微团的离心力要大于主流中的离心力，而径向的压差是一定的，于是，叶身附面层内气体会沿着叶片根部向顶部移动，这种现象称为叶身附面层的径向潜移，如图 7-19 所示。

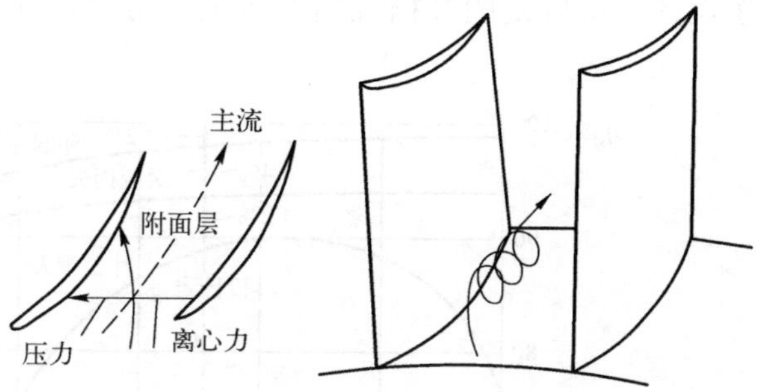

图 7-18 环壁上附面层引起的对涡

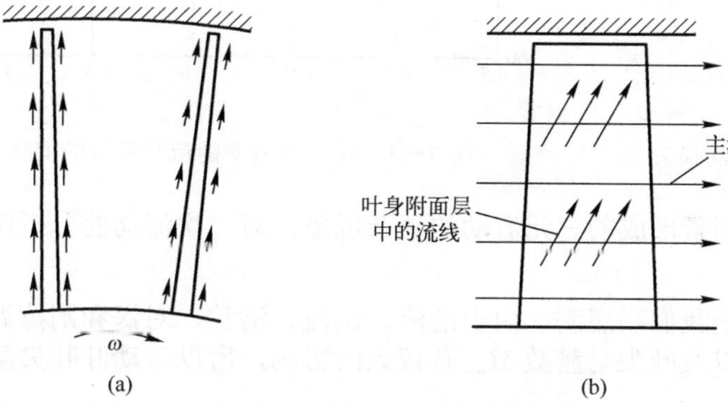

图 7-19 叶身附面层的径向潜移

（a）轴断面上的径向流动；（b）子午面上的径向流。

在静叶栅中，则由于静叶静止不动（$u=0$），情况刚好相反，于是，在压差作用下使静叶叶身附面层由外径向内径移动。

这种径向潜流使叶身附面层向动叶顶和静叶端部（近轮毂处）堆积加厚，而恶化了这些区域内的流动。由于动叶栅中 u 比 c_u 大得多，故动叶附面层的径向潜移要更严重些，损失也更大些。

二次流损失除上述现象所形成的损失外，还有所谓“刮起的旋涡”所引起的损失。当叶片与壁面之间有相对运动时，叶尖可以把壁面上的附面层刮削下来，并在叶腹一侧形成旋涡，如图 7-20 所示，称为刮擦涡损失。

上面讨论了压气机级中的损失，从整个叶片来看，其两端的损失要比中间部分的大，有时在实际考虑叶栅中的叶型损失外，也常将端面损失和二次流损失平均分配给沿叶高的基元级，用来在设计时估计压气机叶栅的效率。

图 7-21 所示为某台单级轴流式压气机在不同工况下（流量系数ϕ改变）的损失分解图。由图可知，在设计工况下叶型损失、二次流损失和端面损失约各占总损失的 40%、40%及 20%。在流量系数ϕ增大时，端面损失有所增加，这是因为ϕ增大时，流量、流速都增大，所以端面上摩擦损失将增加。二次流损失随ϕ的增大略有降低，但变化不大。叶型损失在设计工况点一般较小，但在偏离设计点较大时会明显增大，这是由于这时进口气流的速度方向与按设计工况确定的叶栅几何参数很不协调，气流产生脱离，流动情况恶化所致。

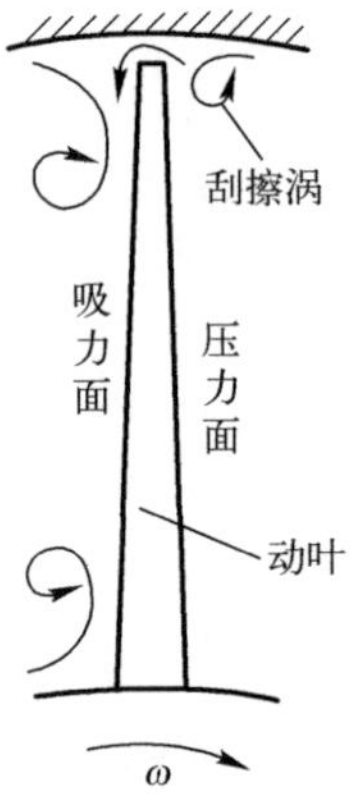

图 7-20　叶片的刮擦涡损失

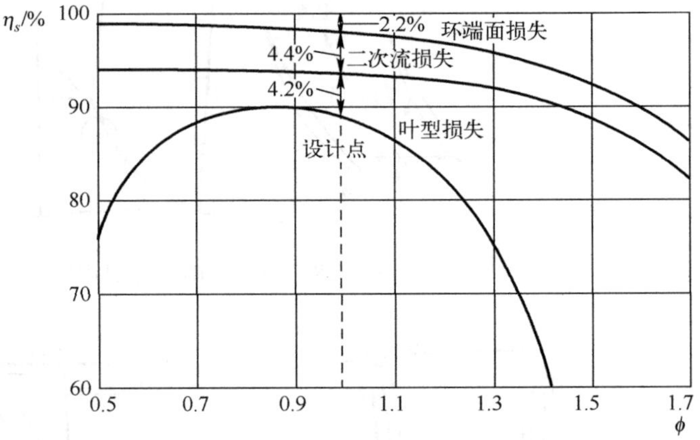

图 7-21　压气机效率随流量系数的变化

二次流是多种因素形成的三元流动的复杂现象，对二次流动的分析研究是当今很活跃的领域。

由上面的分析使我们联想到，由于潜流、倒流、潜移、对涡和刮擦涡的影响，对端部损失、叶型损失以及叶尖马赫数M_{w_1}有较大的影响，所以，动叶叶尖基元叶片的工作条件最恶劣。为了避免动叶叶尖附面层的严重分离，因此，在设计时，时常对叶尖规定选取较小的扩散因子。

将压气机级内的流动损失区分为上述三类是为了分析和实验研究的方便。实际上，这些损失是相互联系、不能截然分开的。目前，尚没有一种估计各类损失数值的精确、完善的方法。

在利用平面叶栅的实验数据设计时，一种方法是假定端部损失和二次流损失是沿半径各截面上均匀分布的。这时，总损失系数可以看作三类损失的总和：

$$C_z = C_{zp} + C_{zw} + C_{zs} \tag{7-26}$$

式中：C_{zp}是叶型阻力系数；C_{zw}是端部附面层摩擦阻力系数；C_{zs}是二次流阻力系数。

这 3 个系数根据实验结果选取。在缺少实验数据时，可以根据在实验基础上整理的经验公式进行估算。

在低马赫数下，设计工况时叶型阻力系数C_{zp}可用下式计算：

$$C_{zp} = 0.02 - 0.06\frac{t}{b} \tag{7-27}$$

端部附面层摩擦阻力系数 C_{zw} 与 t/l 成正比关系：

$$C_{zw}=0.02\frac{t}{l} \tag{7-28}$$

式中：l 为叶片高度。

二次流阻力系数可由下列经验公式计算：

$$C_{zs}=0.18C_y^2 \tag{7-29}$$

式中：C_y 为升力系数。

这种处理方法的优点是计算简单，但缺点是比较粗糙。特别是气流马赫数较高时，这种估算损失的简单方法常常是失败的。因为将端部二次流损失平均分到不同基元级上的做法与实际情况有较大差别。

习　题

1．压气机动叶为什么要沿叶高扭曲?

2．说明下列 3 个方程的应用前提：

（1）$\dfrac{\mathrm{d}p}{\mathrm{d}r}=\rho\dfrac{c_u^2}{r}$；

（2）$\dfrac{\mathrm{d}h}{\mathrm{d}r}=\dfrac{1}{2}\left[\dfrac{1}{r^2}\dfrac{\mathrm{d}(c_ur)^2}{\mathrm{d}r}+\dfrac{\mathrm{d}c_a^2}{\mathrm{d}r}\right]+\dfrac{\mathrm{d}\Delta h_r}{\mathrm{d}r}$；

（3）$\dfrac{1}{r^2}\dfrac{\mathrm{d}(c_ur)^2}{\mathrm{d}r}+\dfrac{\mathrm{d}c_a^2}{\mathrm{d}r}=0$。

3．证明动叶进、出口截面采用等环量扭曲规律设计时，沿叶高加功量相等。

4．简单讨论等环量扭曲规律的优点、缺点及其应用情况。

5．压气机级的流动损失（除叶片基元级损失以外）有哪些?简单分析说明。

6．指出动叶和静叶叶身附面层潜移方向，解释它们的潜流方向不同的原因。

7．画出压气机级中可能产生的二次流旋涡，分析讨论这些旋涡的特点，包括旋涡方向和它们之间的相互作用。

第八章　多级轴流式压气机

因为增大单级压比需要增大圆周速度 u 或增大扭速 Δw_u，但两者都受到一定的限制，

因此，亚声速轴流压气机的单级压比较小，一般为 1.15～1.35。为达到一定的压比，必须采用多级轴流压气机。如燃气轮机要求的总压比是 6～20，那么，要由 6～18 个单级串列组成多级轴流压气机，才能满足燃气轮机对总压比的要求。

多级轴流式压气机由若干单级压气机在轴线方向依次串列组成，如图 8-1 所示。在第一级之前装有进口导向器，以使进入第一级的气流具有某种所需要的方向（采用进气预旋）。在末级之后装有整流器（出口导叶），以使从末级出来的气流最后转为轴向，然后再进入后面的出口扩压器。

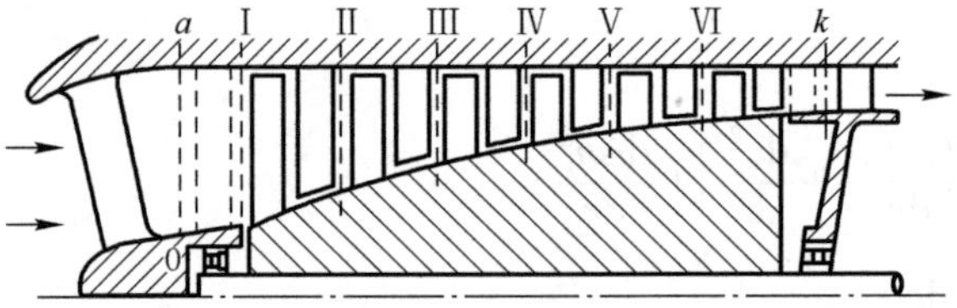

图 8-1　多级轴流式压气机示意图

通常压气机的进口特征截面用 0—0 表示，压气机出口特征截面用 k—k 表示。Ⅰ、Ⅱ、…分别表示第Ⅰ级、第Ⅱ级等各级的进口特征截面。

在多级轴流式压气机中，级的工作条件与孤立的单级有所不同。在多级压气机中，后一级的进口流场及参数状况，决定于前一级出口的气流情况；后级的流动状况又对前级存在着一定的影响，所以其级与级之间是相互影响、相互联系的。因而，其工作情况和要考虑的问题要比单独级复杂。

本章仅就多级轴流式压气机的工作特点和气动设计等问题进行介绍和讨论。

第一节　多级轴流式压气机的工作特点

一、多级轴流式压气机的压比和效率

多级轴流式压气机中，除了各单级之外，还包括进、排气管、进口预旋导向器和出口导向器。它们的作用不容忽视，但气流流过这些通流元件时的能量损失，并不随级数的多少而变化。因而，在分析多级轴流式压气机中，可以暂时不考虑这些元件，而只研

究第一级工作轮进口到末级导向器这段通流部分的流动。

1．多级轴流式压气机的压比

压气机出口的空气压力和压气机进口的空气压力之比，称为压气机的压比，即

$$\pi=\frac{p_k}{p_o} \tag{8-1}$$

如果多级轴流式压气级的级数为 z，则

$$\begin{aligned}\pi&=\frac{p_{\mathrm{I}}}{p_o}\frac{p_{\mathrm{II}}}{p_{\mathrm{I}}}\cdots\frac{p_k'}{p_z}\frac{p_k}{p_k'}\\&=\frac{p_{\mathrm{I}}}{p_o}\pi_1\cdots\pi_z\frac{p_k}{p_k'}\end{aligned} \tag{8-2}$$

式中：$\pi_1\cdots\pi_z$ 为第Ⅰ级到第 z 级的单级压比；$p_{\mathrm{I}}\sim p_z$ 分别为各特征截面的静压；p_k' 为第 z 级后的静压；p_k 为压气机出口处的静压。

实际上，常常以滞止压力表示多级轴流式压气机的压比，称为压气机的滞止压比：

$$\begin{aligned}\pi^*&=\frac{p_k^*}{p_o^*}\\&=\sigma_1\pi_1^*\cdots\pi_z^*\sigma_2\end{aligned} \tag{8-3}$$

式中：$\sigma_1=\dfrac{p_{\mathrm{I}}^*}{p_o^*}$ 为进气预旋导向器的总压恢复系数；$\sigma_2=\dfrac{p_k^*}{p_k^*}$ 为出口导向器的总压恢复系数。

在设计工况中，多级轴流压气机进口的气流速度常常比出口的气流速度大，这时按静压计算的压比大于滞止压比，其差别可以达到 3%～6%。

2．多级轴流式压气机的效率

通常以压气机的等熵效率衡量多级轴流式压气机通流部分流动损失的大小。和基元级等熵效率的定义类似，压气机的等熵效率定义为等熵压缩过程中滞止焓的增量和实际压缩过程中滞止焓的增量之比，即

$$\eta_{sk}=\frac{h_{ks}^*-h_o^*}{h_k^*-h_o^*}=\frac{T_{ks}^*-T_o^*}{T_k^*-T_o^*} \tag{8-4}$$

下面讨论多级压气机的等熵效率和组成它的单级等熵效率之间的关系，分析它们的差异及产生差异的原因。为了便于说明问题，这里以一台三级轴流压气机为例，分析其压缩过程及参数变化的情况。

如图 8-2（a）所示，以 1—1、2—2、3—3、4—4 截面分别代表第一级、第二级、第三级进口截面和第三级出口截面。

现利用 $p-\upsilon$ 图及 $T-s$ 图来表示此压气机通流部分级组中的热力过程与参数变化情况，如图 8-2（b）和（c）所示。图 8-2（b）、（c）中点 1 表示第一级进口气流状态，点 2、点 3、点 4 分别表示第一、二、三级后气流状态。图 8-2（b）、（c）中线段 12、23、34 分别代表第一、二、三级中气体的多变压缩过程线。

图 8-2（b）、（c）中线段 14 为整个三级的多变压缩过程线。可见，整个三级多变压缩过程线与各级的多变压缩过程线互相重合，也认为各级都具有相同的多变指数 n。虽

然严格地说各级的多变指数并不完全相同，但实验表明，工程上这样处理是足够准确的。

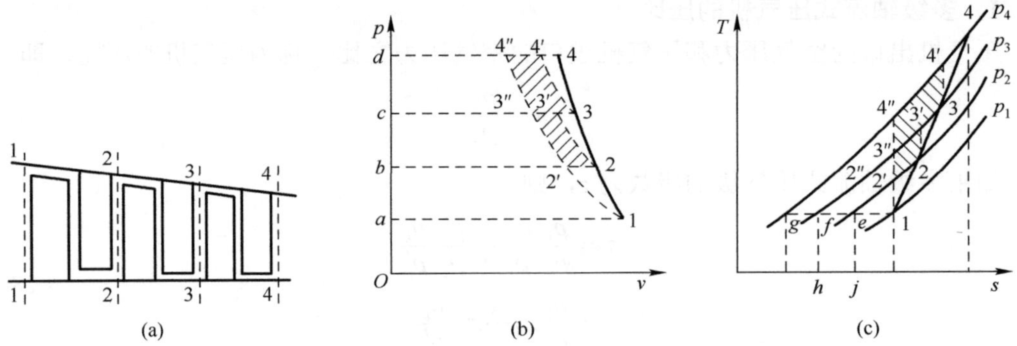

图 8-2　压气机在 $p-\upsilon$ 图及 $T-s$ 图上的热力过程线

（a）三级轴流压气机剖面图；（b） $p-\upsilon$ 图；（c） $T-s$ 图。

由式（6-38）

$$\eta_p = \frac{n}{n-1}\frac{k-1}{k}$$

可知，若各级的多变指数相等，则各级的多变效率 η_p 相等，即

$$\eta_{p1} = \eta_{p2} = \eta_{p3} = \eta_p$$

则有

$$\frac{h_{p1}}{h_1} = \frac{h_{p2}}{h_2} = \frac{h_{p3}}{h_3} \tag{8-5}$$

式中：下角标 1、2、3 表示级序。

如果不考虑速度的变化，则

$$h = \int \frac{\mathrm{d}p}{\rho} + \Delta h_f = h_p + \Delta h_f \tag{8-6}$$

故

$$\eta_p = \frac{h_p}{h_p + \Delta h_f} \tag{8-7}$$

由图 8-2（b）、（c）可知，整台三级压气机的多变压缩功等于三个单级多变压缩功之和，即

$$H_p = \sum h_p = h_{p1} + h_{p2} + h_{p3} \tag{8-8}$$

则整台压气机的多变效率为

$$\begin{aligned}\eta_{pc} &= \frac{H_p}{H} = \frac{H_p}{h_1 + h_2 + h_3} \\ &= \frac{H_p}{\left(\dfrac{h_{p1}}{\eta_p} + \dfrac{h_{p2}}{\eta_p} + \dfrac{h_{p3}}{\eta_p}\right)} \\ &= \frac{H_p}{\sum h_p/\eta_p} = \eta_p\end{aligned} \tag{8-9}$$

式中：H_p 及 H 为整台三级压气机的多变压缩功及外加机械功。由式（8-9）可知，整台压气机（指通流部分）的多变效率等于单级的多变效率。

下面再来分析多级轴流式压气机等熵效率与单级的关系。

图 8-2（b）、（c）中，线段$12'$、$23'$、$34'$各表示第一级、第二级、第三级的等熵压缩过程线，而$14''$线表示整个压气机的等熵压缩过程线。由图可知，各级等熵压缩功之和大于压气机的等熵压缩功，其差值在图中用阴影线部分表示，即

$$h_{s1}+h_{s2}+h_{s3}=\sum h_s > H_s \tag{8-10}$$

这是因为实际压缩过程中，由于存在损失，使级出口气体的实际温度高于等熵过程时的出口温度，于是，提高了下一级的进气温度。这样，就增大了下一级所需的等熵压缩功。这种现象称为重热现象。

例如，当气体在第一级中做等熵压缩时，在第一级出口的气体状态为图 8-2（b）、（c）中 $2'$ 点。但由于存在损失，实际压缩终了时的状态为 2 点。这时，对第二级来说，即使其压缩过程是无损失的等熵过程，其所需的压缩功也增大了，这可以从图中看得很清楚，即

$$p-\upsilon \text{ 图面积 } b23'cb > \text{面积 } b2'3''cb$$

$$T-s \text{ 图面积 } je23'fhj > \text{面积 } je2'3''fhj$$

对第三级来说，同样由于前两级中存在损失，使该级进口温度由等熵过程时的 T_3''，提高到实际情况下的 T_3，因而加大了第三级所需的等熵压缩功，故三级各自的等熵压缩功之和大于整机的等熵压缩功。

假设各级的等熵效率相同

$$\eta_{s1}=\eta_{s2}=\eta_{s3}=\eta_s$$

以 η_{sc} 表示该三级压气机的整机等熵效率，则

$$\begin{aligned}\eta_{sc}&=\frac{H_s}{H}=\frac{H_s}{h_1+h_2+h_3}=H\Big/\left(\frac{h_{s1}}{\eta_s}+\frac{h_{s2}}{\eta_s}+\frac{h_{s3}}{\eta_s}\right)\\&=\frac{H_s}{h_{s1}+h_{s2}+h_{s3}}\eta_s=\frac{H_s}{\sum h_s}\eta_s\end{aligned} \tag{8-11}$$

即整机的等熵效率低于各级的等熵效率，这种差别可用重热系数 α 来表示，即

$$1+\alpha=\frac{\sum h_s}{H_s}=\frac{\eta_s}{\eta_{sc}}>1 \tag{8-12}$$

α 的大小与流动损失及级数有关，流动损失越大，级数越多（即压气机压比越高），则重热系数 α 越大。α 大，则要求外加的功量增大。

α 可由下式计算：

$$\alpha=\alpha_\infty\frac{z-1}{z} \tag{8-13}$$

式中：α_∞ 为压气机级数为无限多时之重热系数，可按下式计算，即

$$1+\alpha_{\infty}=\eta_{si}^{*}\frac{(\pi^{*})^{\frac{k-1}{k\eta_{si}^{*}}}-1}{(\pi^{*})^{\frac{k-1}{k}}-1} \tag{8-14}$$

式中：π^* 为多级轴流压气机的压比，即

$$\pi^*=\frac{p_z^*}{p_1^*}$$

式中：η_{si}^* 为各级相等的级等熵效率。

目前，轴流式压气机级的等熵效率可达 0.92～0.94，而整机的等熵效率一般不超过 0.90～0.92。

二、各级工作特点

在多级轴流压气机中，每一个单级的工作原理是完全相同的，但由于各级在通流部分中所处的位置不同，而沿通流部分气流的参数是逐级变化的，所以各级的进气状态及流场就不同，其几何参数也各不相同。这样就形成了各级中不同的气流流动与工作特点。这些不同点是由于各级的压力、温度、流速及容积流量不同所造成的，应当掌握这些特点，以便设计出符合要求、性能良好的级及整个压气机。

按工作条件与特点，可将整个通流部分的级分成前级（以第一级为代表）、中间级、和后级（以末级为代表）三类。下面对这三类进行分析。

1．第一级与前面级

多级压气机的第一级设计是很重要的，它的气动性能与几何参数对后面各级有重大的影响，所以要予以充分重视。

（1）气体进入第一级时未经压缩，其容积流量大，密度小。因此，第一级所需的通流面积最大，叶高 l_1 最长，轮毂比 $\overline{d}$ 最小，一般叶片数也最少。轴流式压气机的径向尺寸，也基本取决于第一级参数的选择。

由于叶片长、$\overline{d}$ 小，所以叶片扭转得较厉害，叶顶与叶根基元级的工作条件相差大，气流的三元性问题突出。由于叶片长，其离心力较大，叶片的强度与振动问题也较突出。

（2）第一级气体温度低，声速小，故马赫数低。对某些流型来说，其动叶顶部的 $M_{w_{1t}}$ 易超出许可值，使效率下降。为了解决此问题，必须降低圆周速度 u，或采用正预旋。对等环量流型，由于第一级 l_1 大，$\overline{d}$ 小，叶根处可能出现负的反动度，叶顶处易产生过大的 $M_{w_{1t}}$，故可用等反动度流型或其他中间流型解决这个问题。

（3）当采用等外径形式的通流部分时，第一级叶片根部 D_h 最小，此处基元级的 u_h 也最小。这时，若采用等能量差的级型，为了保证沿叶高能量差值不变，则要求叶根基元级有较大的弯曲角，以使整个级的能量差值不致过低。此外，从强度要求来看，叶根截面的叶型要较厚。这些都会使叶根基元级的效率明显下降，而影响到整个级的性能。

（4）当压气机在非设计工况下工作时，一般是第一级与末级气流参数偏离设计工况最远，其速度三角形也与设计工况时的出入最大。后续章节会讲到，当压气机转速下降

时，若流量减小，将会在第一级最先出现旋转失速，进而引起喘振。所以设计时应注意到这一点，应使第一级有较宽的稳定工作范围，以防止过早进入不稳定工况。

（5）在多级轴流式压气机中，沿轴线环形端壁上的附加层会不断加厚。第一级的附面层最薄，流场畸变较少，又由于没有前面级对它的影响，所以当在设计点工作时，其实际工况与设计工况偏差较少。

2．后面级

多级轴流压气机后面级的工作条件与第一级和前面级的正好相反。

（1）压气机后面级的空气密度逐渐增大，末级达到最大。其容积流量最小，末级所需的通流面积最小，叶高 l_z 最短，轮毂比 $\overline{d}$ 最大。因此，叶片太短将是末级设计中所遇到的主要问题，特别在小流量又采用等外径通流部分形式时，问题就更尖锐。这时，环端面损失、二次流损失等都将大大增加，使效率明显下降。

（2）末级叶片短、$\overline{d}$ 大，故叶片扭转不厉害，气流流动也较接近圆柱面流动的假设。

（3）末级气流温度高，声速大。因此，马赫数不宜超过许可值。假设设计时用反动度 Ω 较大的等环量级，仍可选用较大的 $\overline{h}$ 值，而不必顾虑 $M_{w_{1t}}$ 过大的问题。

（4）工况变化时，末级的设计工况偏离设计值较远。如当实际转速大于设计转速时，一般易在末级最先发生旋转脱离，并引起喘振；当实际转速低于设计转速时，则易在末级发生阻塞。

（5）通流部分壁面上附面层逐级加厚，轴向速度沿叶高的分布不均匀性逐级加大，越往后级流场畸变越明显，故末级的加功量设计值往往不易在实际运行中得到保证。

3．中间级

多级轴流式压气机中间级有良好的工作条件。中间级处的空气温度已经增高，一般不容易出现马赫数超限问题，允许气流速度较大。中间级的轮毂尺寸较进口级大，加功能力大，中间级的叶片又较后面级的为长，因而效率高，且变工况性能也好。所以，在多级轴流压气机设计中，一般在中间级中分配的加功量数值最大。

三、多级压气机的级间相互影响

在多级轴流式压气机通流部分的内、外壁面（端部）上，附面层的厚度沿气流流动方向是逐渐增加的，所以，压气机中上游各级叶片端部附面层厚度及其流态对下游级是有影响的。图 8-3 所示的实验结果表明，由于端部二次流的存在，使通流部分中轴向速度沿叶高的分布极不均匀。从图中可看出，后面级中叶片的中部，气流的实际轴向分速超过了平均值，而轴向分速的加大必然会导致气流冲角 i 的变小。

图 8-3　多级压气机轴向分速沿半径的变化

曲线 0—在进口导叶后；曲线 1—在第 1 级后；曲线 2—在第 2 级后；曲线 3—在第 3 级后；曲线 4—在第 4 级后。

由于动叶气流出口角 β_2 不变，转折角 $\Delta\beta$ 将随冲角的减小而减小，因而减小了向气体的加功量。图 8-4 示出了叶片中部的速度三角形因轴向分速加大后的相应变化。但在叶片的端部，情况与此恰恰相反，即轴向分速减小，冲角 i 增大，加功量增加，如图 8-5 所示。由于端部条件极差，这两端基元级中加功量的增大无法弥补叶片中部各基元级中加功量的减少，其总的结果是轴向速度场的畸变使整个级的加功量减小。显然，在压气机气动设计时，应考虑到这种情况，否则，原设计的速度三角形就得不到保证，压气机的压比和效率将达不到预期的指标。

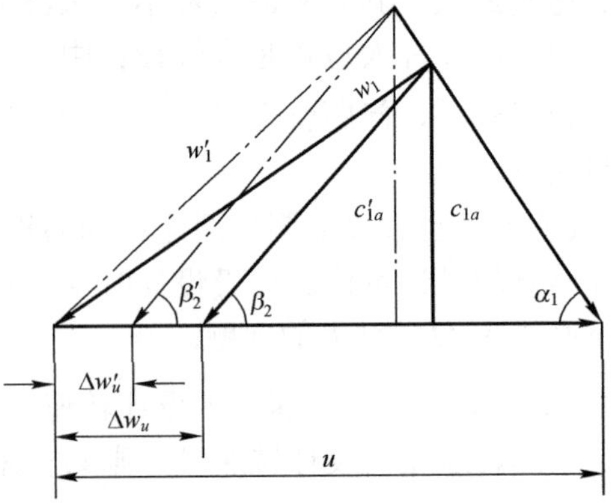

图 8-4　叶片中部轴向速度加大对加功量的影响

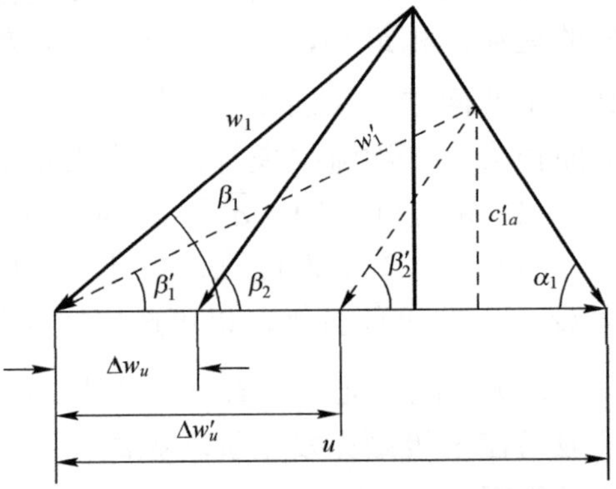

图 8-5　端部附面层内轴向速度减小对加功量的影响

第二节　多级轴流式压气机的通流部分形式

多级轴流式压气机中各级是依次串联排列的，其级间的通流面积是按一定规律逐渐变化的，进口处第一级的通流面积最大，最后一级的最小。

当压气机处于连续稳定流动的条件下工作时，其质量流量应满足连续方程式：

$$G = A\rho c_a = \text{常数} \tag{8-15}$$

故面积变化是与各级气流密度 ρ 及轴向速度 c_a 的变化有关。

在压气机中，一般 c_a 沿各级略有减少，但气体密度是逐渐增加的，因此，由式（8-15）可知，压气机的通流部分的面积必须逐级减小。这是设计多级轴流式压气机必须遵循的原则之一，必须在这个原则前提下规划、选择压气机的通流部分形式。通流部分的形式可能极大地影响压气机的尺寸、重量和性能方面的指标，因此，压气机通流部分选择是多级轴流压气机设计首要考虑问题。通常，通流部分有如下几种形式。

一、等外径

如图 8-6（a）所示，其特点是通流部分的外径保持为常数，各级的中径和内径的圆周速度是逐级增大的，因此它可以获得最大的级加功量和最少的级数。但是当压气机的总压比较大且流量比较小时，由于末级叶片较短，可能使后面级的效率显著降低，并使整个压气机效率降低。现代压气机限定末级叶片高度一般不小于 35mm，最小不小于 15mm。这种形式的通流部分适合于大流量的运输式燃气轮机。大功率船舶燃气轮机、大推力航空燃气轮机中压气机大多采用这种通流形式，其附加的优点是机匣内壁和转子外壁的加工工艺比较简单。

二、等内径

如图 8-6（b）所示，其特点是通流部分的内径保持为常数。各级外径的圆周速度是逐级减小的，级的加功量最小，因而达到同样的总压比需要较多的级数。但在相同的进口条件下，可比等外径通流部分有较长的末级叶片，从而可以保证整个压气机具有较高的效率。它常应用于固定式燃气轮机中，机匣内壁的加工工艺性较差。

三、等平均半径

如图 8-6（c）所示，等平均半径就是沿通流部分各级的平均半径保持为常数。从加功量和提高效率的观点看，它介于上述两种通流形式之间，由于它具有的优点不显著且工艺性差，实际中很少采用。

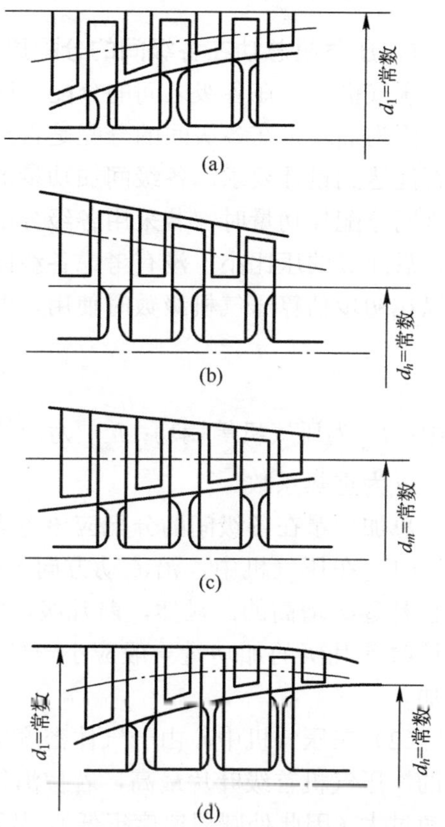

图 8-6　多级轴流式压气机通流部分形式图

（a）等外径；（b）等内径；（c）等平均半径；（d）混合型。

四、混合型

如图 8-6（d）所示，这种混合型通流部分，其前部为等外径形式，后部为等内径形式。这种联合形式的通流部分可以适当兼顾级的加功量和效率两个方面，以便获得级数较少，后面级叶片又不致过短且高效率的压气机，通常在大功率、高压比燃气轮机上得到应用。

究竟选用哪种形式的通流部分，需根据不同压气机的具体情况进行分析研究，做出合理的选择。

顺便提及，在考虑压气机通流形式的同时，应兼顾考虑第一级轮毂比 $\bar{d}_1$ 的选择。前面提及压气机的叶片高度是逐级的（即 $\bar{d}$ 是逐级增大的），第一级轮毂比 $\bar{d}_1$ 的选取将会影响全台压气机的尺寸、重量和性能指标。目前的压气机设计中 $\bar{d}_1$ 的推荐值为

对运输式 $\bar{d}_1=0.35\sim0.5$（等外径通流部分）

对固定式 $\bar{d}_1=0.6\sim0.7$（等内径通流部分）

第三节　多级轴流式压气机气动计算

一、多级轴流式压气机的参数选择

1．压气机总功在各级间的分配原则和效率的变化

压气机总功在各级之间的分配原则是多级轴流式压气机气动方案设计中很重要的问题。因为加功量在各级间的分配是否合理，直接关系到压气机的尺寸、重量和性能指标是否能达到设计要求。各级间加功量的分配是指总理论功（或等熵压缩功）的分配。在各级间分配加功量时，若采用各级分配相同的等熵压缩功的方案，则会使前面级的压比大、后面级的压比小，没有考虑各级的工作条件差异，因而，这不是合理的方案。但它可以在初步估算压气机级数时使用，即

$$z=\frac{H_s(1+\alpha)}{h_{s,\mathrm{av}}}$$

式中：H_s 为压气机等熵功；$h_{s,\mathrm{av}}$ 为级的平均等熵功，一般推荐：$h_{s,\mathrm{av}}$ =19600～34300J/kg；α 为重热系数。

总加功量在各级间的分配应该考虑到下面几点。

（1）在压气机中，沿流动方向气体的温度是逐级增高的，因此，相应地，当地声速也是逐级增高的。显然，前几级，特别是第一级的 M_{w_1} 最容易超过允许限度，所以，设计时前几级的加功量一般应小一些。第一级的加功量应取最小值，其后各级可逐步增加。

（2）在压气机中，由于气体密度逐级增加，通流部分的高度（叶片高度）是逐渐减小的。压气机首级叶片最高，若按沿径向等功条件设计第一级叶片时，势必会使叶根转折角过大（因此处圆周速度很低），从而使叶根流动状况恶化，所以，压气机第一级的加功量不宜过大。另外，由于压气机在低速、高进口温度工况运行时，首级冲角增大，为了保证压气机工作稳定性，第一级也应分配较小的加功量。

（3）对于后面级，轴向分速较低，由 $h=uc_a(\cot\beta_1-\cot\beta_2)$ 可知，其加功能力较低，特别是后面级叶片短、效率低，故对于后面级，特别是最后一、二级也应分配较小的加功量才是合理的。

（4）中间级工作条件最好，变工况适应能力也强，可分配给较大的加功量。

根据上面各级工作条件的分析可认为，设计多级轴流压气机时，前面几级加功量小些。第一级最小，后面一、二级加功量也应小些，中间级加功量应该较大。这样，压气机的前面级的加功量可按直线规律增长，中间若干级可取相同的较大加功量，后面级可按直线规律逐步降低到末级低加功量数值，如图 8-7 所示。设计时，一般可

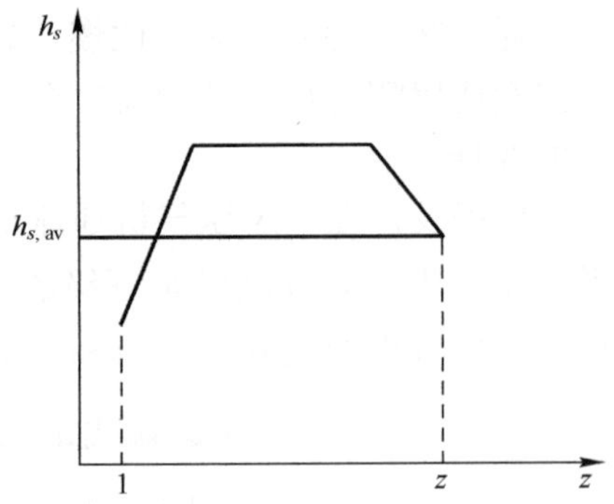

图 8-7　轴流式压气机中各级加功量之分配

参照下列推荐值来选择压气机第一级、中间级和末级的加功量。

对压气机的第一级取：

$$h_{s\mathrm{I}}=(0.5\sim0.6)h_{s,\mathrm{av}}\quad（亚声速级）$$

$$h_{s\mathrm{I}}=(0.7\sim0.8)h_{s,\mathrm{av}}\quad（跨声速级）$$

对压气机的中间级取：

$$h_{sm}=(1.08\sim1.1)h_{s,\mathrm{av}}$$

对压气机的末级取：

$$h_{sz}=h_{s,\mathrm{av}}$$

影响压气机中效率的因素繁多，关系复杂。在设计时，应根据要求设计压气机的参数特征，如马赫数、反动度、扩散因子等直接从相似机种或实验中选取。列出的经验数据是粗略的，仅供参考。

对亚声压气机：

第一级：$\eta_{s\mathrm{I}}^{*}=0.84\sim0.87$

中间级：$\eta_{sm}^{*}=0.88\sim0.90$

最后级：$\eta_{sz}^{*}=0.86\sim0.87$

对跨声压气机：

各级的效率值可比上述数值低 0.02～0.04。

2．轴向速度沿压气机通流部分的变化

由于气体的密度在压气机通流部分中是逐渐增加的，显然，要维持叶高不变将导致轴向分速 c_a 的逐级下降，从而造成了加功量的减少，使压气机级数和轴向尺寸增加。因此，在设计时应考虑使叶片逐级缩短，从而维持较高的轴向速度。但是，为了保证稳定燃烧的要求，压气机出口处的速度又不宜过大。对于亚声级第一级 c_a 的选择则受叶尖 M_{w_1} 和叶根 M_{c_2} 超限的影响。对于跨声级第一级 c_u 的选择，数值可以大些，但也应注意叶根区域气流堵塞的限制。无论马赫数超限和堵塞皆会影响压气机效率和变工况性能。最好的轴向速度分布方案是从中间级开始逐级下降，如图 8-8 中曲线 2 所示，轴向速度以每级 10～15m/s 的幅度下降。在图 8-8 中曲线 1 表示前几级轴向速度逐渐提高，而后几级则逐渐下降的方案。这种方案，从限制 M_{w_1} 和 M_{c_2} 不超限的角度来看是不合适的。按照曲线 3 给定的轴向速度分布方案，从提高级压比和减小压气机尺寸角度来看是不可取的。值得指出的是，轴向速度的分布必须能保证通流部分是光滑的。各级轴向速度与压气机第一级的轴向速度有关，第一级进口轴向速度的合理选取，不仅影响到压气机的尺寸和重量，而且也影响涡

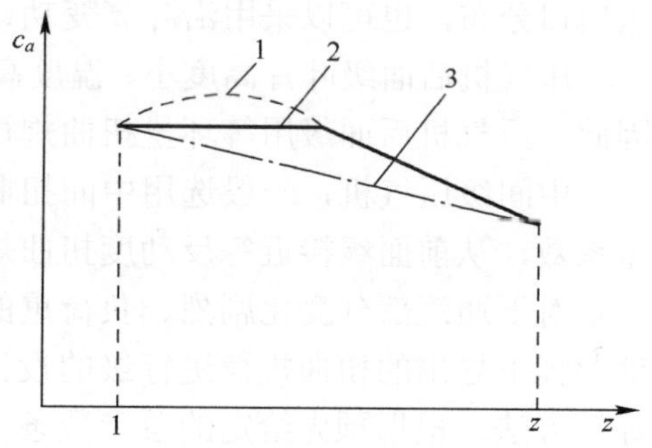

图 8-8　压气机中轴向分速沿级的分布

1—前面级轴向速度逐渐升高，后面级逐渐下降；2—轴向速度从中间级开始下降；3—轴向速度逐级下降。

轮部件尺寸的选择。目前，推荐的第一级进口轴向速度 c_{1a} 为

亚声级时：

对运输式　140～200m/s

对固定式　90～120m/s

跨声级时：200～230m/s

3．反动度沿通流部分的变化

从获得高效率的观点考虑，各级平均半径处的基元级反动度以 0.5 为宜。如图 8-9 所示，从名义工况下 $\bar{h}$ 随 Ω 的变化曲线可以看出，对于 $\Omega=0.5$ 和流量系数 $\phi=0.4\sim0.6$ 的中间级和后面级而言，能量差系数 $\bar{h}$ 是比较低的。如果这时适当提高反动度 Ω，则可使能量差系数 $\bar{h}$ 相应提高。在同样的圆周速度条件下，加功量亦可以提高。虽然这时马赫数 M_{w_1} 也要增加，但因中间级和后面级温度增高，声速较大，马赫数不会超限，因此，沿通流部分逐级增加反动度是合理的。一般多级轴流式压气机各级平均半径处的反动度 Ω 可在下列范围内选取：

第一级　大于 0.5

中间和后面级　0.7～0.9

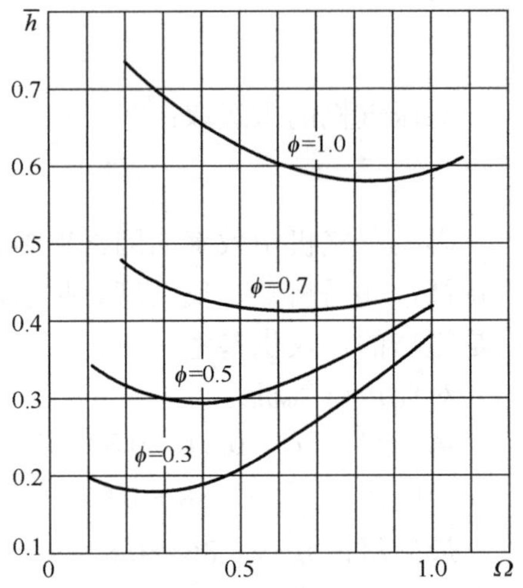

图 8-9　在名义工况下 $\bar{h}$ 随 Ω 和 ϕ 和变化曲线

4．各级扭曲规律的选择

亚声速第一级压气机一般采用具有进口预旋导向器的设计，以使动叶叶尖相对马赫数 M_{w_1} 不超限，并采用中间扭曲规律，通过调整中间扭曲规律的待定系数，兼顾马赫数和其参数沿叶高变化的要求。

轴向进气的超跨声第一级压气机，若按等功设计且不考虑损失沿叶高变化时，可选用等环量扭曲规律。为了解决第一级动叶根部做功能力差的矛盾或为了获得较理想的总压出口分布，也可以采用沿叶高变功设计。

压气机后面级叶片高度小、温度高，不存在马赫数超限问题，且通流变化趋于平缓，因此，压气机后面级用等环量扭曲规律较多。

中间级压气机，一般选用中间扭曲规律设计，人们可以通过调整中间扭曲规律的待定系数，从前面级接近等反动度扭曲规律向后面级的等环量扭曲规律过渡。

对于通流部分变化剧烈、负荷重的多级轴流压气机不能运用等功、等熵、圆柱面流动前提下导出的扭曲规律进行级的设计，而需要考虑变功、变熵和通流形状的三元流场计算方法，根据预先给定的总参数条件和各个排的环量分布（沿叶高和轴向）算出流场来。给出不同的环量分布将得到不同的流场计算结果，给出不同环量分布，计算流场进行比较分析，最后选定合理的最佳设计。

5．叶栅稠度、相对叶高、径向和轴向间隙的选择

叶栅稠度 $\tau=b/t$、相对叶高 l/b（亦称展弦比）是叶栅的重要几何参数。

叶栅稠度与叶片流道中的当量扩压器的扩张角度有密切关系。在同一压头下，随着

叶栅稠度的增加，叶片流道中的扩张度将减少。反之，叶栅稠度过小，流道扩张角度过大时，会使流动恶化，效率降低，而稠度过大又使摩擦损失增加，也会使叶栅效率下降，因而稠度的选取有个最佳数值。设计压气机时，动叶根部的最佳稠度一般推荐为

$$(b/t)_h = 1.1 \sim 1.5 \text{（对前面级）}$$

$$(b/t)_h = 1.5 \sim 1.9 \text{（对后面级）}$$

平均半径处，可取为

$$(b/t)_m = 0.6 \sim 1.0 \text{（对前面级）}$$

$$(b/t)_m = 1.3 \sim 1.4 \text{（对后面级）}$$

在一般情况下，平均半径上的静叶栅最佳稠度沿压气机通流部分的变化不超过 1.2～1.3，即

$$(b/t)_m < 1.2 \sim 1.3$$

相对叶高 l/b 的大小影响叶栅中的二次流损失，从而影响到压气机效率和结构设计。通常的推荐数字如下：

对于反动度 $\Omega = 0.5$ 的级，第一级应取 $l/b \leqslant 3.5 \sim 4$；

对于反动度 $\Omega = 1.0$ 的级，第一级应取 $l/b \leqslant 2 \sim 2.5$。

对于末级叶片相对叶高 l/b 应大于 1.0～1.2，静叶的相对叶高可与动叶取相同数值。

实践证明，对船舶燃气轮机用的轴流式压气机采用小的相对叶高、大弦长设计，对推迟压气机不稳定工作的发生，增强动、静叶片强度、振动刚性和抗腐蚀性能，以及保证足够高的雷诺数 Re，从而保证压气机的高效率是有好处的。

为了使压气机静子部分和转动部分不发生碰撞和摩擦，它们之间必须留有一定的径向间隙 δ 和轴向间隙 $\varDelta$。在保证压气机安全运行的条件下，这些间隙应尽量地减小。实践证明：相对径向间隙 $\bar{\delta} = \delta / l$ 每增加 1%，压头下降 4%～6%，而效率下降 1%～3%。所以，通常将 $\bar{\delta}$ 限定在 0.5%～2.0%以下。δ 一般为 0.5～2.0mm。轴向间隙的推荐值：$\varDelta = (0.15 \sim 0.25)b$。

二、多级轴流式压气机的气动计算

轴流式压气机气动计算包括多级通流部分估算、各级沿叶高气流参数变化的详细计算（扭曲设计）和叶片造型三部分内容。后两部分我们已作了详细的介绍，因此，在这里我们讨论多级轴流式压气机通流部分估算问题，它包括确定级数 Z、分配各级等熵压缩功 h_{si}^*、选择通流部分形式、计算各级气流参数和确定通流部分尺寸、求出转子转速及所需功率等内容，下面结合算例来讨论多级通流部分估算的步骤、内容、方法以及有关数据等。

已知数据：

空气流量：　$G = 50\text{kg/s}$

滞止总压比：$\pi^* = 8.4$

大气参数：$p_a^* = 0.1013\text{MPa}$

$$T_a^*=288\text{K}$$

本例题所设计的压气计应用于运输式燃气轮装置中，所以选用了直流式进、排气管等外径的通流部分，所有气动参数指平均半径参数。

1．选定压气机第一级进口处参数

第一级动叶进口处的轮毂比：

$$\bar{d}_{\text{I}}=0.5$$

第一级动叶进口处的轴向速度：

$$c_{a\text{I}}=195\text{m/s}$$

第一级动叶进口外径处圆周速度：

$$u_{\text{I}}=330\text{m/s}$$

2．求出第一级出口处的气流参数

第一次近似取：

$$T_{\text{I}}=T_a^*-\frac{c_1^2}{2\dfrac{k}{k-1}R}=288-\frac{195^2}{2\times\dfrac{1.4}{1.4-1}\times 287.3}=269(\text{K})$$

为了使第一级动叶顶部马赫数 $M_{w_1}\leqslant 0.9\sim 0.95$，在本例题中取平均半径处的马赫数为 $M_{w_1}=0.85$，即

$$\begin{aligned}w_1&=M_{w_1}\times a_1=0.85\times\sqrt{KRT_1}=0.86\times\sqrt{1.4\times 287.3\times 269.1}\\&=280.5(\text{m/s})\end{aligned}$$

考虑到第一级动叶轮毂比较小，为了避免 M_{w_1} 沿叶高变化太大，对动叶片选用等反动度扭曲规律，对这种情况，宜取等环面平均半径，即

$$r_{m\text{I}}=\sqrt{\frac{r_{t1}^2+r_{h2}^2}{2}}=r_{t\text{I}}\sqrt{\frac{1+\bar{d}_1}{2}}$$

平均半径处的圆周速度：

$$u_{m\text{I}}=u_{t\text{I}}\sqrt{\frac{1+d_1^2}{2}}=330\times\sqrt{\frac{1+(0.5)^2}{2}}=260.9(\text{m/s})$$

工作轮前的绝对速度 c_1 和切向速度 $c_{u\text{I}}$ 的计算为

$$\begin{aligned}c_{u\text{I}}&=u_{m\text{I}}-\sqrt{w_1^2-c_{a1}^2}\\&=260.9-\sqrt{(280.5)^2-(195)^2}=59.27(\text{m/s})\end{aligned}$$

$$c_{\text{I}}=\sqrt{c_{u\text{I}}^2+c_{a\text{I}}^2}=\sqrt{59.2^2+195^2=203.8}(\text{m/s})$$

修正工作轮进口的空气温度：

$$T_{\text{I}}^1=T_a^*-\frac{c_{\text{I}}^2}{\dfrac{2k}{k-1}R}=288-\frac{203.8^2}{\dfrac{2\times 1.4}{1.4-1}\times 287.3}=267.4(\text{K})$$

考虑到 $T_{\text{I}} \approx T_{\text{I}}^{1}$，可不予修正。

第一级动叶前的压力为 p_1 和密度 ρ_1：

$$p_1 = p_1^*\left(\frac{T_1}{T_1^*}\right)^{\frac{k}{k-1}} = \delta_1 p_a^*\left(\frac{T_1}{T_1^*}\right)^{\frac{k}{k-1}}$$

$$= 0.973 \times 0.1013\left(\frac{267.4}{288}\right)^{3.5} = 0.0759(\text{MPa})$$

$$\rho_1 = \frac{p_1 \times 10^6}{RT_1} = \frac{0.0759 \times 10^6}{287.3 \times 267.4} = 0.988(\text{kg/m}^3)$$

式中：δ_1=0.973 为进气道压力损失系数。

进气管入口总温：

$$T_i^* = T_a^*$$

3．计算第一级进口的结构参数

第一级进口截面积：

$$A_{\text{I}} = \frac{G}{c_{a1}\rho_1} = \frac{50}{195 \times 0.988} = 0.260(\text{m}^2)$$

第一级动叶进口外径：

$$d_{t\text{I}} = \sqrt{\frac{4A_{\text{I}}}{\pi(1-\bar{d}_{\text{I}}^2)}} = \sqrt{\frac{4 \times 0.260}{\pi(1-0.5^2)}} = 0.664(\text{m})$$

第一级动叶进口内径：

$$d_{h\text{I}} = \bar{d}_{\text{I}} d_{t\text{I}} = 0.5 \times 0.664 = 0.332(\text{m})$$

4．计算压气机出口气流的滞止参数

压气机出口的滞止压力：

$$p_z^* = P_a^* \pi^* = 0.1013 \times 8.4 = 0.851(\text{MPa})$$

取 $p_z^* = 0.845\text{MPa}$，则压气机通流部分的滞止压比为

$$\pi_z^* = \frac{p_z^*}{p_1^*} = \frac{0.845}{0.973 \times 0.1013} = 8.57$$

压气机通流部分的滞止等熵功：

$$H_s^* = \frac{k}{k-1} RT_a^* (\pi_z^{*\frac{k-1}{k}} - 1)$$

$$= \frac{1.4}{1.4-1} \times 287.3 \times 288 \times (8.57^{\frac{1.4-1}{1.4}} - 1)$$

$$= 245753(\text{J/kg})$$

令所有级的等熵效率相等，并取 $\eta_{si}^* = 0.895$，则压气机的等熵效率为

$$\eta_s^* = \frac{(\pi_z^*)^{\frac{k-1}{k}} - 1}{(\pi_z^*)^{\frac{k-1}{k\eta_{si}^*}} - 1} = \frac{8.57^{\frac{1.4-1}{1.4}} - 1}{8.57^{\frac{1.4-1}{1.4 \times 0.895}} - 1} = 0.86$$

压气机出口气流的滞止温度：

$$T_k^* = T_z^* = T_1^* + \frac{H_{sk}^*}{\frac{k}{k-1}R\eta_{sk}^*}$$

$$= 288 + \frac{245753}{\frac{1.4}{1.4-1}\times 287.3\times 0.86} = 572.2(\mathrm{K})$$

5．计算压气机出口的结构参数

给定压气机出口的轴向速度 c_{az} =125m/s，求出口气流静参数：

$$T_z = T_z^* - \frac{c_{az}}{2c_p} = T_z^* - \frac{c_{az}^2}{\frac{2k}{k-1}R}$$

$$= 572.2 - \frac{125}{\frac{2\times 1.4}{1.4-1}\times 287.3} = 564.4(\mathrm{K})$$

$$p_z = p_z^*\left(\frac{T_z}{T_z^*}\right)^{\frac{k}{k-1}}$$

$$= 0.845\times\left(\frac{564.4}{572.2}\right)^{3.5}$$

$$= 0.804(\mathrm{MPa})$$

$$\rho_z = \frac{p_z\times 10^5}{RT_z} = \frac{8.04\times 10^5}{287.3\times 564.4} = 4.95(\mathrm{kg/m^3})$$

压气机通流部分出口截面积：

$$A_z = \frac{G}{\rho_z c_{az}} = \frac{50}{4.95\times 125} = 0.0808(\mathrm{m^2})$$

压气机通流部分出口处的内径：

$$d_{hz} = \sqrt{d_{t1}^2 - \frac{4A_z}{\pi}} = \sqrt{0.664^2 - \frac{4\times 0.0808}{3.14}}$$

$$= 0.582(\mathrm{m})$$

压气机通流部分出口处的轮毂比：

$$\bar{d}_z = \frac{d_{hz}}{d_{tz}} = \frac{0.582}{0.664} = 0.876$$

初步估算压气机末级叶高：

$$l_z = \frac{d_{tz} - d_{hz}}{2} = \frac{0.664 - 0.582}{2} = 0.041(\mathrm{m})$$

如果末级叶片太短，必须重新给定 c_{az}，并重复上述计算步骤。

6．按静参数计算压气机的等熵压缩功

压气机通流部分的静压比：

$$\pi = \frac{p_z}{p_1} = \frac{0.804}{0.0759} = 10.6$$

压气机通流部分的静参数等熵压缩功：

$$
\begin{aligned}
H_s &= \frac{k}{k-1}RT_1(\pi^{\frac{k-1}{k}}-1) \\
&= \frac{1.4}{1.4-1}\times 287.3\times 267.4(10.6^{\frac{1.4-1}{1.4}}-1) \\
&= 259312(\mathrm{J/kg})
\end{aligned}
$$

压气机通流部分静参数等熵效率：

$$
\begin{aligned}
\eta_s &= \frac{T_\mathrm{I}(\pi^{\frac{k-1}{k}}-1)}{T_z-T_\mathrm{I}} = \frac{267.4(10.6^{\frac{1.4-1}{1.4}}-1)}{564.4-267.4} \\
&= 0.868
\end{aligned}
$$

若取 $\eta_{si}=0.895$，则

$$
1+\alpha_\infty = \eta_{si}\frac{\pi^{\frac{k-1}{k\eta_{si}}}-1}{\pi^{\frac{k-1}{k}}-1} = 0.895\times\frac{10.6^{\frac{1.4-1}{1.4\times 0.895}}-1}{10.6^{\frac{1.4-1}{1.4}}-1} = 1.0455
$$

$$
\alpha_\infty = 0.0455
$$

假设 z=9，有

$$
\alpha = \alpha_\infty\frac{z-1}{z} = 0.0455\times\frac{9-1}{9} = 0.0404
$$

压气机通流部分各级静参数等熵功之和：

$$
\begin{aligned}
\sum h_{si} &= (1+\alpha)H_s \\
&= 1.0404\times 259312 = 269800(\mathrm{J/kg})
\end{aligned}
$$

7．确定级数

按推荐数据，取级的静参数平均等熵功为 $h_{s,\mathrm{av}}=30600\mathrm{J/kg}$，则压气机参数为

$$
z = \frac{H_s(1+\alpha)}{h_{s,\mathrm{av}}} = \frac{269800}{30600} = 8.82
$$

取 z=9。

8．估算第一级和第二级的等熵压缩功

为此，我们取叶根处的叶栅稠度为 $(b/t)_h=1.15$，所以，有

$$
\frac{\Delta w_u}{c_{a\mathrm{I}}} = \frac{1.55}{1+1.5(t/b)_h} = \frac{1.55}{1+1.5\times\frac{1}{1.15}} = 0.67
$$

为了改善压气机的低速性能，减轻第一级的设计负荷，在本例中将 Δw_u 减少了14.3%，得

$$
\begin{aligned}
(\Delta w_u)_h &= (1-0.143)\left(\frac{\Delta w_u}{c_{a\mathrm{I}}}\right)c_{a\mathrm{I}} \\
&= 0.857\times 0.67\times 195 \\
&= 111.9(\mathrm{m/s})
\end{aligned}
$$

第Ⅰ级动叶进口内径处的圆周速度：

$$u_{h\mathrm{I}} = d_{\mathrm{I}} u_{t\mathrm{I}} = 0.5 \times 330 = 165(\mathrm{m/s})$$

第Ⅰ级的理论功：

$$h_{\mathrm{I}} = u_{h\mathrm{I}} (\Delta w_u)_h = 165 \times 111.9 = 18457(\mathrm{J/kg})$$

对应根部叶栅稠度 $(b/t)_h = 1.15$ 时，如叶片沿径向按等功规律设计，第Ⅰ级等熵压缩功为

$$h_{s\mathrm{I}} = 0.86 \times 18457 = 15873(\mathrm{J/kg})$$

取第Ⅱ级的等熵功比第一级大31%，即

$$h_{s\mathrm{II}} = 1.31 \times 15873 = 20754(\mathrm{J/kg})$$

9．各级的气动参数和结构参数计算

各级气动、结构参数的计算方法同上。

10．压气机的转速、总耗功和功率的计算

转速为

$$n = \frac{60u_z}{\pi d_t} = \frac{60 \times 330}{3.14 \times 0.664} = 9492(\mathrm{r/min})$$

总耗功为

$$H_k = \frac{k}{k-1} R(T_k^* - T_a^*) = 3.5 \times 287.3 \times (572.2 - 288) = 285777(\mathrm{J/kg})$$

压气机消耗功率为

$$N_k = 1.36 \times 10^{-3} H_k G = 1.36 \times 10^{-3} \times 285777 \times 50 = 1.43 \times 10^4 (\mathrm{kW})$$

习　　题

1．多级轴流式压气机的前面级、中间级和后面级的工作条件有什么差异?

2．多级轴流式压气机各级压缩功的分配原则是什么?并解释其原因。

3．多级轴流式压气机的压比与单级压比的关系是什么？

4．多级轴流式压气机等熵效率与单级等熵效率的关系是什么？并解释其原因。

5．多级轴流式压气机通流部分的形式主要有哪几种？舰用燃气轮机压气机通常采用哪种形式？简要说明原因。

第九章　压气机的特性及不稳定工况

前面章节中，我们讨论了压气机的基本工作原理及压气机在设计工况下的工作。实际上，舰用燃气轮机压气机不仅在设计工况，而且也在非设计工况下工作。例如，在燃气轮机的起动、停机以及部分负荷的运行中，压气机都是处于非设计工况下运行。此外，进气条件的改变也能引起压气机工况偏离设计工况。在非设计工况下运行时，压气机的气动性能也会发生变化，偏离设计工况较大时，压气机甚至不能稳定地工作，从而使整个燃气轮机不能正常运行。因此，设计压气机时，不仅要求达到设计工况下规定的性能指标，而且也应满足变工况下的性能良好。

通常称压气机的变工况性能为压气机特性。

第一节　压气机特性

在一般的情况下，压气机的工作状态是由 4 个独立参数决定的，常用的比较方便的 4 个工作参数如下。

（1）流过压气机的空气流量 G（或容积流量 V）。

（2）压气机的转速 n。

（3）压气机的进口压力 P_1^*。

（4）压气机的进口温度 T_1^*。

当这 4 个参数独立变化时，压气机性能也随之变化。若 4 个参数固定不变，则压气机的工况就完全确定了，所以称这 4 个参数是压气机的工作参数。表征压气机性能的参数为压比 π^* 和效率 η_c^*。因此，压气机特性就是指压气机的性能参数 π^* 和 η_c^* 与压气机的工作参数 G、n、P_1^*、T_1^* 之间的关系：

$$\begin{cases}\pi^* = f_1(G、n、P_1^*、T_1^*) \\ \eta_c^* = f_2(G、n、P_1^*、T_1^*)\end{cases} \tag{9-1}$$

将式（9-1）所示的特性用图线表示，就得出了压气机特性曲线。

为了研究压气机的特性线，已经有很多种以统计数据为基础的工程计算方法。但是由于压气机中流动现象的复杂性，在现有的计算方法中又总要略去很多因素，因此计算方法所得到的特性必然具有一定的近似性。工程计算法中获得的压气机特性只能在所设计的压气机尚未制造出来或实验之前，用来做为分析新设计的压气机性能的初步依据。一般常用的压气机特性曲线都是在整台压气机的实物上或模型上，用试验方法测得。

一、单级轴流式压气机特性曲线

图 9-1 中表示的是单级轴流式压气机的典型特性曲线。图中纵坐标表示压气机的压比 π^*（或 π）和效率 η_c^*（或 η_c），横坐标表示压气机的流量。图中的每一条曲线都是在某一定转速（$n=$常数）条件下做出的。

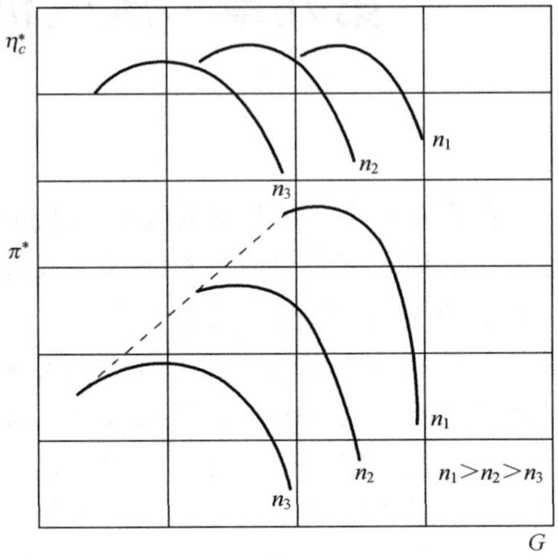

图 9-1　压气机特性曲线图

从压气机的特性曲线可以看出以下几个特点。

（1）随着流量的减少，压比起初升高，然后下降，每条等转速线都有一最高压比点和效率最高点。分别将等速线下的压比、效率曲线分成左、右两分支，右分支对应流量减少时，压比、效率增加的情况，左分支则对应流量减少时压比、效率下降的情况。

（2）当空气流量减少到一定数值时，压气机工作进入不稳定工况区，流过压气机的气流会发生严重的低频脉动，并伴随产生不正常的声音，引起压气机的振动、抖动，发生喘振。每一等转速线都有自己产生喘振的最小流量，连接各转速下的喘振流量点，得喘振边界线或称不稳定工作边界线。

（3）随着压气机转速的升高，流量特性线的形状将发生变化，高速下的流量特性线变得陡直。

（4）在一定的转速下，当流量增加到某一数值时，压比和效率皆急剧下降。这表明，流量的增加具有一定的限度。我们把这个现象称为压气机的“阻塞”。在不同的转速下，发生“阻塞”的流量是不同的。

下面分析压气机特性曲线变化趋势的成因。

根据压气机工作原理可知，当转速 n 不变时，理论功 h 正比于扭速 Δw_u，实验表明，当流量变化，而冲角 i 变化不太大时，对于动叶栅来说 β_2 不变，对静叶栅来说 α_2 不变。图 9-2 示出了压气机平均半径处的基元级速度三角形。其中图 9-2（a）表示设计工况下，当转速和流量都是设计值时，相对速度 w_1 是以设计冲角 i 流入动叶的，于是，气流顺利地流过叶栅而不会出现“分离”和“撞击”现象。这时，压气机的理论功为 $u\cdot\Delta w_u$，效率为 η_c^*。

当压气机工况偏离了设计点，如当空气流量增加时，气流轴向速度 c_{1a} 将会增大，如图 9-2（b）所示，在圆周速度 u 恒定不变的前提下，相对速度 w_1 与叶栅前额线的夹角 β_1 也要增大。但是，由于动叶栅流道的限制，气流流出动叶栅时所具有的相对速度 w_2 的方向角，即气流出口角 β_2，却几乎是不变的。从图 9-2（b）可清楚地看出，在这种情况下，气流流过动叶栅时的折转角 $\Delta\beta$，以及相对速度周向分量的变化值 Δw_u 都减小了。动叶栅传递给每千克气体的理论功 h 降低了。

当流量比设计值减小时，正如图 9-2（c）所示，$\Delta\beta$ 和 Δw_u 都会增大，也就是说，在这种情况下，动叶栅传递给每千克气体的理论功 h 增加了。

由此可见，在转速恒定的压气机级中，Δw_u（也就是压比 π）将随着流量的改变而发生变化。假如由动叶栅传递给每千克气体的理论功 h，毫无损失地全部都用来使气体增压，那么，能够输入的理论功 h 越大，压气机的压比 π 就越高。显然，在这种情况下，随着流量的增大，可以传递给压气机级的理论功 h 将逐渐减小，因而，轴流式压气机的压比 π 将随着流量 G 而变化的关系，可以用图 9-3 中 $a-a$ 那样的曲线来表示。

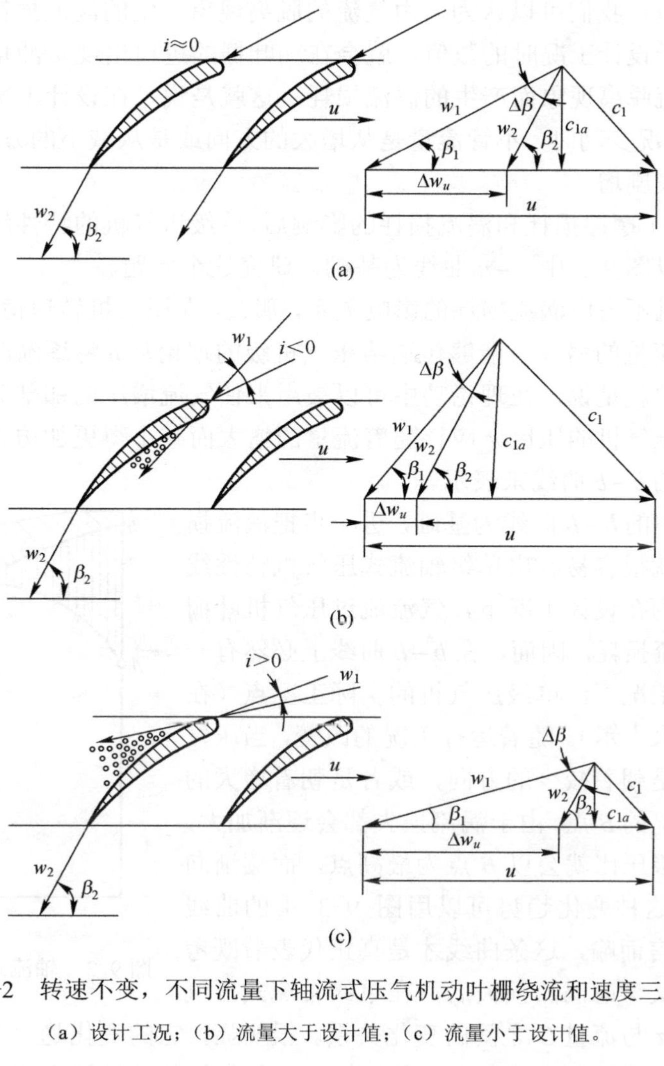

图 9-2　转速不变，不同流量下轴流式压气机动叶栅绕流和速度三角形

（a）设计工况；（b）流量大于设计值；（c）流量小于设计值。

由于在实际压缩过程中，从压气机动叶栅传递给每千克气体的理论功 h，并不能全部都用来增压，其中必然有一部分能量需要用来克服气流流过基元级时在级内存在的各种能量损耗。因而，压气机级的特性线绝不可能表现为图 9-3 中曲线 $a-a$ 那样的形式。

通常，气流流过压气机叶栅时所产生的能量损耗，可以笼统地归纳为摩擦损耗和气流的脱离现象而产生的涡流损耗两大类。

摩擦损耗是指气流流过压气机级时，与叶片表面、机匣壁面以及气流质点之间，由于相互摩擦效应所引起的能量损耗。这种损耗与气流的流动速度有密切关系。显然，它将会随着流量的增加而不断地加大。

因气流的脱离现象而产生的涡流损耗是指当流经压气机的流量发生变化时，由于气流相对速度 w_1 的方向偏离设计工况 $i \approx 0$ 的条件，而在动叶栅的内弧或背弧上，产生强烈的气流脱离现象（参见图 9-2（b）和（c））所引起的能量损耗。显然，这种能量损耗与流量的大小也有密切关系。但是，它的变化规律却与摩擦损耗完全不同。在设计工况下，由于气流冲角 $i \approx 0$，我们可以认为，由气流的脱离现象产生的涡流损耗接近零。但是，当流量大于或小于设计工况时的数值，就会在动叶栅的进口出现负冲角或正冲角，从而引起较大的因气流脱离现象而产生的涡流损耗。这就是说，在设计工况下，涡流损耗等于零，可是，当工况变动时，不管流量是从增大的方向或是从减小的方向偏离设计工况，都会导致涡流损失剧增。

那么，在考虑了摩擦损耗和涡流损耗的影响后，单级压气机的特性线将如何变化呢？显然，我们可以以图 9-3 中 $a-a$ 曲线为基础，研究这个问题。

假如首先暂且不考虑涡流损耗的影响关系，那么，在压气机转速恒定不变的前提下，可以推论，随着流量的增大，能够传递给压气机级的理论功 h 将逐渐减小，而摩擦损耗却会随之加大。也就是说，在理论功中可以被用来使气流增压的那部分能量，将越来越小。因此，单级压气机的压比 π 应该随着流量的增大而减小得更加厉害。这种变化关系可以用图 9-3 中的 $b-b$ 曲线来表示。

当以图 9-3 中的 $b-b$ 曲线为基础，进一步把涡流损耗考虑进去后，就很容易看出单级轴流式压气机特性线的变化趋势。因为在设计工况下，气流流过压气机叶栅时，几乎没有涡流损耗，因而，在 $b-b$ 曲线上必然有一个点是代表设计工况下，单级压气机的实际工况点（在图 9-3 中以 B 点来表示）。随着运行工况的改变，当压气机的流量，无论是朝着减少的方向，或者是朝着增大的方向偏离设计工况的 B 点，由于涡流损失都会逐渐加大，因而，压气机的级压比就会以 B 点为最高点，而逐渐向两侧减小下去，这种变化趋势可以用图 9-3 中的曲线 ABC 来表示。不言而喻，这条曲线才是真正代表着既考虑了摩擦损耗，又考虑涡流损失后，在单级轴流式压气机中真实的压比 π 与流量 G 之间的变化关系。很明显，它的变化趋势与图 9-1 中所示的实验结果是完全一致的。由此可见，单级轴流式压气机的特性线之所以会出现左右两侧分支的主要原因是：气流流过压气机叶栅时，存在着因气流的脱离现象而产生涡流损耗的缘故。

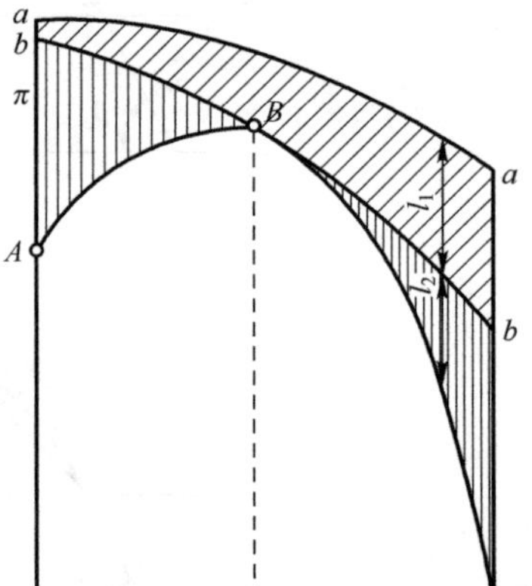

图 9-3　轴流式压气机流量特性图

压气机的效率 η_c 随空气流量 G 而变化的关系，也具有与压气机的压比 π 与空气流量 G 特性线相类似的变化趋势。这个问题也可以在分析图 9-2 时找到原因。因为当压气机在设计工况下沿最佳冲角方向流进动叶栅时，其能量损耗为最小，效率就最高；当流量增大或减小时，动叶栅进口处就会出现负冲角或正冲角，这都会导致气流能量损耗增大，从而使压气机效率 η_c 下降。

由此可见，压气机的效率应该在设计工况下方能达到最大值，当它偏离设计工况时，就会朝两侧方向逐渐减小下去。

二、多级轴流式压气机特性曲线

图 9-4 中给出了一台多级轴流式压气机的特性线。它与单级压气机的特性线相比具有以下两个比较明显的区别。

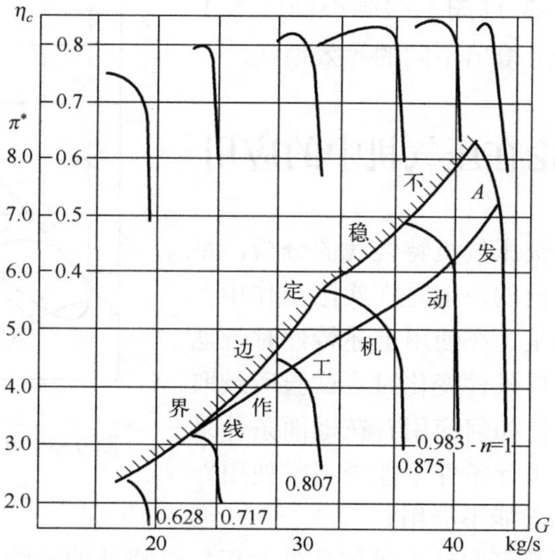

图 9-4　多级轴流式压气机的特性线

（1）多级轴流压气机特性曲线比较陡，流量变化范围也较窄，尤其在高转速情况下，流量的微小改变都会引起压比很大的变化。也就是说，在转速不变的情况下，多级轴流式压气机的流量变化范围是相当狭窄的，通常其变化范围为

$$\frac{G_{\max}-G_{\min}}{G_{\min}}\approx 1\%\sim 3\%$$

式中：$G_{\max}$ 为流进压气机入口处的最大流量，kg / s；$G_{\min}$ 为在同一个转速情况下，压气机即将发生喘振现象时，流进压气机入口处的最小流量，kg / s。

（2）多级轴流式压气机的另一显著特点是：在所有的情况下，压气机中的喘振可以在压比特性曲线的右支上发生，实验时得不到这些曲线的左支。这是由于减少空气流量时，喘振不是在所有各级中同时出现，而只是在少数级中出现。这时，其余各级还在特性曲线的右支部分工作，即在空气流量减少、压气机压比增加的部分工作。在高转速下，压气机的特性曲线较为陡峭，这可以做下面的解释。目前，燃气轮机中用的压气机，由于设计工况下的压比较大，流向动叶片的气流相对速度已经很大，加大空气流量（变工况）时，在流道的喉部截面（最小截面）上速度很快达到局部声速而“阻塞”。这种现象首先发生在多级压气机的末级，因为在这些级中，由于压气机各级的压比下降，容积流量的增长最大。临界状态的到达阻止了流量的进一步加大。因此，在较高的转速下，表示压比与空气流量的特性线就变成几乎是陡直的了。在相同条件下，压气机的设计压比越高，特性曲线越陡。

在实际的应用中，往往将压气机的压比特性和效率特性画在同一张图上。在图 9-5 中，在效率特性图上画出等效率线，求出它和各转速下效率曲线的交点，于是就得到压比特性图上的等效率线。对不同的效率 η_c，在效率特性图上绘制不同的水平线，可以在压比特性图上得出不同的等效率线。

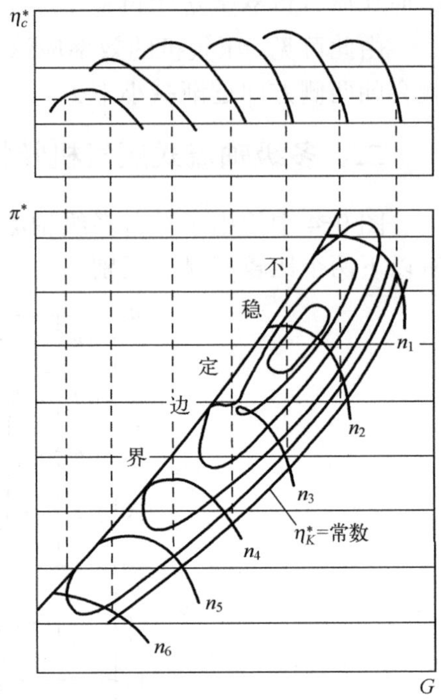

图 9-5　在压气机的压比特性图上绘制等效率的曲线

第二节　相似理论在压气机中的应用

上面针对单级和多级压气机特性线的分析，是在一定的进口条件下得出的。但是在实际工作中，进口条件是变化的。于是，在使用上述特性时就遇到了问题，例如，当进口条件变化时，试验所录取的特性还能否应用，以及如何应用？在地面条件录取的特性在高空、高速飞行条件下能否正常使用？在冬天录取的特性，夏天能不能用？

实际上，这些问题都可归结为进气条件对压气机特性的影响。事实上，实验也证明了进口条件变化对压气机特性是有影响的。例如，进气压力变化会引起压气机各截面上的压力随之变化，从而使流过压气机的空气流量发生变化；进气温度变化时不仅使压气机的空气流量发生改变，同时还会使流量特性曲线的具体形状发生变化。对于不同的压气机，其特性也是不一样的。

为了减少实验费用和时间，要消除进口条件对压气机特性线的影响，使得流量特性具有通用性，实质上就是使得通用特性上的工作点不但表示本次实验条件下的流动状态，而且还代表不同进口条件下具有相同 π_c 和 η_c 的流动状态。

根据前面的分析，压气机的性能参数 π_c、η_c 是与流动状态的变化密切相关的，要满足上述要求，必然要实现相同的流动状态（或相似的流动状态），也就是说，通用特性表示的是相似的流动状态。因此，绘制通用特性线必须要依据相似理论。由上面的分析可知，绘制通用特性线的基础是流动状态相似。

一、相似理论及流动相似的条件

相似是指两个叶轮与能量传递过程相似、流体在叶轮中的流动过程相似。即它们在任一对应点上的同名物理量之比保持常数，即满足相似条件。

依据相似理论，流动相似必须满足 3 个条件：几何相似、流场相似（运动相似）和动力相似。

1．几何相似

两台压气机的几何相似包括流道相似、相对间隙和各基元截面上的叶栅几何相似，如图 9-6、图 9-7 所示，即对应的诸几何尺寸成比例。式中，K_b 为尺寸缩小（或放大）系数，即

$$\frac{D_t}{D_t'}=\frac{D_h}{D_h'}=\frac{\delta}{\delta'}=\frac{\Delta}{\Delta'}=\frac{b}{b'}=\cdots=K_b$$

对于同一台压气机，显然是可以保证几何相似的。对于同一型号的压气机，若忽略掉其制造加工误差，亦可认为能满足几何相似。但对于缩小型压气机，保证严格的几何相似比较困难。例如，为使压气机安全运转，径向间隙 δ 就不能按比例缩小，压气机叶片按比例缩小后在工艺上也有困难。

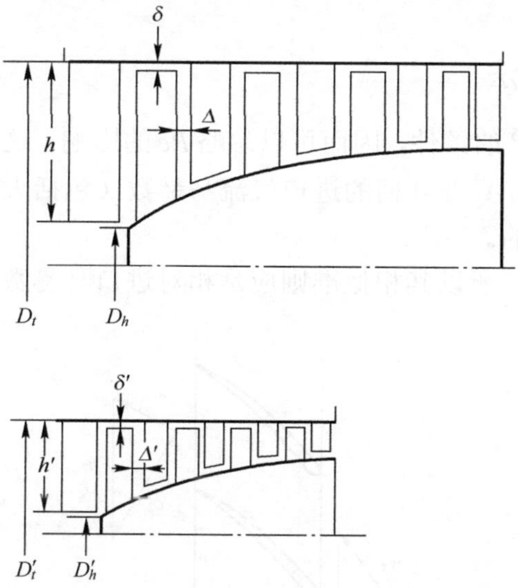

图 9-6　流道几何相似

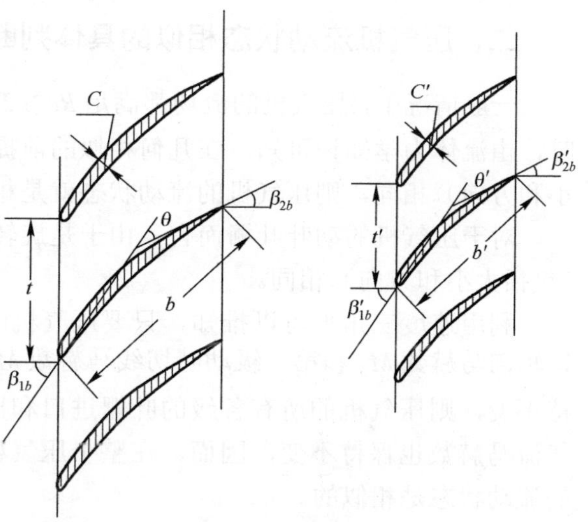

图 9-7　叶栅几何相似

2．流场相似（运动相似）

流场相似（或运动相似）指的是两台压气机流场中对应点上的速度方向相同，大小成比例。式中，K_c 为速度比例系数。所以两台压气机流场相似必须是流场中对应的流线和对应点上的速度三角形相似，如图 9-8 所示，即

$$\beta_1=\beta_1'\text{，}\quad \beta_2=\beta_2'$$

$$\frac{w_1}{w_1'}=\frac{w_2}{w_2'}=\frac{c_1}{c_1'}=\cdots=K_c$$

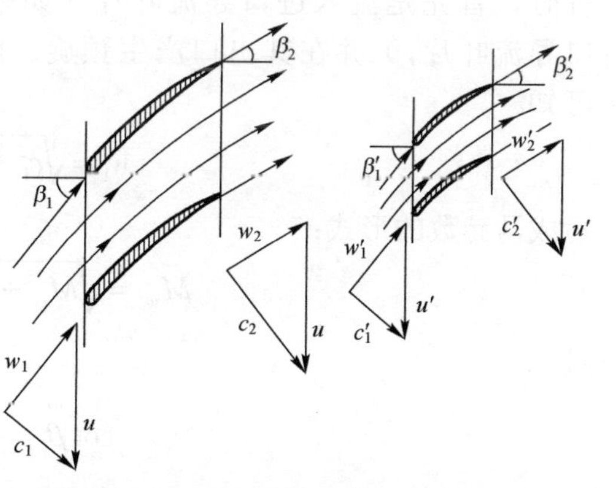

图 9-8　流线相似和速度三角形相似

3．动力相似

动力相似是指两台压气机的流场中，对应点上同类力的方向相同，且大小成比例。

流过压气机的流体微团所受的外力大体上有静压力、惯性力、黏性力和重力。

对于气体而言，重力与其他力相比甚小，可以忽略不计。

由流体力学相关知识可知，雷诺数 Re 的物理意义是惯性力与黏性力之比。雷诺数 Re 越大，意味着黏性力作用越小，惯性力的作用越大。实验证明，当 Re 大到一定程度时（$Re \geqslant 2\times10^5$），黏性力的作用已经很弱，可以认为整个流场不再受 Re 变化的影响，此时，称流动进入自动模化区。航空压气机在大多数工作状态下，$Re \geqslant 2\times10^5$，这时，压气机的动力相似条件就只有气流马赫数了。但是，飞机在高空低速飞行（或爬升）时，由于空气密度下降剧烈，因而，Re 下降到低于 2×10^5，这会引起压气机效率下降，通常采用效率修正的方法。

马赫数的物理意义是惯性力与静压力之比。因此，对于我们所研究的压气机中的绝热、定常流动，满足动力相似的条件就是保证流场中对应点上的马赫数必须相等和雷诺数必须相等。

二、压气机流动状态相似的具体判断方法

一般情况下，压气机的流场都满足 $Re \geqslant 2\times10^5$ 的条件，因而可以忽略 Re 的影响。这时，由流体力学知识可知，在几何相似的前提下，只要叶栅的进口气流马赫数（包括大小和方向）相同，则压气机的流动状态就是相似的。

对于压气机的动叶叶栅而言，由于是旋转的，所以其相似准则应是相对进口马赫数（包括大小和方向）相同。

利用速度三角形可以推知，只要压气机的进口轴向马赫数 M_a 和第一级动叶切线马赫数 M_u 保持不变，则压气机的所有各级的叶栅进口和出口气流马赫数也保持不变，因而，在整个压气机中的流动状态是相似的。

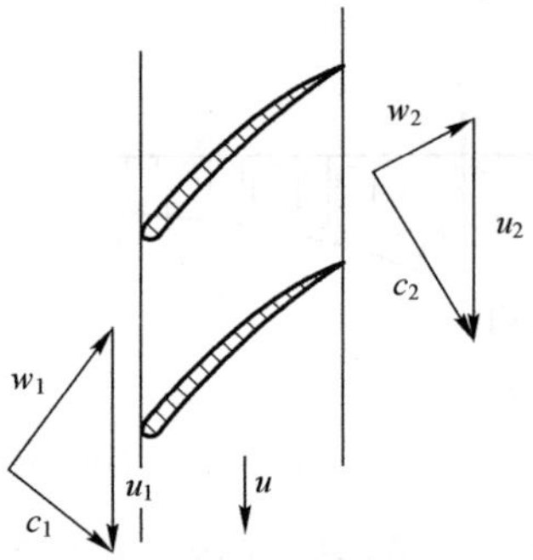

图 9-9　第一级动叶进出口速度三角形

下面进行具体说明：当气流进入多级压气机时，首先是流入进口导流叶片（如果没有进口导流叶片，）并在其出口产生预旋。由图 9-9 可知

$$w_1=\sqrt{c_1^2+u_1^2-2c_1u_1\cos\alpha_1}$$

写成马赫数的形式：

$$M_{w_1}=\sqrt{M_{c_1}^2+M_{u_1}^2-2M_{c_1}M_{u_1}\cos\alpha_1}$$

且

$$\cot\beta_1=\frac{M_{u_1}-M_{c_1}\cos\alpha_1}{M_{c_1}-\sin\alpha_1}$$

可见，要保持 M_{w_1}、β_1 相同，则必须使 M_{c_1}、M_{u_1} 和 α_1 保持相同。当没有进口导流叶片时，压气机为轴向进气（$\alpha_1=0^\circ$），因此，要使得 M_{w_1}、β_1 相等，只需 M_{c_1}、M_{u_1} 和

α_1 相等即可。此时，M_{c_1} 就是 M_{2a}，M_{u_1} 就是 M_{2u}。当有进口导流叶片时，保持压气机进口处的马赫数 M_{2a}（即进口导流叶片进口的马赫数）不变，则导流叶片中的气体流动相似，因而其导流叶片出口马赫数（也即是 M_{c_1}）和出气角 α_1 保持不变，由前面的速度三角形分析可知，也可以保持 M_{w_1} 不变、β_1 不变。M_{w_1} 不变和 β_1 不变保证了动叶叶栅流动状态相似，因而，动叶出口相对马赫数 M_{w_2} 和出气角 β_2 也保持不变，同时，由于 M_{u_2} 也保持不变（因为 $M_{u_2}=\sqrt{u_2/kRT_2}$，而 T_2/T_1 在相似的流动中保持不变），同理，通过对出口速度三角形的分析可得到 M_{c_2}（即静叶叶栅进口马赫数）保持不变的结论，从而可知静叶流动状态也是相似的。用类似的方法也可以将流动的相似推广到压气机中的各个级（动叶和静叶）中去，这就意味着整台压气机的工作状态都是相似的。

所以，M_a 和 M_u 就称为压气机状态相似的准则参数。只要它们保持不变，则在压气机中的流动状态就是相似的。

一般来说，可以选取多级压气机中任意截面上的 M_a 和 M_u 作为相似准则参数，但人们一般常用压气机进口截面的 M_a 和 M_u 作为相似准则参数，以便于应用。应当指出，当压气机流场中出现了临界截面时，上述的结论和准则就不再正确，必须寻找新的相似准则。

根据相似理论，两台压气机流动状态相似，则对应点上的同名物理量必成比例，即

$$\frac{P_3^*}{P_3^{*'}}=\frac{P_2^*}{P_2^{*'}},\frac{T_3^*}{T_3^{*'}}=\frac{T_2^*}{T_2^{*'}}$$

由此关系式可知，$\pi_c=\pi_c'$，$\eta_c=\eta_c'$。此结果说明两台压气机流动状态相似后其性能参数 π_c、η_c 保持不变。

第三节　压气机的通用特性曲线

用流量 G 和转速 n 作为自变量的压气机特性，只适用于一定几何尺寸的压气机和一定的进气条件。也就是说，对不同的压气机、不同的进气温度和压力，就要重新实验或计算压气机的特性。在实践中，为了能获得压气机的特性，减少实验费用和时间，常常需要在尺寸缩小了的模拟压气机上做特性实验。此外，在压气机的实际运行中，大气的条件总是经常变化的。因此，必须按流动相似参数来绘制压气机特性曲线才具有较大的通用性。

根据相似理论，一台压气机的两种工况或实际压气机与其几何相似的模型压气机，如果能保持 M 和 u/c 比值不变（相等），那么，在叶栅中的流动状态就可认为是相同的，这样我们可以写出下式：

$$\pi^*=f_1[M,u/c] \tag{9-2}$$

$$\eta_c^*=f_2[M,u/c] \tag{9-3}$$

因此，如果我们采用参数 M 和 u/c 代替空气流量 G 和压气机转速 n 而绘制压气机特性，则不管压气机进口条件（P_1^*、T_1^*）如何改变，只要 M 和 u/c 比值不变，压气机特性

π^*、η_c^*就不变，这种可以适用于任何大气条件下的特性线，称为压气机的通用特性。

在进行压气机特性的实验录取时，所测量的数据，往往是压气机转速n、空气流量G、进气总压P_1^*和进气总温T_1^*。但能用这些测得的参数（n、G、P_1^*、T_1^*）来替代表示M和u/c这两个相似准则数。由气体动力学可知，这种代替表示并不破坏流动的相似性。

在压气机性能分析中通常采用无因次参数进行分析，常用的无因次参数除马赫数外，还包括：

无因次速度λ：

$$\lambda = \frac{c}{c_{cr}} \tag{9-4}$$

折合流量$q(\lambda)$：

$$q(\lambda) = \frac{c\rho}{c_{cr}\rho_{cr}} = \lambda\left(\frac{k+1}{2}\right)^{\frac{1}{k-1}}\left(1-\frac{k-1}{k+1}\lambda^2\right)^{\frac{1}{k-1}} \tag{9-5}$$

以及无因次温度比T/T^*、无因次压比P/P^*和无因次密度比ρ/ρ^*等。

无因次速度λ与马赫数具有如下的关系：

$$\lambda^2 = \frac{\frac{k+1}{2}M^2}{1+\frac{k-1}{2}M^2} \tag{9-6}$$

由上两式可知，无因次速度λ和折合流量$q(\lambda)$对于给定的气体而言（k确定），完全决定于马赫数。对于u/c准则，如用声速a除以分子和分母，可得

$$\frac{\frac{u}{a}}{\frac{c}{a}} = \frac{M_u}{M} \tag{9-7}$$

这样压气机特性可以写成下列形式：

$$\pi^* = f_1[q(\lambda), \lambda_u] \tag{9-8}$$

$$\eta_c^* = f_2\left[q(\lambda), \lambda_u\right] \tag{9-9}$$

图 9-10 给出了对于不同的λ_u值，相应的π^*、η_c^*诸值对$q(\lambda)$的变化曲线。显然，这种形式的压气机特性线，只要雷诺数Re处于自模化区，适合于所有相似压气机，或者说所有相似压气机具有相同的由$q(\lambda)$和λ_u表示的通用特性。

由式（9-8）和式（9-9）可以进一步导出实用的和以压气机实测数据（G、n、P_1^*、T_1^*）来表示的通用特性。

由气体动力学可知，对于压气机入口

$$q(\lambda_1) = \frac{G\sqrt{T_1^*}}{mP_1^*F_1} \tag{9-10}$$

当$q(\lambda_1)$不变时，式（9-10）的右方数值，对任意的G、T_1^*、P_1^*一组值，也保持不变，因此，可写出

$$\frac{G\sqrt{T_1^*}}{P_1^*}=\text{常数} \tag{9-11}$$

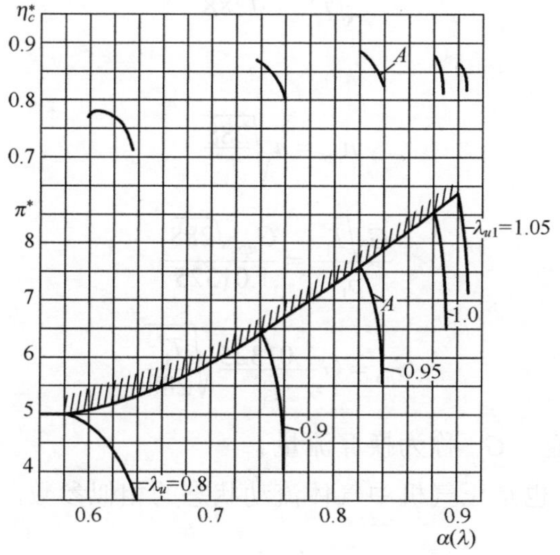

图 9-10　以 λ_u 、 $q(\lambda)$ 表示的压气机特性曲线

对于 λ_u ，可以写成

$$\lambda_u=\frac{u}{a_{cr}}=\frac{\pi D_t}{60\sqrt{2\frac{K}{K+1}R}}\times\frac{n}{\sqrt{T_1^*}} \tag{9-12}$$

对于给定的压气机，当 λ_u =常数时，则式（9-12）右边诸值，在所有情况下，也保持不变。因此，可写出

$$\frac{n}{\sqrt{T_1^*}}=\text{常数}$$

这样，我们可以得出用 $G\sqrt{T_1^*}/P_1^*$、$n/\sqrt{T_1^*}$ 表示压气机特性，即

$$\pi^*=f_1\left[\frac{G\sqrt{T_1^*}}{P_1^*},\frac{n}{\sqrt{T_1^*}}\right] \tag{9-13}$$

$$\eta_c^*=f_2\left[\frac{G\sqrt{T_1^*}}{P_1^*},\frac{n}{\sqrt{T_1^*}}\right] \tag{9-14}$$

式中： $G\sqrt{T_1^*}/P_1^*$ 称为流量的相似参数； $n/\sqrt{T_1^*}$ 称为转速的相似参数。用这一对相似参数绘制的压气机特性线，如图 9-11 所示。用 $G\sqrt{T_1^*}/P_1^*$ 和 $n/\sqrt{T_1^*}$ 所表示的压气机特性线，是压气机通用特性线的常用形式。

为了使用方便，常常进一步把上述通用特性曲线换算成标准大气条件（ $T_1^*=288\text{K},P_1^*=$

101325Pa）的特性线：

$$\frac{n}{\sqrt{T_1^*}}=\frac{n_{np}}{\sqrt{288}}$$

所以有

$$n_{np}=n\sqrt{\frac{288}{T_1^*}} \tag{9-15}$$

$$\frac{G\sqrt{T_1^*}}{p_1^*}=\frac{G_{np}\sqrt{288}}{1.01325}$$

$$G_{np}=G\frac{1.01325}{P_1^*}\sqrt{\frac{T_1^*}{288}} \tag{9-16}$$

式中：n_{np} 称为换算转速；G_{np} 称为换算流量。

显然，用 n_{np} 及 G_{np} 也是压气机中气体流动状态的相似参数，可写成

$$\pi^*=f_1(G_{np},n_{np}) \tag{9-17}$$

$$\eta_c^*=f_2(G_{np},n_{np}) \tag{9-18}$$

图 9-12 示出了用 G_{np}、n_{np} 绘制的压气机通用特性曲线。

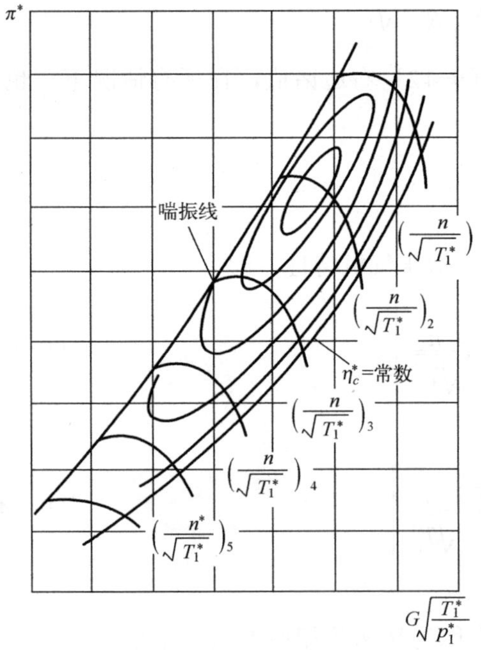

图 9-11　用相似参数 $G\sqrt{T_1^*}/P_1^*$ 和 $n/\sqrt{T_1^*}$ 绘制的压气机特性曲线

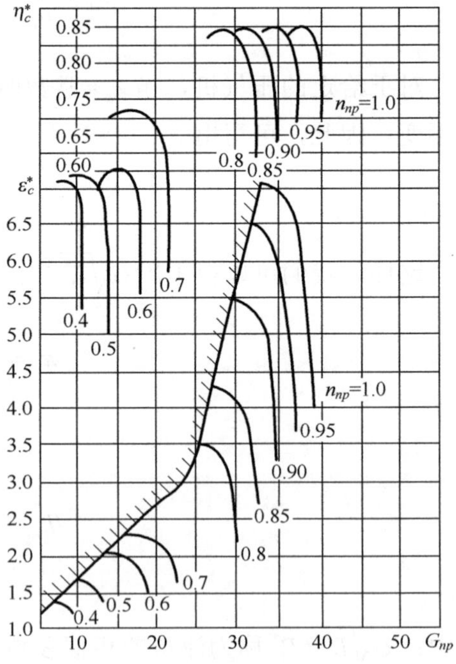

图 9-12　用 G_{np}、n_{np} 绘制的压气机通用特性图

第四节　气流失速和不稳定工况

在压气机特性图上，特性线的左侧有一条不稳定工作边界线，也称为喘振边界线。假如流经压气机的空气流量减小到一定程度，而使运行工况点进入到喘振边界线的左侧区域内，那么，整台压气机就不能稳定工作。此时，空气流量就会出现波动，忽大忽小；压力出现脉动，时高时低。严重时，甚至会出现气流从压气的进口处倒流出来的现象；同时还会伴随着低频的怒吼声响；这时还会使机组产生强烈地振动。这种现象称为喘振现象。压气机在喘振状态下运行，可能导致整个燃气轮机的严重运行事故。

大量的实验研究表明，压气机喘振的发生总是与通流部分各元件上气流的分离密切相关。因此，研究压气机的喘振，必然要分析气流的分离产生和发展。

在前面的内容已指出，当压气机在偏离设计工况的条件下运行时，在压气机动叶栅的进口处，必然会出现气流的正冲角或负冲角。当这种冲角增大到某种程度时，黏附在叶型表面上的气流附面层就会产生分离，以致发生气流脱离现象，这种现象常称为失速。失速在轴流式和离心式压气机中都会发生，它们产生失速现象的机理是类似的。因此，关于轴流式压气机失速的讨论对离心式压气机也是适用的。

一、单级压气机的失速与喘振

图 9-13 表示轴流式压气机的动、静叶栅的流道中，发生气流分离现象时的物理模型图。

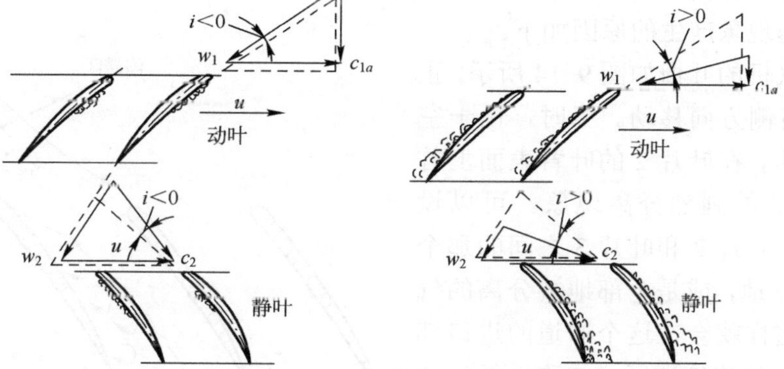

图 9-13　轴流式压气机叶栅中气流发生分离时的物理图形

（a）$G>G_0$；（b）$G<G_0$。

我们知道，当压气机在设计工况下运行时，气流进入动叶栅时的冲角接近零（$i\approx 0$）。但是，当空气流量增大时（图 9-13（a）），气流的轴向速度 c_{1a} 就要加大。假如压气机的转速 n 恒定不变，那么 β_1 和 α_2 也会增大，由此产生了负冲角（$i\leqslant 0$）。当空气流量继续增大，而使负冲角加大到一定程度后，在叶腹表面上就会发生气流附面层的局部脱离现象。但是，这个脱离区不会继续发展。这是由于当气流沿着叶片的内弧侧流动时，在惯性力的作用下，气流的脱离区会朝着叶片的内弧面方向挤拢和靠近，因而，会阻止脱离区的进一步发展。此外，在负冲角的工况下，压气机的级压比有所减小，在这时，即使产生了气流的局部脱离区，也不至于进一步发展形成气流的倒流现象。

但是，当流经动叶栅的空气流量减小时（图 9-13（b）），情况就完全不同了。这时，气流的 β_1 和 α_2 角都会减小。当 β_1 和 α_2 角减小到一定程度后，就会在叶背表面产生气流附面层的脱离现象。只要这种现象一出现，脱离区就有不断地发展扩大的趋势。这是由于当气流沿着叶片的背弧面流动时，在惯性力的作用下，存在着一种使气流离开叶片的背弧面而分离出去的自然倾向。此外，在正冲角的工况下（$i>0$），压气机的级压比会增高。因此，当气流严重脱离时，气流就会朝着叶栅的进口倒流，这就为发生喘振现象提供了条件。

试验表明，在叶片较长的压气机级中，气流的脱离现象多半发生在沿叶高方向的局部范围内（如在叶片的顶部）。但是，在叶片较短的级中，气流的脱离现象却有可能在整个叶片的高度上同时发生。

此外，还必须指出，上述那种气流脱离现象，往往并不是在压气机动叶栅沿圆周整圈范围内同时发生的。试验研究表明，一般来说，由于叶栅中叶片形状和分布不均匀性以及气流沿周向分布不均匀性，在小流量大冲角的工况下，气流的脱离往往总是在某一个或几个叶片上发生的。一般情况，在整个环形叶栅沿圆周方向范围内，可以同时产生几个比较大的脱离区，而这些脱离区的宽度只不过涉及一个或几个叶片通道而已。同时，还应该指出，这些脱离区并不是固定不动的，这些脱离区会依次沿着与叶轮旋转方向相反的方向转移。因而，这种现象又称为旋转失速。

旋转失速现象产生的原因如下。

假如压气机的叶栅如图 9-14 所示，正以速度 u 朝右侧方向移动。当时，由于空气流量的减少，在叶片 2 的叶背表面上首先出现了气流的强烈分离现象。可以设想，这时处于叶片 2 和叶片 3 之间的那个通道就会部分地，或是全部地被分离的气流所堵塞。这样就会在这个通道的进口部分，形成一个气流停滞区（或称为低流速区），它将迫使位于停滞区附近的气流，逐渐改变其原有的流动方向，即：使位于停滞区右边的那些气流的冲角减小，因而，叶片 1 的绕流情况得到改善，气流的分离现象将逐渐消失；同时，使位于停滞区左边的那些气流的冲角加大，从而促使在叶片 3 的叶背表面开始发生气流的分离现象。由此可见，气流的脱离区并不是恒定地固定在某一个叶片上的，而是会以某一个与叶栅的运动方向相反的速度 u'，从右侧朝左侧方向逐渐转移。试验表明，脱离区的转移速度 u' 一般要比叶栅的圆周速度 u 低 50%～70%。因此，若站在地面上去观察，脱离区是沿着与叶轮转向相同的方向以较小的速度转动着。

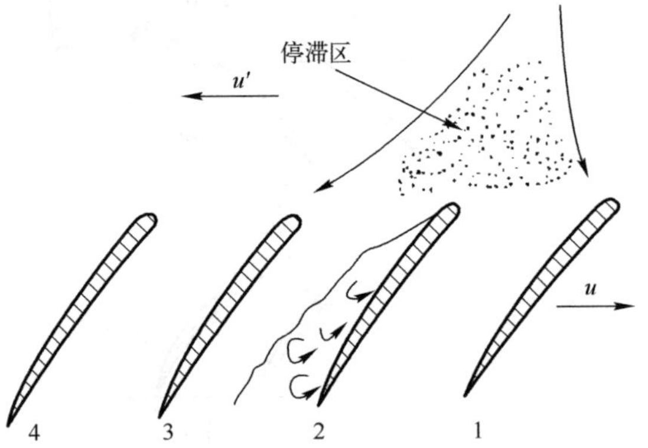

图 9-14　压气机叶栅中的旋转失速现象

压气机中出现旋转分离后，压比和效率都要下降，而且由于气流参数的周向不均匀分布而引起脉动。一般把单级压气机开始发生旋转失速时那个流量作为该级的稳定工作界限。出现旋转失速还不等于喘振。

这种旋转失速现象，无论在单级压气机中，或是在多级压气机中都会产生。只要这种现象一旦出现，就会导致压气机级后的空气流量和压力，同时发生一定程度的波动。

通常，在没有旋转脱离的情况下，叶片上所受的气动力可以认为是恒定不变的。但是，当有旋转失速现象后，在压气机叶片上就会受到一种周期性变化的气动力作用。这种交变作用力，必然会引起叶片材料疲劳，严重时则会使叶片因疲劳而断裂。如果这个力的作用频率与叶片的自振频率重合，那么就会使叶片发生共振，以致迅速地遭到破坏。由此可见，在压气机中发生旋转失速现象的危害性是很严重的。

通过以上初步分析可以看出，气流分离现象是压气机工作过程中有可能出现的一种特殊的内部流动形态。只要当空气流量减少到一定程度后，气流的正冲角就会加大到某个临界值，以致在压气机叶栅中，迫使气流产生强烈的旋转分离流动。

必须指出，假如在压气机通流部分中产生的旋转失速比较微弱，那么，压气机并不一定就会马上进入喘振工况。只有当空气流量继续减小，致使旋转失速进一步发展之后，在整台压气机中才会出现不稳定的喘振现象。此时，压气机的流量和压力就会发生大幅度的低频周期性波动，并伴随有怒吼似的喘振声响，甚至会有气流从压气机的进口处倒流出来。这时，会使整台机组产生强烈振动。在这种情况下，压气机就完全不能正常工作了，并可能导致机组严重毁坏事故的发生。

图 9-15 为压气机在正常工况下与喘振工况下压力 p 与气流速度 c 变化的波形示意图，两者的差别是明显的。在正常工况下（图 9-15（a）），其压力与速度的平均值高，两者的脉动振幅都很小，说明气流流动是有规律的。在喘振工况时（图 9-15（b）），平均出口压力明显下降，压力与速度脉动的振幅大大增加，说明气流流动的规律性已完全破坏了。

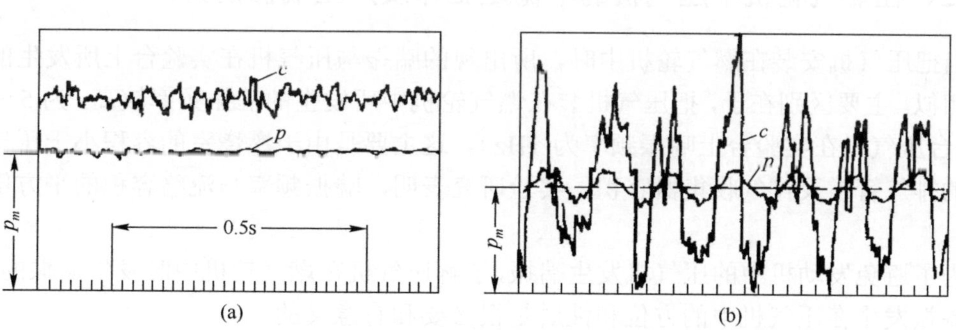

图 9-15　正常工况与喘振工况下压力与流速变化的波形图

（a）压气机在正常工况下；（b）在喘振工况时。

强烈旋转失速到喘振现象的发展过程如下。

在压气机中发生的强烈旋转失速为什么会进一步发展成为喘振现象呢？下面让我们

利用图 9-16 来简单地说明喘振现象的发生过程。图中 1 表示压气机，2 代表在压气机后具有一定容积的工作系统。在燃气轮机中，这就相当于燃烧室和涡轮。流经压气机的流量可以通过装在容器出口处的阀门 3 来调节。当压气机的工作情况正常时，随着空气流量的减小，容器中的压力就会升高。当流量减少到一定程度时，在压气机的通流部分中开始产生旋转失速现象。

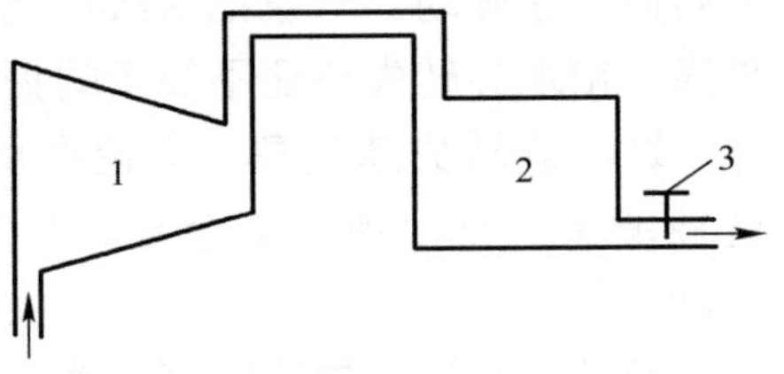

图 9-16 压气机的工作系统图

1—压气机；2—工作系统；3—阀门。

假如空气流量继续减小，旋转失速就会强化和发展，当它发展到某种程度后，由于气流的强烈脉动，就会使压气机的出口压力突然下降。这时，容器 2 中的气体压力就会比压气机出口的压力高，这将会导致气流从容器侧流到压气机中去；另外一部分空气则仍然会继续通过阀门 3，流到容器外面去。由于这两个因素的同时作用，容器中的压力就会立即降低下来。假如这时压气机的转速恒定不变，那么，随着容器中压力的下降，流经压气机的空气流量就会自动增加上去；与此同时，在压气机叶栅中发生的气流分离现象就会逐渐趋于消失。也就是说，压气机的工作情况将会恢复正常。当这种情况持续一个很短的时间后，容器中的压力会再次升高，流经压气机的空气流量又会重新减少下来，在压气机通流部分中发生的气流分离现象又会再出现。上述过程就会周而复始地进行下去。这种在压气机与其后具有一定容积的工作系统之间发生的空气流量和压力参数的时大时小的周期性振荡，就是压气机的喘振现象。

总之，在压气机中出现的喘振现象是一种比较复杂的流动过程，它的发生是以压气机通流部分中产生的旋转失速现象为前提的，但也还与压气机后面的工作系统有关。试验表明，工作系统的容积越大，喘振时空气流量和压力的振荡周期就越长，而且对于同一台压气机来说，如果与其配合的工作系统不同，那么，在这个系统中发生的喘振现象也就不完全一样。

二、在燃气轮机中压气机的不稳定工作及产生喘振的条件

当把压气机安装在燃气轮机中时，所出现的喘振与压气机在实验台上所发生的喘振十分相似。主要区别在于，把压气机装在燃气轮机中所发生的喘振频率较高，为 5～15Hz（同一台压气机在实验台上喘振频率为 1Hz）。这主要是由于燃烧室的容积小于压气机实验台的排气管道及排气收集器容积。实验研究表明，喘振频率与流路容积的平方倒数成比例。

为了避免发动机中的压气机发生喘振，了解压气机在燃气轮机中时发生喘振的条件，以及喘振发生在压气机中的方位和性质是很必要和有意义的。

众所周知，多级轴流压气机的通流部分是按设计工况条件确定的，因而，压气机的通流部分在压气机设计工况是完全能适应气流速度和密度要求的。但当偏离设计工况时，速度、密度与通流部分的适应性遭到破坏，下面我们利用连续方程来分析非设计工况时，压气机各级发生的情况和特点。

写出第一级和最末一级进口处的流量方程：

$$G = A_{\mathrm{I}} c_{\mathrm{I}a} \rho_{\mathrm{I}} = A_z c_{za} \rho_z \tag{9-19}$$

式中：A_{I}、A_z 分别为压气机第一级和末级进口处截面面积；ρ_{I}、ρ_z 分别为压气机第一级和末级进口处气流的密度；$c_{\mathrm{I}a}$、c_{za} 分别为压气机第一级和末级进口处的轴向分速。

由此可得下面的流动连续条件：

$$\frac{\rho_z c_{za}}{\rho_{\mathrm{I}} c_{\mathrm{I}a}} = 常数 \tag{9-20}$$

根据气体的多变过程方程，将密度比用压力比来代替，可得

$$\frac{\rho_z c_{za}}{\rho_{\mathrm{I}} c_{\mathrm{I}a}} = \left(\frac{p_z}{p_{\mathrm{I}}}\right)^{\frac{1}{n}} \frac{c_{za}}{c_{\mathrm{I}a}} = 常数 \tag{9-21}$$

从式（9-21）可以看出，压气机中压比的变化必然会引起第一级与末级入口处轴向分速度比的相应变化，而且，压气机的设计压比越大，这种变化也越大。压气机的压比会随转速或进口温度的变化而改变。

下面讨论转速变化对压气机工作的影响。当转速较设计转速有所下降时，压气机的压比下降。这时，末几级中的空气压力和密度降低，而在前几级中，与设计工况比较，压力和密度稍有增加。这样就使轴向分速比 $c_{za} / c_{\mathrm{I}a}$ 增加了。比值 $c_{za} / c_{\mathrm{I}a}$ 的增加意味着，当转速减小时，轴向分速 c_{za} 下降得比 $c_{\mathrm{I}a}$ 慢些。在轴流式压气机中，由于各级的直径变化不大，可近似地认为各级圆周速度相等。其结果使各级中的流量系数变化，流入各级的气流方向变化，从而使它们的工况偏离设计工况。

经验指出，与设计工况偏离最远的是前几级和末几级，中间各级相对设计工况变化较小。此时，流量系数在前几级中减小，而在最后几级中增加。在中间级中，流量系数变化很小。

当转速减小时（与设计转速相比较），前几级和末几级的轴向分速的不同变化，可以这样理解：根据设计条件规定的压气机进口和出口截面面积，在非设计工况下与空气密度不相适应。在末级中，密度减小了，流通截面面积就显得相对过小，而在空气密度稍微加大的前几级中，流通截面面积就显得不适宜地大了。图 9-17 画出了轴流压气机第一级、中间级和最后级动叶进口处在设计转速下（实线）及在转速降低情况下（虚线）的速度三角形。

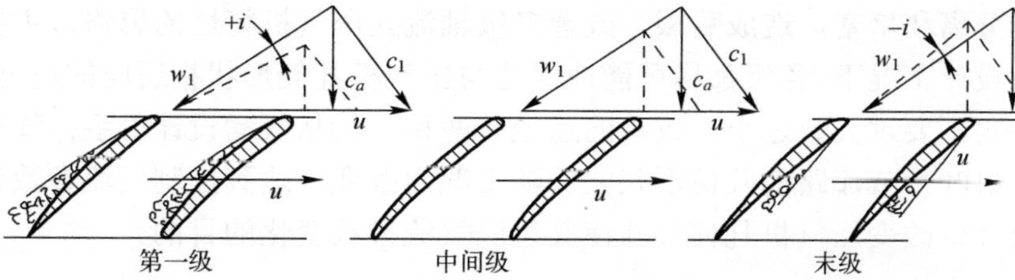

图 9-17　转速低于设计转速时各类级冲角的变化

从图中看出，当转速降低时（与设计转速相比），气流在首级中冲角加大了。而冲角增加得太甚时，就可能产生气流的分离和喘振。在末几级中冲角减小，这时压比和效率就迅速降低。当工况偏离设计工况很大时，最后一、二级的增压值可能变成负值。这时级中的空气不是压缩而是膨胀了。压气机的这种工况称为“涡轮状态”。

压气机的进口温度升高，可以获得与降低转速时类似的效果，压比减小，轴向速度比 c_{za}/c_{1a} 增加。

当压气机在高于设计转速的情况下工作时（或进口温度降低），情况相反，这时压比增大，轴向速度比 c_{za}/c_{1a} 减小。在前几级中，流量系数增加，冲角减小。在末几级中，流量系数减小，冲角加大。当正冲角与设计冲角偏离很大时，也可能出现喘振。

但一般在燃气轮机中，高于设计转速下运行是不希望的。因而，后一种喘振工况不会经常遇到。可是，在燃气轮机的起动过程中，或是在变转速的工况下运行时，压气机却会经常处在低于设计转速的情况下工作。此时，压气机就很有可能由于在前几级中发生强烈的旋转失速而进入喘振工况。为了保证机组启动工况和低转速工况下能够正常运行，就必须采取相应的防喘振措施。

最后，对压气机的喘振现象归纳以下几点看法，以便加深认识。

（1）总压比越高和级数越多的压气机，就越容易发生喘振现象。这是由于在这种压气机的叶栅中，气流的扩压程度比较大，因而也就容易使气流产生分离现象。

（2）多级轴流式压气机的喘振边界不一定是一条平滑的曲线，而往往可能是一条折线。其原因可能是由于在不同的转速工况下，进入喘振工况的级并不相同的缘故。

（3）在多级轴流式压气机中，发生在最后几级的喘振现象，要比在最前几级中发生的喘振现象更加危险。因为在压气机的最后几级中发生喘振现象时，机组的负荷一定很高，而这些级的叶片又比较短，气流的分离现象很可能在整个叶高范围内发生，再加上当地的压力又很高，压强的波动就比较厉害，因而，气流的大幅度脉动就会对机组产生非常严重的影响。

（4）进、排气口的流动情况越不均匀的压气机，就越容易发生喘振现象。

第五节　改善多级轴流式压气机特性的方法

由上面讨论可知，多级轴流式压气机不稳定工作状态是由于偏离设计工况后，破坏了设计工况时气流参数和压气机几何参数的良好协调性，从而形成过大或过小的冲角，使压气机旋转分离和堵塞，造成喘振。改善多级轴流式压气机特性的思路，主要是设法使压气机在非设计工况下，各级都尽可能地保持与压气机几何形状相适应的速度三角形，使所有级的冲角不要过大或过小。改善的途径有两种：①从气动设计着手；②增设调节机构，使压气机叶片或流路的几何形状能够随工况而改变，达到控制气流参数使其适应压气机几何尺寸或改变压气机几何尺寸使其适应气流参数变化的目的。

一、气动设计方面的措施

由上面分析可知，非设计工况时，多级轴流式压气机的前面级和后面级偏离设计工况很远，而中间级速度三角形和设计点却大体相似，工作很好，因此，在气动设计时，应针对变工况时前面级和后面级出现的这种情况作相应的考虑。

为了避免前面级发生旋转分离，在第一级压气机设计时采用如下措施：①采用 20%左右的稠度储备；②第一级采用宽弦长小展弦比设计；③对于亚声级压气机第一级采用少分配加功量的办法；④第一级静叶弦长比一般级宽的设计；⑤采取进口机匣处理新技术。

所谓的机匣处理，即在机匣内表面制成蜂窝机匣结构形式。实验证明，这种机匣处理后，压气机的不稳定边界都不同程度地向左上方移动，从而使喘振裕度提高，而且还可以有效地提高压气机抗进口畸变的能力。

为了改善后面级的工作特性，在末级压气机设计时可采用如下措施：①减少分配给末级压气机的加功量；②采用 10%左右的稠度储备；③加宽末级动叶的弦长；④采用双排末级静叶新技术。

双排静叶属串列叶栅，串列叶栅的作用是改善了附面层中的流动情况，且把原来由单个叶栅负担的气流转折角和增压分给这两个叶片排，从而具有较小的损失和扩大了无分离绕流的范围。

另外，对于级负荷比较高的多级轴流式压气机，实践证明，采用宽弦长小展弦比的气动结构设计也有利于改善防喘性能。在进行各级气动设计时，严格控制扩散因子 D 在规定的范围内，各基元级的最佳设计冲角应控制在 0°～4° 以下，这些都有利于防喘性能的提高，在气动设计中采用尽量推迟叶背分离如向附面层吹风、抽吸附面层（在叶片上安装紊流发生器或采用开缝叶片、串列叶栅）以及新叶型设计等也会获得良好的效果。

长期的设计经验，积累了许多有利于压气机特性改善的气动设计技巧，上面仅提到最主要的做法。

二、燃气轮机的防喘调节措施

对于具有高压比的轴流式压气机，除在设计上采取措施改善特性外，还可在结构上采取措施以改善压气机的特性。

目前，所采用的调节方法包括放气、可转导向器叶片、双转子压气机等。

1. 中间级放气

燃气轮机在低 $n/\sqrt{T_{in}^*}$ 工作时，压气机的不稳定工作特点是“前旋后堵”。前面级压气机在大的正冲角下工作，而后面级压气机在大的负冲角堵塞状态下工作。当打开中间级放气系统时，由于减少了空气流路的阻力，所以位于放气系统之前的压气机级的空气流量就增加了。因此，前几级压气机的轴向速度增加，气流冲角减小，退出旋转分离状况进入稳定区工作。从图 9-18 所示的压气机第一级特性可见，由于放气使第一级的工作点由 N 点变到了 M 点。与此同时，放气系统后面的各级却由于放气使空气流量人为减少，于是，冲角增大，使其脱离了堵塞状态。图 9-18 示出了末级压气机特性，由于中间放气使末级压气机的工作点由 A 点移向了 A'点。因此，中间级放气的结果使前后各级都朝着有利于稳定工作方面变化，使各级压气机工作更协调，改善了压气机特性，保证燃气轮机安全可靠地工作。研究表明，放气和不放气的喘振边界线基本不变，但使共同工作线由喘振区移到了喘振区之外，如图 9-19 所示。由上述分析可知，用中间级放气的办法解决了低 $n/\sqrt{T_{in}^*}$ 情况下的稳定工作问题。

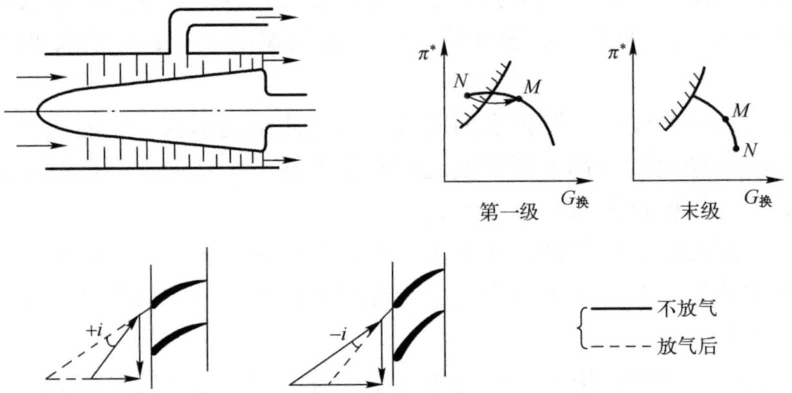

图 9-18　从中间级压气机放气的工作原理示意图

放气防喘方法简单，在压比小于 10 的多级轴流压气机中防喘效果良好，放气还可以减少燃气轮机起动时的起动功率。此方法的缺点是将 15%～25%的压缩空气直接放到外界而未加利用，这是能源的浪费。另外，放气时，会产生对放气口附近叶片的附加激振力作用。

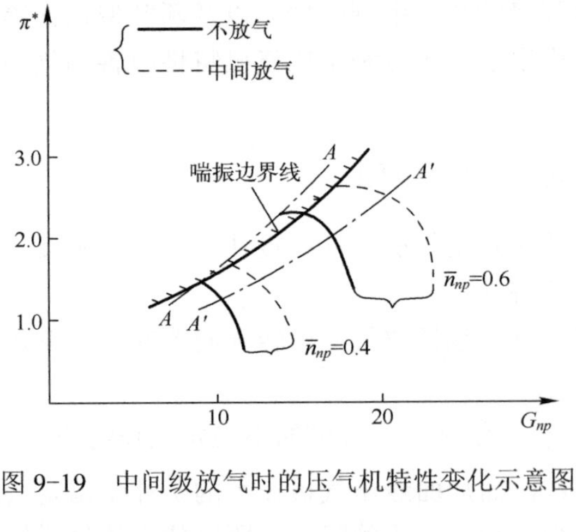

图 9-19　中间级放气时的压气机特性变化示意图

放气机构有多种形式，如放气环带或放气活门等。

2．可转动的进口预旋导向器和静子叶片

放气防喘仅适合于压比小于 10 以下的多级轴流式压气机。当压比更高时，实践证明，放气防喘效果不明显，而采用可转动的进气预旋导向器和静子叶片，或采用双转子结构压气机效果较好。

图 9-20 为可调静子叶片及联动机构示意图，其防喘基本原理如图 9-21 所示。

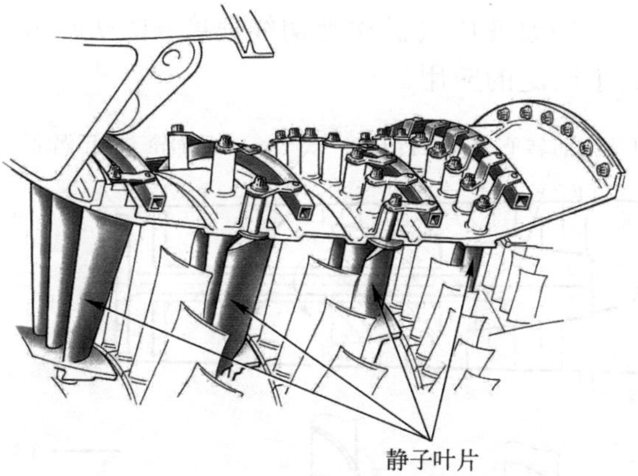

图 9-20　可调静子叶片及联动机构示意图

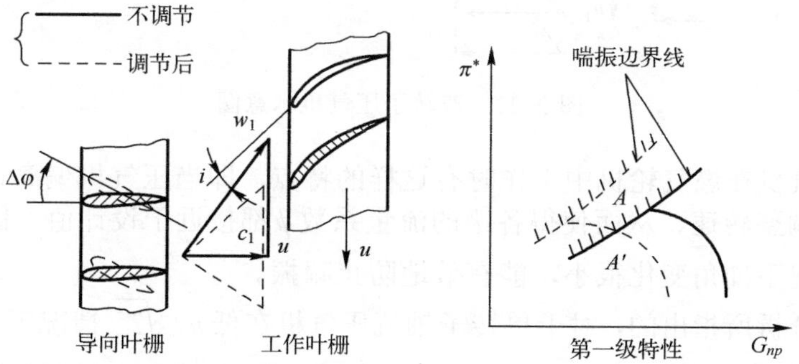

图 9-21　可转动进口导流叶片和静子叶片改善压气机特性原理示意图

当低 $n/\sqrt{T_{\text{in}}^*}$ 时，前面级动叶的冲角很大，从而处于旋转分离状态。现在将进口预旋导向器转动 $\Delta\varphi$ 角，从而使进口气流速度 c_1 的方向朝动叶旋转的方向偏斜，如图 9-21 中虚线所示，这就改变了第一级动叶进口处的速度三角形，使相对气流方向和设计工况下的方向一致，消除了过大的正冲角，趋于稳定工作，其特性线如图 9-21 右图所示。经研究认为，由于变几何参数使喘振边界线向左上方移动，同时也因为变几何参数，使得该级的冲角减小，加功量随之减小，等转速连线向着压比降低和流量减小的方向变动。

美国通用公司 LM2500 型燃气轮机的压气机采用了六级静子叶片可调的防喘系统，收到了良好效果。

这种防喘措施构造比较复杂，从能源利用上看比较经济。但从气动设计上看，这种办法只能着重改善气流沿叶高在某一半径上的流动情况，因而不能同时使叶顶到叶根每一个基元级都处于最理想情况。尽管这样，实践证明这种防喘方法可以大大改善非设计工况的稳定工作性能，保证燃气轮机的安全可靠运行，因而得到了广泛的应用。

3．双转子压气机

双转子压气机就是具有装在两个同心轴上串联排列的转子所构成的压气机，它的前转子（低压转子）由低压涡轮带动，它的后转子（高压转子）则由高压涡轮来带动，如图 9-22 所示。可以通过两个转子的不同转速以及转速的变化规律来自动调节压气机前后各级的工作情况。这是一种改变压气机动叶切线速度u的防喘方法，因为效果很好，在高压比的压气机中得到了广泛的应用。

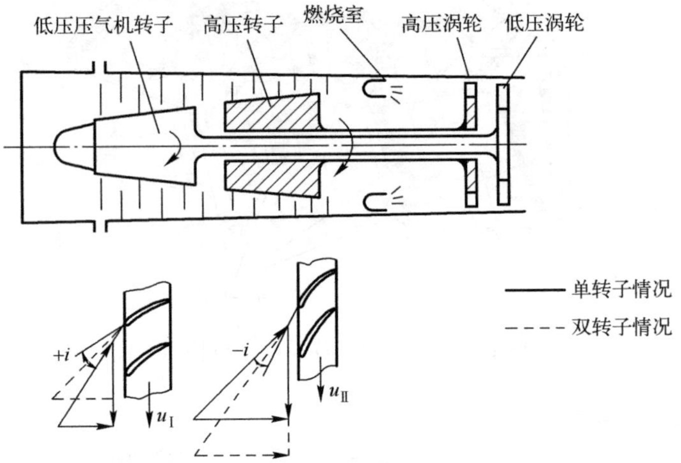

图 9-22　双转子压气机示意图

双转子压气机在燃气轮机中工作时有这样的特点，即当压气机偏离设计工况时，两个转子会自动调整转速、从而使得各级的流量系数ϕ都接近于设计值。因而，各级压气机在非设计工况下冲角变化很小，能有效地防止喘振。

正如前面分析所指出的，对于单转子轴流压气机在低$n/\sqrt{T_{\mathrm{in}}^*}$情况下工作时，压气机前面级处于叶背分离不稳定工作状况。同时，由于正冲角增大，使得前几级压气机耗功增加，后面级则处于堵塞工作状况，且由于冲角为负值，使后几级压气机耗功减少。因而，这时多级压气机的工作特点也可以概括为“前重后轻”。

对多级涡轮而言，涡轮变工况有下面特点：在低$n/\sqrt{T_{\mathrm{in}}^*}$情况下，因为压气机总增压比下降，多级涡轮总膨胀比下降，多级涡轮的后面级（低压涡轮）膨胀比下降更多，因而，后面级涡轮的轮周功下降更多，而前面级的轮周功变化则不大。在高$n/\sqrt{T_{\mathrm{in}}^*}$情况下，多级涡轮工作特点与上述情况相反，涡轮后面级发出的轮周功多而前面级（高压涡轮）发出的轮周功少。

在低$n/\sqrt{T_{\mathrm{in}}^*}$情况下，低压压气机消耗功大，而低压涡轮发出功（轮周功）不足，于是低压转子自动降转。进入低压压气机的气流流量系数$\phi_1=c_{1a}/u_1$由于u_1的下降而增大，使正冲角下降，自动防喘。同时，高压压气机消耗功下降，而高压涡轮发出功（轮周功）下降得甚少，高压转子转速自动上升，因而高压压气机的流量系数$\phi_z=c_{za}/u_z$由于u_z的上升而下降，流入压气机的气流冲角增加，堵塞情况改善。

同样，在高$n/\sqrt{T_{\mathrm{in}}^*}$情况下，低压转子转速会自动增加，$\phi_1$下降，而高压转子的转速会自动下降，$\phi_z$自动增加，由此防止了高压压气机后面级的旋转分离和低压压气机进口级堵塞的不稳定工作状态。

由于双转子压气机具有可以在宽广的范围内工作仍保持较高的压气机效率、自动防喘、起动容易等优点，所以双转子结构的压气机得到了广泛的应用。双转子压气机的缺点是结构复杂，其中中介轴承工作条件恶劣。

习　题

1. 压气机的增压比π^*和效率η_c^*跟哪些参数有关系?
2. 什么是压气机的通用特性曲线？用公式简要表述。
3. 压气机进口的参数中，哪些对压气机特性线有影响?哪些没有影响?试述其原因。
4. 和单级轴流压气机特性相比，多级轴流压气机特性的特点是什么?简述理由。
5. 用物理图例说明旋转失速的机理。
6. 简述喘振的物理全过程。
7. 简述几种防喘方法的防喘机理。

第十章　离心压气机

根据压气机的结构形式和气流在叶轮内的流动方向，压气机可分为两大类：轴流式和离心式。轴流式压气机的工作原理及相关特性在前面几章我们已介绍了，本章我们将继续学习另一种压气机——离心式压气机，由于气流在叶轮内沿着离开叶轮中心方向流动的，故称为离心式压气机。这里我们将着重讨论离心压气机结构形式、工作原理、应用领域以及主要性能参数和特性曲线。

第一节　离心压气机的结构形式及应用

一、离心压气机的基本结构

离心式压气机中，气流在叶轮内沿着离开叶轮轴的方向流动。其典型结构如图 10-1 所示。

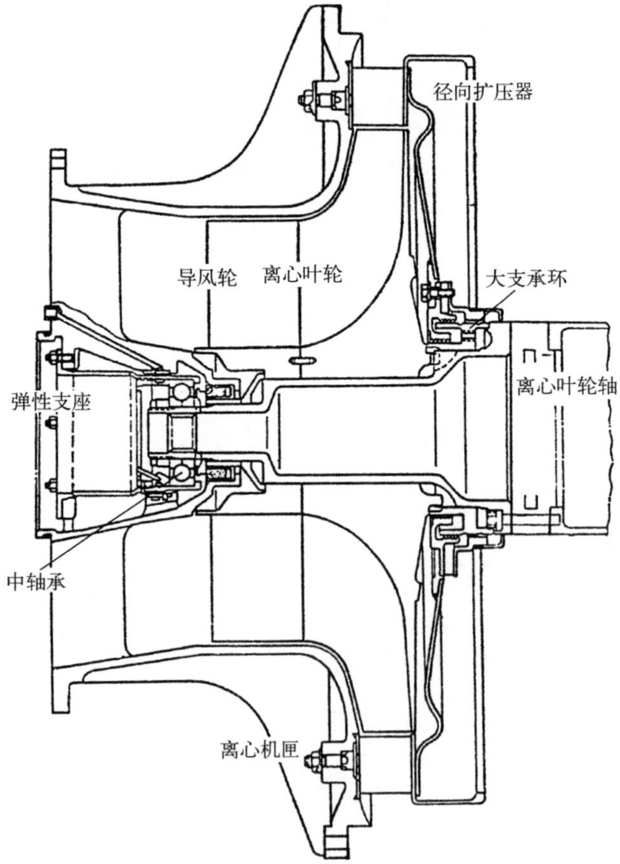

图 10-1　WP11 发动机的离心式压气机

离心式压气机的组成与轴流式压气机类似，典型的单级离心压气机一般是由进气管、工作轮、无叶扩压器、叶片扩压器和排气管所组成。其内部关键截面示意图如图 10-2 所示。气流经过进气管 A 进入工作轮。在工作轮中，气流因受到叶片的作用而流向工作轮的外缘。高速气流的部分动能在扩压器（C 为无叶扩压器，D 为叶片扩压器）中转变为压力能，最后气流经排气管 E 而排出。

在图 10-2 中，标注了离心级内各特征截面的号码和基本尺寸。图中规定：0—0 为进气管的进口截面；1—1 为导风轮进口截面；2—2 为工作轮出口截面，也是无叶扩压器的进口截面；3—3 为无叶扩压器的出口截面，也是叶片扩压器的进口截面；4—4 为叶片扩压器的出口截面，同时又是排气管的进口截面；5—5 则表示排气管的出口截面。

在图 10-2 中，d_{1h} 表示导风轮进口的内径；d_{1m} 表示导风轮进口的平均直径；d_2 表示工作轮的外径；b_2 表示工作轮出口的叶片高度（或宽度）；d_3 表示叶片扩压器进口的直径；b_3 表示叶片扩压器进口的叶片高度；d_4 表示叶片扩压器出口的直径；b_4 表示叶片扩压器出口的叶片高度（或宽度）；L 表示工作轮的轴向长度。

图 10-3 表示出离心压气机工作轮的子午面剖面图。对离心压气机也可引入基元级概念。我们在工作轮两个特征截面 1—1（入口）和 2—2（出口）之间画出两条相邻的子午流线，使这两条子午流线绕轴旋转，可以得到 1—1 截面和 2—2 截面之间的基元流管 A。

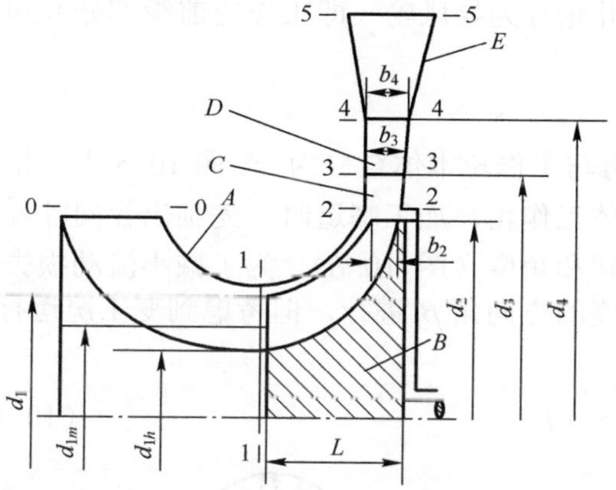

图 10-2　离心压气机关键截面示意图

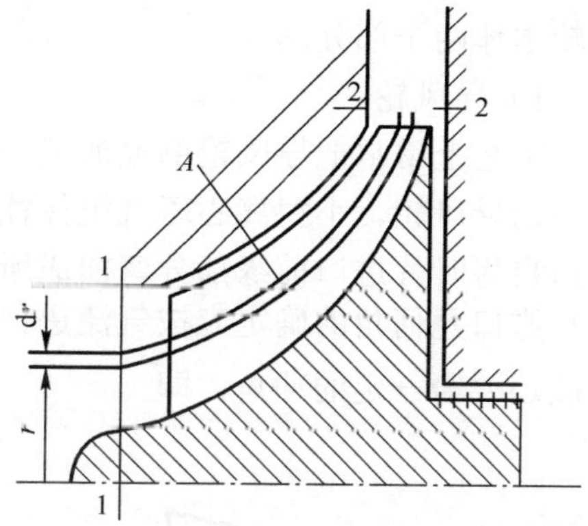

图 10-3　离心压气机工作轮子午面剖面图

下面我们将分别介绍各部件的结构形式。

1．进气管

进气管的作用是把气流引入压气机。一般对进气管的要求是：保证工作轮的进气均匀和轴对称，气流能良好地充满工作轮的流道；流动损失小；结构简单和紧凑。离心式压气机的进气管有几种不同的结构形式（图 10-4）。

图 10-4（a）为轴向进气管，其特点是进气均匀、流动损失小和结构简单。在结构布置允许的条件下应尽可能采用这种形式的进气管。图 10-4（d）表示径向-轴向进气管。这种结构由于气流被迫转弯，增加了气流的不均匀性（径向），但还是轴对称的。图 10-4（b）表示弯曲进气管。这种进气管多用于柴油机的增压器中，由于柴油机总体布置的要求，必须从垂直于压气机转轴的侧面吸入空气，这种进气管的进气不均匀性较大。图 10-4（c）

所示为蜗壳式进气管，它多用于作为单独气源的压气机中。总体来讲，目前在燃气轮机中常常采用的大多是轴向进气管和径向-轴向进气管。进气管直接提供工作轮的进气条件，因此，影响工作轮设计和整个压气机的性能，轴向进气管是个简单的圆筒，无须特殊设计计算。径向进气管由于转弯离心作用，气流不均匀，直接影响工作轮进口的设计，在进行该类进气管的具体设计和分析时，可以参阅文献[3]。

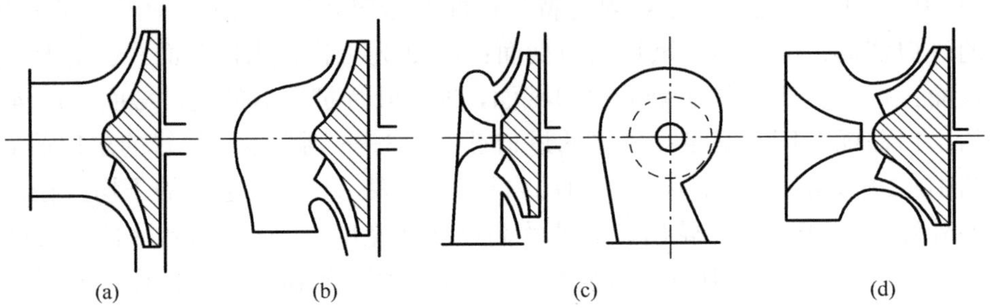

图 10-4 离心式压气机进气管形式示意图

（a）轴向进气管；（b）弯曲进气管；（c）蜗壳式进气管；（d）径向-轴向进气管。

2．工作叶轮

为了分析和设计上的方便，通常将工作叶轮分为导风轮（即工作轮前缘部分）和工作轮本体两个部分。

1）导风轮

工艺上常常把导风轮单独加工，加工后再与工作轮本体合二为一。图 10-5 为一精密铸造的导风轮。小型离心压气机往往做成整体工作轮，加工制造时，先制出径向叶片，然后再将叶片进口前缘部分弯曲成所需的形状和角度（图 10-6）。为了减小流动损失，叶片进口几何角的确定应按气流进口相对速度的方向角 β_1 进行，但考虑到变工况运行，一般还要给一定的冲角，即

$$\beta_{1A} = \beta_1 + i \tag{10-1}$$

图 10-5 导风轮

图 10-6 径向直叶片叶轮

式中：β_{1A}为叶型进口角；β_1为气流进气角；i为冲角，一般i=2°～9°。

显然，在一定的圆周速度下，导风轮的气流进口角 β_1 和进气管出口气流速度的周向分速密切相关，即和进气管提供的气流预旋有关。离心式压气机中也是将 c_{1u} 称为预旋。$c_{1u} > 0$ 称正预旋。当 $c_{1u} = 0$ 即是无预旋的轴向进气，这时具有较大的工作叶轮进口相对

速度 w_1（第 6 章已讲）。当 c_{1u} 增加时，w_1 和 M_{w1} 都减小（图 10-7）。在固定式机组中一般采用轴向进气，在航空发动机的离心式压气机中常采用正预旋以降低工作叶轮进口 M_{w1}。

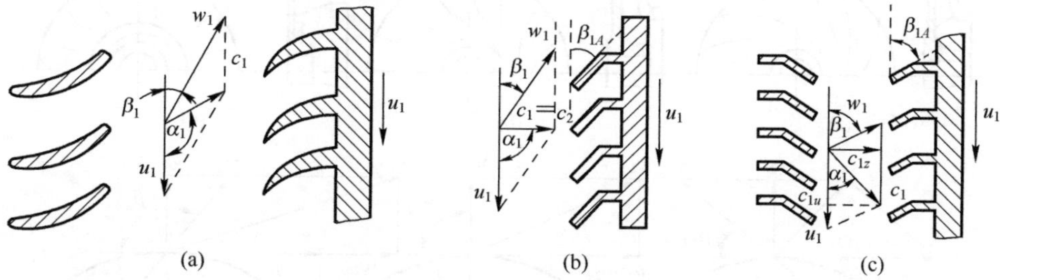

图 10-7　进口预旋图

（a）反预旋；（b）无预旋；（c）正预旋。

2）工作轮的结构形式

工作轮的结构形式可分为 3 种形式：闭式、半开式、开式（图 10-8）。开式工作轮中的气流与工作叶轮两侧的外壳壁接触（图 10-8（a）），摩擦和流动阻力损失最大，工作轮效率最低，叶片的刚性差，容易振动，近代已很少使用。闭式工作轮具有轮盘和轮盖，形成封闭的叶间流道（图 10-8（c）），气流不与壳体直接接触，摩擦和流动阻力损失小，可获得较高的效率，但制造麻烦。另外，由于轮盖的质量作用，高速旋转时，在轮盘中产生较大的应力。因此，这种工作轮允许的圆周速度 u_2 较低，不适用于气流速度较高的离心压气机中，如燃气轮机。半开式工作轮（图 10-8（b））的流道一面是敞开的，摩擦和流动阻力损失比闭式工作轮大，效率比闭式工作轮低；它结构简单，制造方便，强度和刚度好，允许的圆周速度较高。因此，它是目前在离心压气机中广泛采用的一种结构形式。

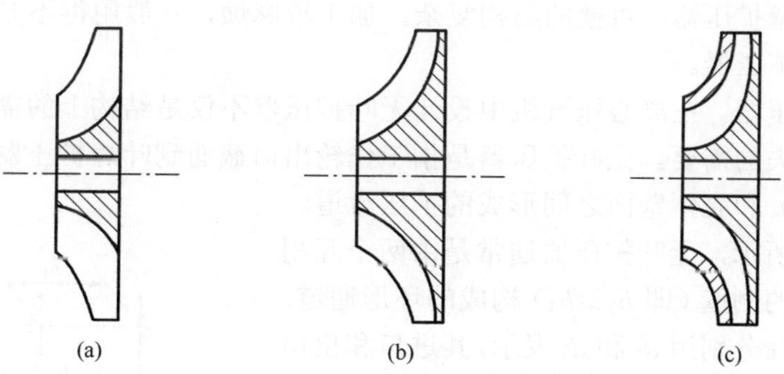

图 10-8　离心压气机工作轮结构

（a）开式工作轮；（b）半开式工作轮；（c）闭式工作轮。

3）工作轮的叶片形式

如图 10-9 所示，离心工作轮叶片的形状按叶片出口角 β_{2A} 的大小可分为 3 种：①$\beta_{2A}<90^\circ$ 为后弯叶片式的叶轮，也称为后弯型叶轮，其叶片弯曲方向与叶轮旋转方向相反；②$\beta_{2A}=90^\circ$ 为径向式的叶轮；③$\beta_{2A}>90^\circ$ 为前弯叶片式的叶轮。由于这 3 种典型叶轮叶片形状不同，它们的做功能力、效率是不一样的。在本章第二节中将对这 3 种典型叶轮作综合地分析比较。

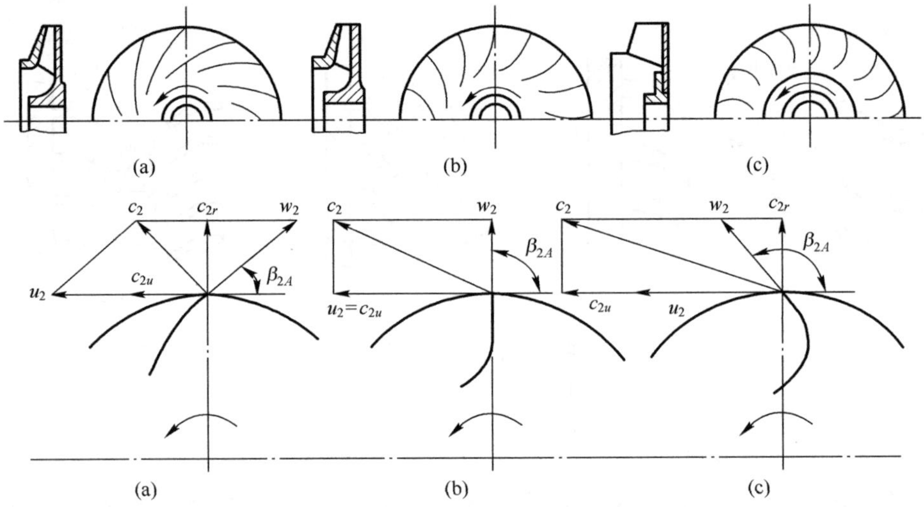

图 10-9　3 种叶片弯曲形式的叶轮及其出口速度三角形

（a）后弯叶片式；（b）径向式；（c）前弯叶片式。

3．扩压器

离心工作轮出口的气流绝对速度 c_2 一般是很大的，气流具有很大的动能。例如，径向直列叶片叶轮，出口处的动能几乎占叶轮耗功的一半，有的出口速度达 500m/s，一般后弯式或强后弯式叶轮出口动能也占叶轮耗功的 25%～40%，有的出口速度达到 200～300m/s。因此，必须对这部分动能加以有效地利用。扩压器的作用主要是使气流的动能有效地转变为压力能，以提高气流的压力。扩压器大致有 3 种结构形式：无叶扩压器、叶片扩压器和直壁扩压器。直壁的结构复杂，加工较麻烦，一般用得不多。这里主要介绍前两种形式的扩压器。

（1）无叶扩压器。在离心压气机中设计无叶扩压器不仅是结构上的需要，而且也是减小气体流动损失的需要。无叶扩压器是指工作轮出口截面到叶片扩压器进口截面（或排气管进口截面）和壳体壁面之间形成的扩压流道。

如图 10-10 所示，无叶扩压器通常是由两个互相平行的或收缩形的侧壁（即 $b_2 \geqslant b_3$）构成的环形通道，进口和出口的直径分别用 d_2 和 d_3 表示，其进口和出口的环面宽度分别用 b_2 和 b_3 表示。当 $b_3>b_2$ 时，因扩散角大，容易产生较大损失。在压比较小的压气机中，可只采用无叶扩压器。这样，压气机的结构简单，但效率低，径向尺寸大些。无叶扩压器中没有叶片，可适应不同工况。

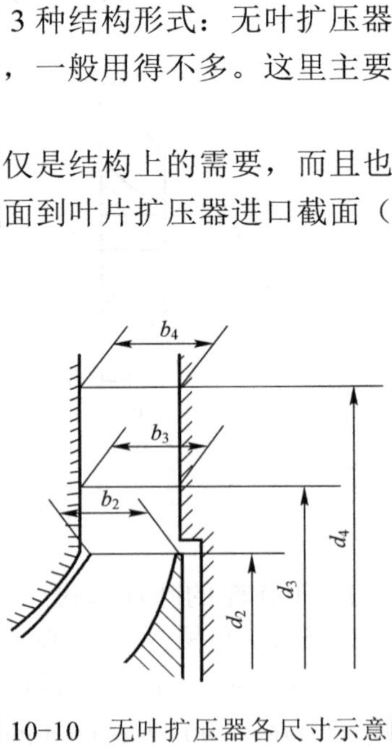

图 10-10　无叶扩压器各尺寸示意图

根据实验研究，气流微团在无叶扩压器中的流动，近似满足：$c_u r$=常数和$c_r r$ =常数，即

$$\frac{c_r}{c_u} = \tan\alpha = \text{常数} \tag{10-2}$$

式中：α 为气流微团的运动速度与圆周速度方向之间夹角，故可近似认为气流微团是沿对数螺旋线运动。离心压气机工作轮出口气流角 α_2 一般很小，在设计工况下，一般 $\alpha_2 = 14^\circ \sim 16^\circ$。气流进入无叶扩压器后又大体维持着这个不变的角度在运动，这样，在一定的扩压比下，气体的流动轨迹就很长，造成了无叶扩压器内很高的能量损失。在离心压气机几种形式的工作轮中，由于后弯叶片叶轮的气流出口角 α_2 较大，所以其后的无叶扩压器效率较高，这也是后弯叶片的离心压气机效率较高的原因之一。因此，无叶扩压器宜用在后弯叶片叶轮之后。

（2）叶片扩压器。若在工作轮出口以后的环形通道中，沿周向装上均匀分布的叶片就构成了叶片式扩压器，图 10-11 示出了叶片式扩压器的主要几何参数及进、出口速度三角形。无叶扩压器的主要缺点在于面积比（A/A_2）的增加比其径向尺寸比（r/r_2）增加得慢。因此，无法使气流在许可的直径尺寸下保证所需的减速（或扩压）。近代离心压气机中除了无叶扩压器外，为了提高扩压效果，还同时安装叶片扩压器。

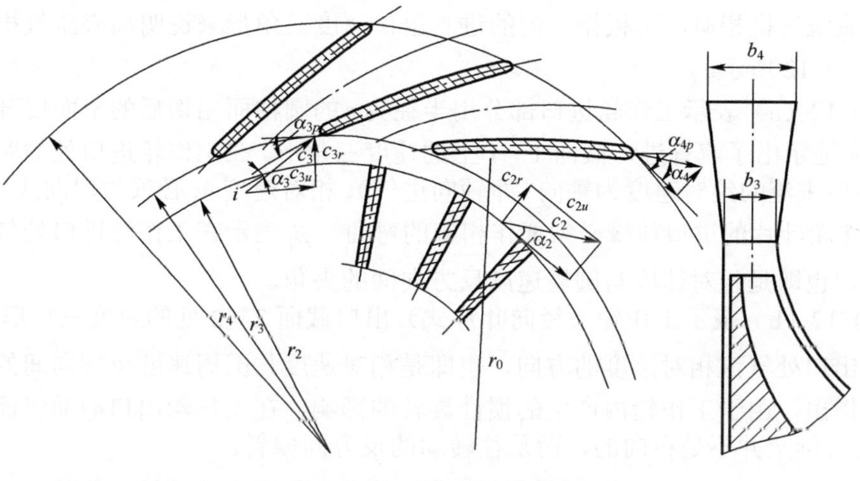

图 10-11 叶片扩压器

下面我们对叶片扩压器和无叶扩压器作一对比：对无叶扩压器，在 $b_3 = b_4$ 和 $\alpha_{3p} = \alpha_{4p}$ 条件下，根据连续方程可以写出

$$\frac{A_4}{A_3} = \frac{r_4}{r_3} = \frac{d_4}{d_3}$$

对叶片扩压器，在 $b_3 = b_4$ 和 $\alpha_{4p} > \alpha_{3p}$ 条件下可以写出

$$\frac{A_4}{A_3} = \frac{d_4 \sin\alpha_{4p}}{d_3 \sin\alpha_{3p}} \tag{10-3}$$

假如叶片扩压器 $d_4/d_3 = 1.25$，$\alpha_{4p} = 30^\circ$和$\alpha_{3p} = 15^\circ$，这时，$A_4/A_3 = 2.5$，而无叶扩压器在 $d_4/d_3 = 1.25$ 及 $\alpha_{4p} = \alpha_{3p}$ 时，则 $A_4/A_3 = 1.25$。由此可以看出，在相同的径向尺寸条件下，叶片扩压器可得到更大的面积比，从而有更大的速度降落和压力升高。

二、离心压气机的应用

离心压气机是风机中的一种。舰船上常用的风机有两种：离心式风机和轴流式风机。其中，离心式风机比轴流式风机的风压高，但风量小。舰船舱室通风大多是由风道送风，风道有较大的阻力，所以一般采用风压较高的离心式风机。按离心压气机风机所产生的压力高低大致可分为：①通风机，压力不超过 $15kP_a$；②鼓风机，压力在 $15\sim300kP_a$；③压气机，压力在 $300kP_a$ 以上。

半开式叶轮的离心压气机结构简单，在工作轮中流动的气流，由于能得到离心力的帮助，因此其单级压比较高，以及其工艺性能良好，广泛用于微型和某些小型燃气轮机中。离心压气机还用于涡轮增压器和航空发动机中。

第二节　离心压气机的工作原理

一、径向叶片工作轮基元级的气流速度三角形

与轴流压气机相似，可根据气流的进、出口速度三角形来说明离心压气机级工作原理，如图 10-12 所示。

图 10-12（a）表示工作轮进口部分用半径为 r 的圆柱面相切后的平面展开图。在此图上，相应地示出了流管进口截面 1—1 上的速度三角形。在工作轮进口处的圆周速度是 u_1,如果进口来流的绝对速度为轴向（即轴向进气），相对速度 w_1 必须与周向成一个角 β_1，因而，工作轮叶片的进口前缘必须要作相应的弯曲。β_1 表示在工作轮进口处气流相对速度的方向，也即是相对速度与圆周速度反方向间的夹角。

图 10-12（b）表示工作轮（径向叶片式）出口截面 2—2 处的速度三角形。β_2 表示在工作轮出口处气流相对速度的方向，也即是相对速度与圆周速度反方向间的夹角。

应该指出，由于工作轮内产生的惯性旋转的影响，在工作轮出口截面气流相对速度 w_2 的方向实际上并不是径向的，而是往转动的反方向偏斜。

如图 10-12 所示，对一个流道的流面进行研究，假设流动是轴对称的，对控制面内的气流应用动量矩定理，则可得单位质量气流通过叶轮获得的理论能量为

$$h = c_{2u}u_2 - c_{1u}u_1 \tag{10-4}$$

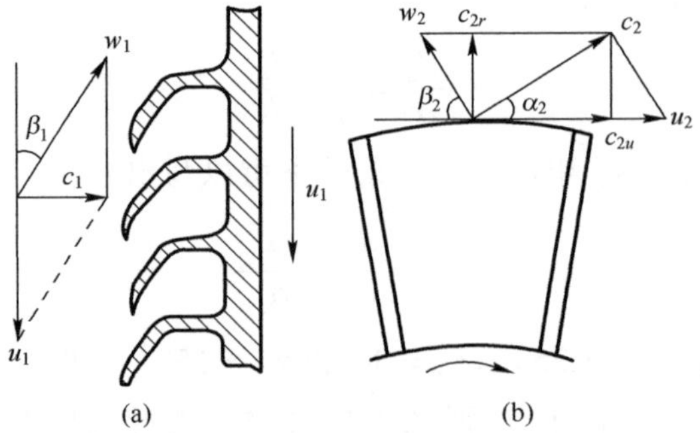

图 10-12　径向叶片工作轮的进口前缘及气流的进、出口速度三角形

（a）进口截面速度三角形；（b）出口截面速度三角形。

离心压气机中的速度三角形与轴流压气机的不同，是$u_2 \gg u_1$，而在轴流压气机中是可以设成相等的。

显然，对离心压气机基元级亦可写出

$$h = \frac{w_1^2 - w_2^2}{2} + \frac{c_2^2 - c_1^2}{2} + \frac{u_2^2 - u_1^2}{2} \tag{10-5}$$

由于气流通过不同半径的基元级获得能量是不等的。因此，对于整个级来说，单位质量气流通过整个级所获得的理论能量可表示为

$$h_c = \frac{\int_{r_h}^{r_t} (c_{2u}u_2 - c_{1u}u_1)_i \mathrm{d}G_i}{G} \tag{10-6}$$

式中：下标“c”为离心级；“i”为任意流管；$\mathrm{d}G_i$为通过任意基元流管的质量流量，kg/s；G为通过整个级的质量流量，kg/s。

二、工作轮理论能量差系数

为了使讨论的问题简化，以便更好地研究工作轮的叶片形状对离心级工作的影响，一般引入无限多叶片的假设。在这一假设前提下，流面和叶片的形状是完全一致的。因此，讨论工作轮叶片形状对工作轮工作的影响和讨论气流出口角β_2对工作轮工作的影响是一致的。根据这个假设，无疑进、出口处的气流沿周向是均匀的。

在不影响讨论实质内容的前提下，为了简化讨论，还可引入两个补充假设：气流径向进入工作轮的叶片流道和进入工作轮时无预旋（即$c_{1u}=0$）。在引入这两个假设后，按照无限多叶片的理论，理论能量差可由下式表达：

$$h_\infty = u_2 c_{2u\infty}$$

式中：下标“∞”为无限多叶片假设下的各参量值。

与轴流级相似，我们对离心级亦可引出无限多叶片的理论能量差系数的定义：

$$\bar{h}_\infty = \frac{h_\infty}{u_2^2} = \frac{c_{2u\infty}}{u_2}$$

由工作轮出口处的速度三角形可写出

$$\tan\beta_2 = \frac{c_{2r}}{u_2 - c_{2u\infty}} = \frac{c_{2r}/u_2}{1-(c_{2u\infty}/u_2)} = \frac{\bar{c}_{2r}}{1-\bar{h}}$$

$$\bar{c}_{2r} = c_{2r}/u_2$$

所以，有

$$\bar{h}_\infty = 1 - \frac{\bar{c}_{2r}}{\tan\beta_2} \tag{10-7}$$

由此可见，理论能量差系数$\bar{h}_\infty$是$\bar{c}_{2r}$和出气角β_2的函数。如图10-13所示，如果把$\bar{c}_{2r}$视为参变量，则可绘制出$\bar{h}_\infty$随β_2变化的曲线。从图上可见，对径向叶片工作轮（β_2=90°），理论能量差系数$\bar{h}_\infty$=1；对后弯式叶片的工作轮（β_2<90°），$\bar{h}_\infty$<1；对前弯式叶片的工

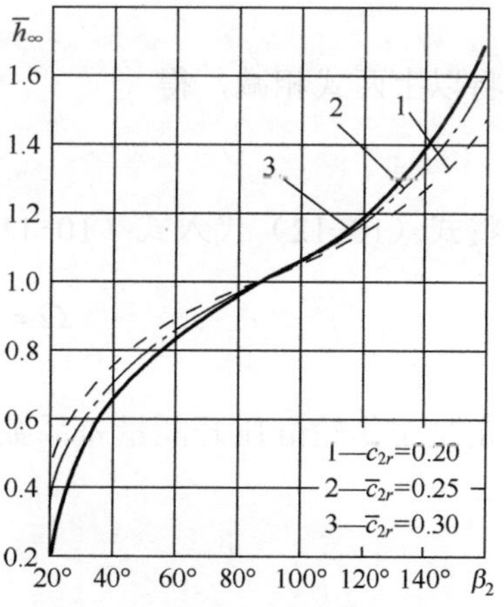

图10-13　$\bar{h}_\infty$和β_2的关系曲线

作轮，$\bar{h}_\infty>1$。

由以上的分析可以得出结论：当工作轮出口截面处圆周速度u_2相同时，前弯式叶片工作轮的理论能量差系数最大，后弯式的最小，而径向式的则居二者之中。但是，由于结构强度条件方面的限制，前弯式叶片工作轮的u_2小于径向式叶片的工作轮，因而限制了其理论能量差的提高。

理论能量差是在一级中加给气体的总能量。这一能量差在工作轮中有多大部分转化为压力能，也是研究离心级工作原理重要内容。和轴流级一样，亦可引入反动度的概念。当无流动损失时，对工作轮中的气流可写出下列伯努利方程

$$h_\infty=\int_1^2\frac{\mathrm{d}p}{\rho}+\frac{c_2^2-c_1^2}{2} \tag{10-8}$$

对比式（10-5）和式（10-8），可得

$$\int_1^2\frac{\mathrm{d}p}{\rho}=\frac{w_1^2-w_2^2}{2}+\frac{u_2^2-u_1^2}{2} \tag{10-9}$$

由式（10-8）可看出，$\int_1^2\frac{\mathrm{d}p}{\rho}$是对应工作轮中静压升高值的能量。令$h_p=\int_1^2\frac{\mathrm{d}p}{\rho}$，现定义离心级的反动度如下：

$$\Omega=\frac{h_p}{h_\infty} \tag{10-10}$$

将式（10-9）代入式（10-10），反动度的表达式可写为

$$\Omega=\frac{\dfrac{w_1^2-w_2^2}{2}+\dfrac{u_2^2-u_1^2}{2}}{h_\infty}=\frac{(w_1^2-w_2^2)+(u_2^2-u_1^2)}{2c_{2u\infty}u_2} \tag{10-11}$$

假设$c_{1r}=c_{2r}$，由工作轮进口处的速度三角形可得

$$w_1^2-u_1^2=c_{1r}^2=c_1^2$$

再由工作轮出口处的速度三角形可得

$$w_2^2-c_{2r}^2=\left(u_2-c_{2u\infty}\right)^2$$

将以上两式相减，得

$$w_1^2-u_1^2-w_2^2=-\left(u_2-c_{2u\infty}\right)^2 \tag{10-12}$$

将式（10-12）代入式（10-11）中，得

$$\Omega=\frac{u_2^2-(u_2-c_{2u\infty})^2}{2c_{2u\infty}u_2}=1-\frac{c_{2u\infty}}{2u_2}=1-\frac{\bar{h}_\infty}{2} \tag{10-13}$$

定义工作轮静压升能量差系数$\bar{h}_p$为$\bar{h}_p=\dfrac{h_p}{u_2^2}$，再由式（10-10）得

$$\bar{h}_p=\frac{\Omega h_\infty}{u_2^2}=\Omega\bar{h}_\infty=\left(1-\frac{\bar{h}_\infty}{2}\right)\bar{h}_\infty \tag{10-14}$$

进一步利用式（10-13）和式（10-14）可得

$$\bar{h}_p = 2\Omega(1-\Omega) \tag{10-15}$$

将式（10-15）绘制成图 10-14 所表示的曲线。现将图 10-13 与图 10-14 联系起来分析：由图 10-13 看出，工作轮相对气流出口角 β_2 增加时，能量差系数 $\bar{h}_\infty$ 增加；由式（10-13）看出，$\bar{h}_\infty$ 增加，反动度 Ω 减小；由图 10-14 看出，当反动度 Ω 由 1.0 减小到 0.5 时，则静压升能量差系数 $\bar{h}_p$ 由零增加到 0.5，而当反动度 Ω 由 0.5 减小到零时，静压升能量差系数 $\bar{h}_p$ 由最大值 0.5 减小到零。根据以上的分析，对 3 种叶片形状的工作轮可以得出以下一些结论。

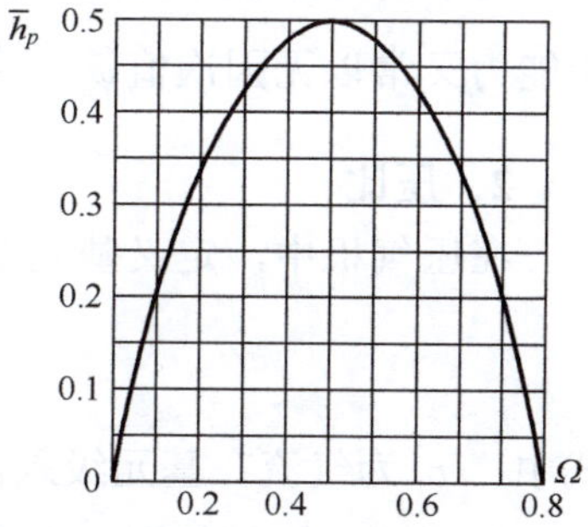

图 10-14　$\bar{h}_p$ 随 Ω 的变化曲线

（1）前弯叶片工作轮具有较大的理论能量差系数 $\bar{h}_\infty$ 和较大的相对气流出口角 β_2，以及较小的反动度 Ω 和静压升能量差系数 $\bar{h}_p$，当 $\bar{h}_\infty = 2$ 或 $\Omega = 0$ 时，在工作轮中的静压力升高值为零，这种工作轮称为全冲动式工作轮。在此级中，加给气体的能量在工作轮中只表现为动能的增加，气体动能转变成压力能的过程将全部在扩压器中实现。这样不仅使扩压器设计困难，而且级效率低。

（2）径向叶片工作轮中的 $\beta_2 = 90°$，它的 $\bar{h}_\infty = 1.0$（图 10-13），由式（10-13）得 $\Omega = 0.5$，所以这种工作轮的静压升能量差系数 $\bar{h}_p$ 具有最大值（图 10-14）。因此，在同样的圆周速度 u_2 下可获得最大的静压力升高。这意味着，在工作轮中相对速度降落最大。径向叶片工作轮比其他叶片形状的工作轮可允许更高的圆周速度，它已广泛应用于燃气轮机中。

（3）后弯叶片工作轮的理论能量差系数小，因而，在同样的圆周速度下理论能量差也小，所以级压比也小，但带后弯式叶片工作轮的级反动度大，通常效率也高些。

第三节　主要性能参数和特性曲线

一、离心压气机的主要性能参数

离心压气机的主要性能参数包括流量、压比、功率和效率。

1．流量和流量系数

气流在单位时间内通过级的数量称为流量，通常用质量流量 G(kg/s)或容积流量 Q(m^3/s)表示。当用容积流量 Q 时，往往还要表明相应的气流压力和温度值。流量表示级的通流能力。

根据连续方程可知，通过级的任意截面的质量流量是相同的，它表示为

$$G = Q_{in}\rho_{in} = Q_i\rho_i \tag{10-16}$$

通过任一截面的容积流量 Q_i 为

$$Q_i = f_i c_i \tag{10-17}$$

式中：c_i 为级的任意截面上垂直于有效截面 f_i 的流速。

从级的流量关系中可知，级的容积流量取决于有效通流面积和流速。因此，在设计

大流量的级时，可采用两种措施：一是增加流速，但这会受到因气流马赫数很大而降低效率的限制；二是增加通流面积，但这会受到叶轮强度的限制和机器尺寸、重量的限制。这就要求综合分析，正确选择。

为了研究方便以及建立流量与叶轮的结构参数、级的性能参数之间的关系，级的通流能力又常以无因次值 $\varphi_{2r}=\dfrac{c_{2r}}{u_2}$ 或 $\varphi_{1r}=\dfrac{c_{1r}}{u_2}$ 来表示，它们称为流量系数。

2．压比

在压气机中，定义基元级压比

$$\pi=\frac{p_3}{p_1} \tag{10-18}$$

式中：p_1 为气流在基元级入口的压力；p_3 为气流在基元级出口的压力。

同轴流压气机相同，在离心压气机中压比越大，气流压力升高的越大，其获得的理论能量也越大。

3．功率和效率

（1）级的总耗功和功率。影响压气机做功及其效率的主要因素是级中的能量损失，它基本上包括三部分：流动损失 H_{hyd}、内漏气损失 H_l 和轮阻损失 H_{df}，前两部分在轴流压气机中也存在，前面第 7 章已讨论过，离心压气机与其相同。这里介绍在离心压气机中影响叶轮做功的轮阻损失 H_{df}。

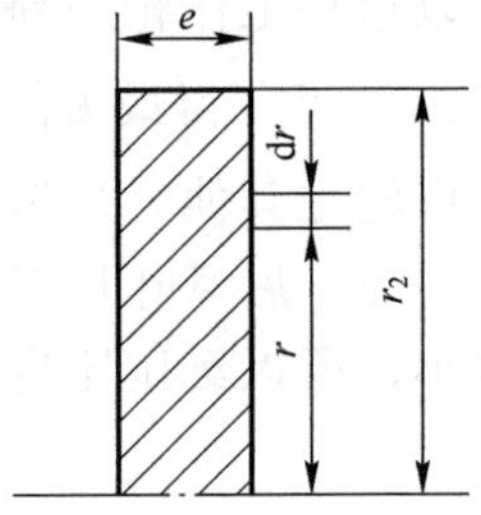

图 10-15　旋转圆盘简图

叶轮旋转时，其轮盘、轮盖的外侧面及端面要与周围的气体发生摩擦，从而产生轮阻损失。叶轮的轮阻损失可借助于封闭在机壳内的圆盘阻力损失的分析与实验得到的公式来计算。如图 10-15 所示，在圆盘表面上取一基元面积 $df=2\pi r dr$。在此基元环面积上，圆盘与气体之间的摩擦力为

$$dF=C_f\rho\frac{u^2}{2}df$$

式中：c_f 为摩擦系数。摩擦力相对于旋转轴的力矩为

$$dM=rdF=C_f\rho\frac{u^2}{2}rdf=C_f\pi\rho\omega^2r^4dr$$

如果认为圆盘附近的气体密度 ρ 不变，并等于外径处的 ρ_2，则把上述方程对 r 积分可得圆盘一侧面的阻力矩为

$$M=\frac{\pi}{5}C_f\omega^2\rho_2r_2^5$$

于是，圆盘两侧面的轮阻损失功率为

$$N_1=2M\omega=\frac{2\pi}{5}C_f\omega^3\rho_2r_2^5=\frac{100^3}{10000}\pi C_f\rho_2\left(\frac{u_2}{100}\right)^3D_2^2$$

同样，可得到圆盘端面 $\pi D_2 e$ 处的轮阻损失功率为

$$N_2=\frac{100^3}{2000}\pi C_f\rho_2\left(\frac{u_2}{100}\right)^3D_2e$$

故圆盘阻力损失功率的总和为

$$N_{df}=k\rho_2 D_2^2\left(\frac{u_2}{100}\right)^3\left(1+\frac{5e}{D_2}\right)\ (\text{kW}) \tag{10-19}$$

式中：$k=\frac{100^3}{10000}\pi C_f$，$k$ 称为轮阻损失计算系数，其值由圆盘实验得出。它与雷诺数 $Re=\frac{r_2 u_2}{V_2}$、相对侧壁间隙 B/D_2（B 为圆盘与壳体之间的间隙）及圆盘外侧面的粗糙度有关。通常离心压气机的叶轮外表面都是车削而成的，可取 $k=0.54$。

叶轮除了对气流做功之外，内漏气损失和上述轮阻损失都要消耗功。若流过叶轮的有效流量为 G，按欧拉方程叶轮对一千克气流所作的功为 H_{th}，则所消耗的理论功率为

$$N_{th}=GH_{th} \tag{10-20}$$

上述轮阻损失所消耗的功率 N_{df}，变成了不可逆的热量被间隙中气体环流吸收，并不断地带入到叶轮出口处的有效流量 G 中使气流温度升高。由于叶轮出口的压力大于进口的压力，致使叶轮出口处不断地有流量为 G_l 的气流经过轮盖和机壳之间的间隙倒流到叶轮进口处，这部分流量不是级中的有效流量，而是在轮盖周围进行不断循环运动的轮盖密封漏气量。它不断地被压缩和膨胀而需要消耗外功。这部分外功即为内漏气损失，它也变成了不可逆的热量传递给有效流量。叶轮中总的工作流量 G_{tot} 为有效流量 G 与内漏气流量 G_l 之和。因此在考虑到轮阻损失和内漏气损失的实际情况下，叶轮在有效流量为 G 时，其所消耗的总功率 N_{tot} 为

$$N_{\text{tot}}=(G+G_l)H_{th}+N_{df} \tag{10-21}$$

这样，叶轮对每千克有效流量所消耗的总功为

$$H_{\text{tot}}=\frac{(G+G_l)}{G}H_{th}+\frac{N_{df}}{G} \tag{10-22}$$

设叶轮漏气损失系数 $\beta_l=G_l/G$，叶轮的轮阻损失系数 $\beta_{df}=N_{df}/GH_{th}$，若将它们代入上面两式中，则

$$H_{\text{tot}}=(1+\beta_l+\beta_{df})H_{th} \tag{10-23}$$

$$N_{\text{tot}}=(1+\beta_l+\beta_{df})GH_{th} \tag{10-24}$$

在级的总功率中通常 $N_l=\beta_l GH_{th}$ 占 1%～2%，N_{df} 占 2%～4%，而理论功率 N_{th} 占 94%～97%。

（2）级效率。压气机是用来提高气体压力的机械。离心压气机级的效率，主要是用来说明传递给气体的机械能的利用程度。通常是把压缩功作为机械能的有效利用能量。在离心压气机中，根据不同的压缩过程经常采用多变效率 η_p、等熵效率 η_s 和流动效率 η_{hyd}，前两种效率的计算与第 5 章中轴流压气机相同。这里主要介绍级的流动效率。

有时为了评定级中气流流动情况的好坏，把级的多变压缩功 H_p 和叶轮对气流所作的理论功 H_{th} 进行比较。若级中的流动损失为 H_{hyd}，当不计级的动能变化时，则有

$$H_p = H_{th} - H_{hyd}$$

于是，流动效率为

$$\eta_{hyd} = \frac{H_p}{H_{th}} = 1 - \frac{H_{hyd}}{H_{th}} = (1 + \beta_l + \beta_{df})\eta_p \tag{10-25}$$

从式（10-25）可以看出，在轮阻损失系数 β_{df} 和内漏气损失系数 β_l 不变的情况下，随着流动效率的提高，级的多变效率也提高。在级的流动效率不变的情况下，随着 β_{df} 和 β_l 的增大，级的多变效率下降。

二、离心压气机的特性曲线

为了便于把级的工作性能清晰地表示出来，常常在某个转速和进口气体状态下，把级的压比（或出口压力）和级的效率与不同进口流量的关系，即 π (或 p_{out})= $f(G_{in})$；$\eta = f(G_{in})$ 的关系用曲线形式表示出来。图 10-16 为某一模型级的性能曲线。如第九章所述，这种曲线称为级的工作性能曲线或级的工作特性曲线，它可使不同流量、压比和效率之间的关系一目了然。图中曲线上某一点即为级的运行工作状态，简称工况点，所以该曲线就是级的变工况性能曲线。

单级离心式和单级轴流式压气机的特性十分类似，图 10-17 表示径向叶片叶轮的离心压气机特性线。一般来说，与轴流式压气机相比，离心压气机特性线具有以下 2 个鲜明特点：①稳定工作范围较宽，特性线相对较为平坦；②特性线失速点的突然压降相对缓和一些。这主要是离心压气机中有离心力场的作用，而使工作叶轮对气流的冲角不如轴流压气机叶栅那么敏感，轴流压气机更易因冲角变化而导致气流脱离，造成损失，所以特性线更陡。

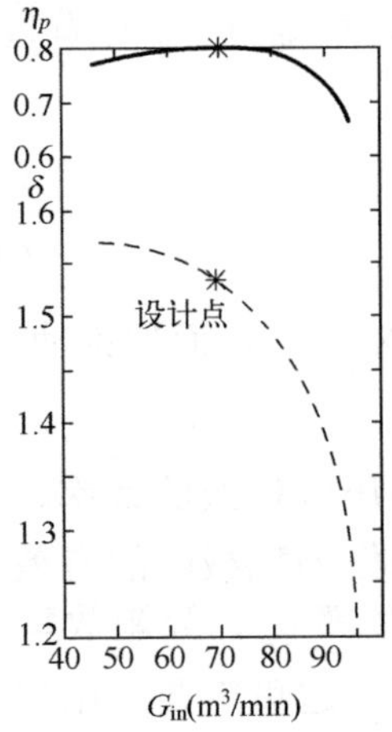

图 10-16　某一模型级的性能曲线

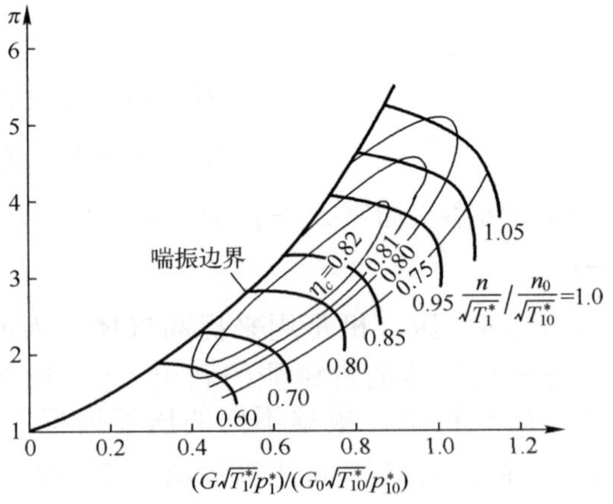

图 10-17　离心压气机的流量特性

习　题

1．离心式压气机和轴流式压气机工作原理（在增压原理方面）有什么不同？
2．离心式压气机各个部分的作用是什么？
3．离心压气机的主要应用在哪些方面？
4．离心工作轮叶片形状分为哪 3 种形状？试对它们的做功能力、效率进行比较。
5．试说明单级离心式压气机比单级轴流式压气机压比高但效率低的原因。
6．与轴流压气机相比，离心压气机特性线有哪些鲜明特点？

附录　主要符号表

符　号	含义及单位	符　号	含义及单位
p	绝对压力，Pa	ζ_n	喷嘴损失系数
ρ	密度，kg/m^3	ζ_b	动叶损失系数
υ	比容，m^3/kg	ζ_{gb}	导向叶栅损失系数
R	气体常数，J/(kg·K)	ζ_{c_2}	余速损失系数
T	热力学温度，K	N_u	轮周功率，W
A	面积，m^2	Δh_{c_2}	余速损失，kJ/kg
h	比焓，kJ/kg	E_0	级消耗的理想能量，kJ/kg
c	绝对气流速度，m/s	η_u	轮周效率
w	相对气流速度，m/s	ν_1	速比
α	绝对气流角度，(°)；重热系数	ν_a	假想速比
β	相对气流角度，(°)	ν_{1opt}	最佳速比
n	多变指数；转速，r/min	ν_{aopt}	最佳假想速比
d	直径，m	G	流量，kg/s
r	半径，m	λ	径高比，$\lambda = d/l$
Q	容积流量，m^3/s	β_{1p} (α_{0p})	几何入口角，(°)
π	压比	β_{2p} (α_{1p})	几何出口角，(°)
M_a	马赫数	θ	叶型弯角（叶型折转角），(°)
M	扭矩，N·m	k	绝热指数
W_u	轮周功，kJ/kg	b	弦长，m
h_u	轮周有效焓降，kJ/kg	γ_p	安装角，(°)
h_t^*	级的滞止理想焓降，kJ/kg	B	叶栅轴向宽度，m
Δh_n	喷嘴损失，kJ/kg	a	叶片出口截面宽度，m
Δh_b	动叶损失，kJ/kg	i	冲角，(°)
φ	喷嘴速度系数	δ	偏转角（落后角），(°)
ψ	动叶速度系数	l	叶高，m
Δh_{c_2}	余速损失，kJ/kg	$\bar{l}$	相对叶高
h_i	内焓降，kJ/kg	γ	扩张角，(°)
N_i	内功率，W	$\overline{p_i}$	压力系数
Δh_l	叶高损失，kJ/kg	Ω	反动度
$\Delta h_{\beta l}$	撞击损失，kJ/kg	h	焓值，kJ/kg；理论功，kJ/kg
Δh_θ	扇形损失，kJ/kg	$\bar{h}$	比功系数
Δh_f	叶轮摩擦损失，kJ/kg	ϕ	进口流量系数

（续）

符　号	含义及单位	符　号	含义及单位
Δh_e	部分进气损失，kJ/kg	e	部分进气度；叶型前缘至最大厚度处的距离，m
Δh_x	湿气损失，kJ/kg	x_0	蒸汽的干度
Δh_δ	漏气损失，kJ/kg	ζ_θ	扇形损失系数
Δh_p	隔板漏气损失，kJ/kg	Δh_s	斥气损失，kJ/kg
Δh_t	动叶顶部漏气损失，kJ/kg	ζ_s	斥气损失系数
ΔG_t	叶顶漏气量，kg/s	Ω_p	压力反动度
ΔG_p	隔板漏气量，kg/s	μ	余速利用系数
η_i	内效率	$\Delta\beta$	转折角
C_y	升力系数	C_z	阻力系数
$\overline{\omega}$	总压损失系数	P_y	气流对叶片的作用力（升力），N
F_u	气流作用力在圆周方向的分量，N	F_a	气流作用力在圆周方向的分量，N
F_z	工质对动叶的轴向作用力，N	F_b	工质对动叶的总作用力，N

参 考 文 献

[1] 黄庆宏，等. 汽轮机与燃气轮机原理及应用[M]. 南京：东南大学出版社，2005.

[2] 倪宁，等. 叶轮机械[M]. 武汉：海军工程大学，2002.

[3] 王仲奇. 透平机械原理[M]. 北京：机械工业出版社，1988.

[4] 张俊迈，等. 舰船汽轮机[M]. 北京：国防工业出版社，1992.

[5] 舒士甄，等. 叶轮机械原理[M]. 北京：清华大学出版社，1991.

[6] 张葆华，等. 舰船汽轮机与燃气轮机装置[M]. 北京：人民交通出版社，1983.

[7] 鲍尔 W. 叶轮机械-原理与结构[M]. 王俊宝，卞昭浚，译. 北京：化学工业出版社，1984.

[8] 黄保海，白玉，牛卫东. 汽轮机原理与构造[M]. 北京：中国电力出版社，2002.

[9] 彭泽琰. 航空燃气轮机原理[M]. 北京：国防工业出版社，2000.

[10] 高翔. 舰船辅助机械[M]. 北京：国防工业出版社，2005.

[11] 姜培正. 叶轮机械[M]. 西安：西安交通大学出版社，1991.

[12] Lewis R I. Turbomachinery Performance Analysis[M]. London: Elsevier, 2004.

[13] Thompsom H A, Kulikov G G. Dynamic Modelling of Gas Turbine[M]. New York: Springer-Verlay, 2003.

[14] 谢诞梅，王建梅，岳亚楠，等. 汽轮机原理（少学时）[M]. 2 版. 北京：中国电力出版社，2021.

[15] 刘爱虢，曾文. 透平机械原理[M]. 北京：中国电力出版社，2021.

[16] 沈维道，等. 工程热力学[M]. 5 版. 北京：高等教育出版社，2016.

[17] 刘波，等. 现代叶轮机械新技术及应用[M]. 北京：科学出版社，2022.

[18] 胡骏，王英锋，王志强，等. 航空叶片机原理[M]. 3 版. 北京：国防工业出版社，2021.

[19] 桂幸民，金东海. 航空叶轮机原理及设计基础[M]. 1 版. 北京：科学出版社，2022.

[20] 闻雪友，任兰学，祁龙，等. 舰船燃气轮机发展现状、方向及关键技术[J]. 推进技术，2020，41（11）：2401-2407.

[21] 廉筱纯，吴虎. 航空发动机原理[M]. 西安：西北工业大学出版社，2005.